DIANLI DIANLAN SHIGONG
YU YUNXING JISHU

电力电缆施工
与运行技术

魏华勇 孙启伟 彭 勇 等 编著

中国电力出版社
CHINA ELECTRIC POWER PRESS

内 容 提 要

　　为了满足供用电人员职业技能鉴定及日常工作需要，依据《国家电网公司生产技能人员职业能力培训规范——配电电缆》和相关规程标准的规定，并结合供用电生产实际情况组织编写的。全书共包括五章，主要介绍了电力电缆的基础知识，电力电缆线路施工，电力电缆运行、维护与电力电子保护器件，XLPE绝缘电力电缆的试验，电力电缆故障探测等内容。

　　本书可供电力系统中从事电力电缆施工人员、运行维护人员及线路管理部门阅读参考，亦可作为电力电缆高技能人才的培训参考用书。

图书在版编目(CIP)数据

电力电缆施工与运行技术/魏华勇等编. —北京：中国电力出版社，2013.4(2020.8重印)
ISBN 978-7-5123-4005-3

Ⅰ.①电… Ⅱ.①魏… Ⅲ.①电力电缆-电缆敷设②电力电缆-电力系统运行 Ⅳ.①TM757②TM247

中国版本图书馆 CIP 数据核字(2013)第 017834 号

中国电力出版社出版、发行
(北京市东城区北京站西街 19 号　100005　http://www.cepp.sgcc.com.cn)
三河市航远印刷有限公司印刷
各地新华书店经售

*

2013 年 4 月第一版　2020 年 8 月北京第五次印刷
787 毫米×1092 毫米　16 开本　15.25 印张　372 千字
印数 7501—8500 册　定价 **48.00** 元

前　言

　　为了配合国网公司和省电力公司共同启动的加强职工队伍"双师"建设，满足供用电人员现场作业及日常工作需要，根据实用性、通俗性，为电力生产服务的原则，尽可能地反映生产实际，而组织编写了《电力电缆施工与运行技术》，力争能使该书成为现场从事电缆工作人员手中的一本工具参考书。

　　随着国家经济的高速发展，由于电力电缆与架空线路相比具有极大的优越性，因此电力电缆在电网供电中广泛采用，城市电网高低压线路已普遍实行电缆化。近几年，我国电力电缆线路的增长迅速，其中以35kV及以下电力电缆所占的比例最大，因此，提高电力电缆及附属设备的设计、安装施工质量和安全运行水平，及时、准确排除电缆故障以迅速恢复供电，已成为各级供电部门一项极其重要的工作。

　　为满足广大供用电技术人员学习和掌握电力电缆施工、运行和故障探测技术的需要，我们在广泛参考有关技术资料的基础上，结合自己多年的工作实践，编写了这本电力电缆技术书，书中所编内容既有实际操作的具体方法，又有必要的深入浅出的理论分析，力求能帮助读者提高独立分析与解决电缆技术问题的能力。

　　在编写过程中，同时参考了近年来在电力电缆技术领域的大量书籍、资料、研究成果和相关的国家标准、电力行业标准，力求最大限度地、全面地反映在配网中有关电力电缆方面的成果和技术进步。

　　由于编者水平有限，书中定有不足之处，恳切希望读者、专家提出宝贵意见。

作者

2013.4.8

目　　录

第一章　电力电缆的基础知识

电缆是一种特殊的导线，具有对电力或信息进行传输和控制的功能。它由一根或多根相互绝缘的导体外包优质的绝缘材料和各种保护层制成，与普通的导线相比，因其具有各种优点，所以有着越来越广泛的应用前景。在电力系统中，最常见的电缆有两大类，即电力电缆和控制电缆，能够长期、安全、可靠地传输大功率电能的电缆叫电力电缆，本书只讨论交联聚乙烯电力电缆及其连接附属设备。

第一节　电力电缆线路的特点

1. 电力电缆线路的优点

（1）架空线易受暴风、暴雨、雷电、雪灾、冰雹、沙尘暴等自然灾害的影响而造成断线、短路等故障。电力电缆敷设于地下，除电缆分支箱和户外终端部分外，隐蔽性强，受气候和环境条件影响小，受外力破坏的几率小，对人身伤害的可能性降低，供电、输电性能稳定，安全性、可靠性高。

（2）电力电缆往往包裹多个屏蔽层，电场、电磁屏蔽效果好，受外来电磁波干扰小。

（3）节省有效面积。架空线走廊占地面积大，一般比较平直，其走向通常与城市道路方向不相符，使城市建筑布局困难。走廊下面大都不允许搭建任何建筑物，对寸土寸金的都市而言空间与通道的矛盾突出。电力电缆不占地面与空间，不影响城市景观。

（4）有利于提高线路功率因数，减少电能损耗。电缆芯线与其外面的接地屏蔽层构成一个分布电容器，其结果相当于每相加进无功补偿电容器，容性无功电流分量将部分补偿线路上感性无功电流分量，使总电流幅值降低。

（5）电力电缆一般接地可靠，泄漏雷击电流的通道通畅，雷击几率小。

（6）电力电缆由于安装隐蔽，维护工作量小，不需频繁的巡视，有利于提高工作效率。

因此，在城镇市区人口稠密的地方，如繁华的商业中心、机场、车站、港口码头、主要道路、重点旅游区、保密部门和按城市规划不宜架设架空线的地区等都需要电力电缆供电。

负荷密集地区，供电可靠性要求特别高的地段；深入市区负荷中心的高压输电线路；输电走廊狭窄或建筑物对架空线距离小于安全距离的地区；大气中有严重腐蚀介质及易受各种自然灾害侵袭的地区；跨度大，不宜架设架空线的过江、过河线路，或为了避免架空线路对船舶通航或无线电干扰，也多宜采用电力电缆。虽然电力电缆的应用正朝着大规模方向发展，然而根据我国国情，眼前只能优先考虑一些重点地区和场所。

2. 电力电缆线路的不足之处

（1）电力电缆线路比架空线路成本高，一次性投资费用可能高出架空线路几倍甚至几倍甚至几十倍。

（2）电力电缆线路建成后，网络构架不易改变，线路增添分支困难。

（3）故障点的寻测和修复比较困难。虽然有寻测故障点的专用仪器（如用电桥法或脉冲回波法来确定故障点的位置），但操作复杂。电力电缆故障测寻与维修困难，电力电缆附件（中间接头、终端接头）的绝缘强度、防水密封、安装工艺要求高，所以现场施工操作人员需要经过专业培训，需要具有较高的专业技术水平。

第二节　交联聚乙烯绝缘电缆发展状况

1879 年，美国人爱迪生发明了由黄麻沥青作为绝缘的电力电缆，是世界上出现最早的电力电缆；次年，英国人卡伦德发明了沥青浸渍纸绝缘电力电缆，距今已有一百多年的历史。历史上，电力电缆历经了铅包电缆、低黏度绝缘油浸渍纸绝缘电缆、油浸纸绝缘电缆、自容式充油电缆、聚氯乙烯（PVC）绝缘电缆、聚乙烯（PE）绝缘电缆、交联聚乙烯（XLPE）绝缘电缆等种类的发展，特别是交联聚乙烯（XLPE）绝缘电缆，由于其具有机械性能好、安装维护方便、绝缘性能优异、传输容量比同截面油纸绝缘电缆大、生产工艺简便、利于大规模生产等优点，所以随着材料工业及相关产业的不断发展，使 XLPE 绝缘电缆在电力系统中的应用日益广泛。

XLPE 绝缘电缆最早出现在 20 世纪 50 年代的美国，60 年代在日本得到推广应用。虽然其使用和发展只有几十年的历史，但 XLPE 绝缘电缆已在电力系统应用中显示出其良好的性能。

目前，XLPE 绝缘电缆在输配电系统中的实用电压已经达到 500kV。在发达国家，早在 20 世纪四五十年代就已有中低压的 XLPE 绝缘电缆投入运行。随着电压的升高，油纸绝缘、PVC 绝缘、不滴流纸绝缘、丁基橡胶绝缘等品种的电缆已无法适应，于是 XLPE 绝缘材料在第二次世界大战后迅速发展起来，且速度越来越快，电压等级越来越高。20 世纪 70 年代后，又发展出了 110kV 级以上的 XLPE 绝缘电缆。

20 世纪 80 年代末、90 年代初，10kV 级中，XLPE 绝缘电缆已略超过油纸绝缘电缆，特别是新项目上，油纸绝缘电缆已被淘汰；20～30kV 级中，XLPE 绝缘电缆加上其他橡塑电缆占 80％或更高；高压电力电缆领域，XLPE 绝缘电缆也已达到油纸绝缘电缆占有率。虽然在超高压等级上，如 750kV 电压，XLPE 绝缘电缆还无法和充油电缆竞争，但从现在已运行的 500kV 级 XLPE 绝缘电缆的制造水平来看，在不久的将来，XLPE 绝缘电缆赶上或超过充油电缆是可能的。这主要是由于 XLPE 绝缘电缆具有较高的运行温度，使得电缆载流容量增加；XLPE 绝缘电缆还具有弯曲半径小、质量轻、无需供油系统、维护和安装都较容易等优点。2006 年，贵州三板溪电站 500kV XLPE 绝缘电缆工程，电缆回路长 480m，其中竖井敷设高差达到 146m。该项目是自 2000 年以来国内首个 500kV XLPE 绝缘电缆水电站项目，其中户外电缆终端是世界上第一个 500kV XLPE 绝缘电缆户外终端。2010 年，上海 500 kV 静安（世博）输变电工程投运，采用两回路 500 kV XLPE 绝缘电缆供电，全线敷设于静安—三林电缆专用隧道内，隧道全长 15.45km，是国内第 1 条长距离 500 kV 输电电缆线路，具有截面最大、距离最长、中间接头数量最多等特点。

第三节　电力电缆种类及特点

电力电缆制造材料来源丰富、种类众多，综合技术要求电力电缆制造结构简单、经济合理、工艺简易、成本较低。

1. 按电力电缆的额定电压等级划分

电力电缆的额定电压等级依照我国输、配电电压等级，依次划分为 500kV、330kV、220kV、110kV、35kV、10kV、1kV、750V、380V 等级，并划分 35kV 及以下电压等级的电力电缆为中低压电力电缆，110、220kV 的电力电缆为高压电力电缆，330、500、750kV 的电力电缆为超高压电力电缆。

2. 按电力电缆的绝缘和结构划分

按电力电缆的绝缘和结构不同，可分为纸绝缘电力电缆、挤包绝缘电力电缆和压力电力电缆三大类。

（1）纸绝缘电力电缆。纸绝缘电力电缆是绕包绝缘纸带浸渍绝缘浸渍剂（油类）后形成绝缘的电力电缆，它是使用历史最久的电力电缆，在 19 世纪末便问世了。它具有使用寿命长、价格便宜、热稳定性高等优点，缺点是制造和安装工艺比较复杂。

根据浸渍剂的不同，纸绝缘电力电缆可以分为黏性浸渍纸绝缘电力电缆和不滴流浸渍纸绝缘电力电缆两个系列。这两个系列的电力电缆的结构完全一样，制造过程除浸渍工艺有所不同外，其他均相同。不滴流浸渍纸绝缘电力电缆的浸渍剂黏度大，在工作温度下不滴流，能满足落差较大的地方（如矿山、竖井等）使用。

按不同的绝缘结构，油纸电力电缆主要可分为三芯统包绝缘电力电缆、分相屏蔽电力电缆和分相铅套电力电缆三种。

10kV 三芯统包油浸纸绝缘电力电缆的结构如图 1-1 所示。

35kV 分相铅包纸绝缘电力电缆的结构如图 1-2 所示。

图 1-1　10kV 三芯统包油浸纸绝
缘电力电缆的结构
1—导体；2—绝缘；3—填料；
4—统包层；5—铅包；6—内
衬层；7—铠装；8—外护套

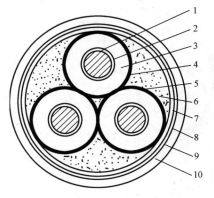

图 1-2　35kV 分相铅包纸
绝缘电力电缆的结构
1—导体；2—半导电纸屏蔽；3—绝缘层；
4—半导电纸屏蔽；5—铅包；6—PVC 带；
7—麻填料；8—内衬垫；9—钢带铠装；
10—外护套

（2）挤包绝缘电力电缆。挤包绝缘电力电缆又称固体挤压聚合电力电缆，它是以热塑性或热固性材料挤包形成绝缘的电力电缆。

目前，挤包绝缘电力电缆有聚氯乙烯（PVC）电力电缆、聚乙烯（PE）电力电缆、交联聚乙烯（XLPE）电力电缆和乙丙橡胶（EPR）电力电缆等。这些电力电缆使用在不同的电压等级，聚氯乙烯电力电缆用于 1～6kV，交联聚乙烯电力电缆用于 1～500kV，乙丙橡胶电力电缆用于 1～35kV。

交联聚乙烯电力电缆是 20 世纪 60 年代以后技术发展最快的电力电缆品种，它与纸绝缘电力电缆相比，在加工制造和敷设应用方面有不少优点。其制造周期较短、效率较高、安装工艺较为简便、导体工作温度可达到 90℃。由于制造工艺的不断改进，如用干式交联取代早期的蒸汽交联，采用悬链式和立式生产线以及红外辐照交联工艺等，使得交联聚乙烯电力电缆具有优良的电气性能，能满足城市电网建设和改造的需要。

35kV 交联聚乙烯电力电缆的结构如图 1-3 所示。

（3）压力电力电缆。压力电力电缆是在电力电缆中灌充能够流动并具有一定压力的绝缘油或气的电力电缆。纸绝缘电力电缆的纸层间，在制造和运行过程中，不可避免地会产生气隙。气隙在电场强度较高时，会出现游离放电，最终导致绝缘层击穿。压力电力电缆的绝缘处在一定压力（油压或气压）状态下，抑制了绝缘层中形成气隙，使电力电缆绝缘工作场强明显提高，由于成本高、施工难度大，所以一般用于 63kV 及以上电压等级的电力电缆线路。

为了抑制气隙，用带压力的油或气填充或压缩气体，这是压力电力电缆的结构特点。压力电力电缆可分为自容式充油电力电缆、充气电力电缆、钢管充油电力电缆和钢管压气电力电缆等品种。

220kV 单芯自容式充油电力电缆的结构如图 1-4 所示。

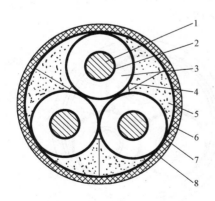 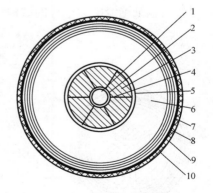

图 1-3　35kV 交联聚乙烯电力电缆的结构　　图 1-4　220kV 单芯自容式充油电力电缆的结构
1—导体；2—内半导电层；3—交联聚　　　1—油道；2—螺旋管；3—导体；4—分隔纸带；
乙烯绝缘；4—外半导电层；5—填料；　　　5—内屏蔽纸；6—绝缘层；7—外屏蔽纸；
6—铜屏蔽；7—包带；8—外护层　　　　　8—铅护套；9—加强带；10—外护套

3. 按特殊需求分类

电力电缆按特殊需求分类，主要有输送大容量电能的电力电缆、阻燃电力电缆和光纤复合电力电缆等品种。

（1）输送大容量电能的电力电缆。

1）管道充气电力电缆。管道充气电力电缆（GIC）是以压缩的六氟化硫气体为绝缘的电力电缆，也称六氟化硫电力电缆。这种电力电缆适用于电压等级在 400kV 及以上的超高压、传送容量在 100 万 kVA 以上的大容量电能传输，适用于高落差和防火要求较高的场所。由于安装技术要求较高、成本较大，对六氟化硫气体的纯度要求严格，仅用于电厂或变电站内短距离的电气联络线路。

2）低温有阻电力电缆。低温有阻电力电缆是采用高纯度的铜或铝作导体材料，将其处于液氮温度（77K）或者液氢温度（20.4K）状态下工作的电力电缆。在极低温度下，导体材料的电阻随绝对温度急剧降低。利用导体材料的这一性能，将电力电缆深度冷却，从而满足传送大容量电能的需要。

3）超导电力电缆。以超导金属或超导合金为导体材料，将其处于临界温度、临界磁场强度和临界电流密度条件下工作的电力电缆。在超导状态下，导体的直流电阻为零。因此，可以大大提高电力电缆的输送容量，减小损耗。

低温有阻电力电缆和超导电力电缆与周围媒介之间，都必须有可靠、严密的绝热层，通常采用"超级热绝缘"，即以真空喷涂铝层的聚酯薄膜和尼龙编织网组成。低温有阻电力电缆和超导电力电缆的结构分别如图 1-5 和 图 1-6 所示。

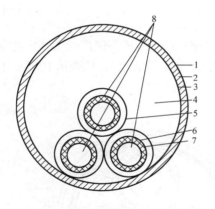

图 1-5　低温有阻电力电缆的结构

1—外护层；2—热绝缘层；

3—钢管；4、8—冷却媒

质通道；5—静电屏蔽层；

6—绝缘；7—线芯

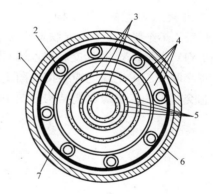

图 1-6　超导电力电缆的结构

1—热绝缘层；2—液氮管道；

3—液氢管道；4—真空；

5—超导合金；6—防腐蚀钢管；

7—超级绝缘层

（2）阻燃电力电缆。阻燃电力电缆有一般阻燃电力电缆和高阻燃电力电缆之分。

1）一般阻燃电力电缆。以材料氧指数大于或等于 28 的聚烯烃作为外护套，能够阻滞延缓火焰沿着其外表蔓延，使火灾不扩大的电力电缆，其型号冠以 ZR。在电力电缆比较密集的隧道、竖井或电力电缆层中，为防止电力电缆着火酿成严重事故，应选用一般阻燃电力电缆。考虑到一旦发生火灾，消防人员能够及时进行扑救，有条件时，应选用低烟无卤或低烟低卤护套的阻燃电力电缆，减少有害气体的排放。

2）高阻燃电力电缆。其产品型号冠以 GZR，是具有特殊结构的阻燃电力电缆，用于防火要求特别高的场所。其结构特点是，在绝缘芯和外护套之间挤填了一层无机金属化合物，如 $Al(OH)_3$。当遇火时，这层化合物立即分解，析出结晶水，并生成一层不可燃、不熔融的胶状金属氧化物，包敷在绝缘外，隔绝氧气，阻止燃烧。因此，这种电力电缆又称为高阻燃隔氧层电力电缆。

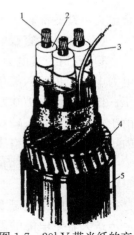

图 1-7 20kV 带光纤的交联聚乙烯海底电力电缆的结构
1—导体；2—交联聚乙烯绝缘；3—光纤；4—钢丝铠装；5—聚乙烯护套

（3）光纤复合电力电缆。光纤复合电力电缆将光纤组合在电力电缆的结构层中，使其同时具有电力传输和光纤通信功能。光纤复合电力电缆集两方面功能于一体，因而降低了工程建设投资和运行维护总费用，具有明显的技术经济意义。在制造过程中，这种电力电缆将光纤与三相电力电缆一起成缆，光纤位于三相电力电缆芯的空隙间，得到电力电缆铠装和外护套的机械保护。

20kV 带光纤的交联聚乙烯海底电力电缆的结构如图 1-7 所示。

第四节　交联聚乙烯绝缘电缆结构及其材料性能

1. 交联聚乙烯绝缘电缆结构

交联聚乙烯绝缘电缆是以交联聚乙烯作为绝缘的塑料电力电缆。国产的 XLPE 绝缘电缆用 YJLV 和 YJV 表示，YJ 表示交联聚乙烯，L 表示铝芯（铜芯可省略），V 表示 PVC 护套。

单芯交联聚乙烯绝缘电缆结构如图 1-8 所示。

三芯交联聚乙烯绝缘电缆结构如图 1-9 所示。

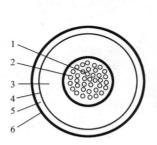

图 1-8　单芯交联聚乙烯绝缘电缆结构
1—导体；2—内层半导电层；3—绝缘体；4—外层半导电屏蔽层；5—护套；6—保护（防腐蚀）层

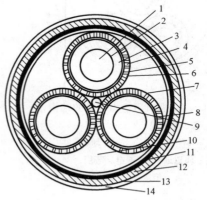

图 1-9　三芯交联聚乙烯绝缘电缆结构
1—导线；2—导线屏蔽层；3—交联聚乙烯绝缘；4—绝缘屏蔽层；5—保护带；6—铜带屏蔽；7—螺旋铜带；8—塑料带；9—中心填芯；10—填料；11—内护套；12—扁钢带铠装；13—钢带；14—外护套

交联聚乙烯绝缘电缆所用线芯除特殊要求外，均采用紧压型线芯，其作用如下：

(1) 使外表面光滑，防止导丝效应，避免引起电场集中。

(2) 防止挤塑半导电屏蔽层时半导电料进入线芯。

(3) 可有效地防止水分沿线芯进入。

因此，在电力电缆安装时应选用配合紧压线芯的金具，否则压接质量不好，引起连接部位发热。

绝缘内外的半导电屏蔽层均采用加炭黑的交联聚乙烯料，早期交联电力电缆的外半导电屏蔽层也有使用石墨布绕包形成的，但这种结构性能不好，随着内、外半导电屏蔽层及绝缘层同时挤出工艺的成熟，现在已经被淘汰，当选用电力电缆时应尽量不采用绕包型屏蔽结构的电力电缆。半导电屏蔽层的电阻率一般在 $10^4\Omega\cdot cm$ 以下，其厚度一般为 1mm。根据国家标准，10kV 及以下电力电缆的外半导电屏蔽层为可剥离层（剥离力一般要求在 8～40N），35kV 以上为不可剥离层，其主要原因是可剥离层在高电压等级中的存在使电力电缆抗局部放电能力降低，当安装附件时，会在微小局部造成气隙。

电力电缆金属屏蔽层，又称铜带屏蔽，它将为电力电缆故障电流提供回路并提供一个稳定的地电位，铜带（丝）的截面可按故障电流大小、持续时间以及接地为一端还是两端选定。

35kV 及以下电压等级的单芯和三芯交联电力电缆用镀锌钢带作为铠装层，起机械保护作用。110kV 及以上电压等级的 XLPE 绝缘电缆的铠装均采用波纹铝（铜、铅、不锈钢）护套，作为铠装和内防水护套用，因为无论是 PE 还是 PVC 护套，其吸水率分别为 0.01% 和 0.15%～1%，而金属几乎不透水，所以超高压电力电缆均用不透水的金属内护套。另外，在超高压电力电缆内护套中，还有防水带等隔水工艺，使得已进入的水分不易扩散。

单芯 XLPE 绝缘水底电力电缆结构（单层钢丝铠装）如图 1-10 所示，三芯 XLPE 绝缘水底电力电缆结构（单层钢丝铠装）如图 1-11 所示。在特殊情况下，电力电缆还可采用两层钢丝铠装。

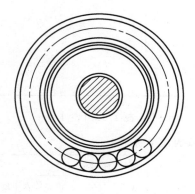

图 1-10　单芯 XLPE 绝缘水底
电力电缆结构

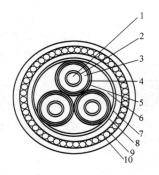

图 1-11　三芯 XLPE 绝缘水底电力电缆结构
1—导体；2—导体半导电屏蔽层；3—绝缘；
4—绝缘半导电屏蔽层；5—金属屏蔽层；
6—填料；7—包扎带；8—内护套；
9—粗丝铠装；10—外护套

几种电缆结构尺寸见表 1-1～表 1-3。

表 1-1   **10kV YJV22-8.7/15-3×400mm² 铜芯电缆结构参考尺寸**

序　号	项　目	规　格
1	压缩圆形铜绞线导体截面（mm²）	400
2	内屏蔽层平均厚度（mm）	0.8
3	绝缘层标称厚度（mm）	4.5
4	外屏蔽层标称厚度（mm）	0.8
5	金属屏蔽层厚度（mm）	0.1
6	PVC 内护套厚度（mm）	2.2
7	镀锌铠装层厚度（mm）	0.8
8	PVC 外护套厚度（mm）	3.4
9	电缆总外径（mm）	103
	单位电缆质量（kg·m⁻¹）	19.934

表 1-2   **10kV YJLV22-8.7/15-3×400mm² 铝芯电缆结构参考尺寸**

序　号	项　目	规　格
1	压缩圆形铜绞线导体截面（mm²）	400
2	内屏蔽层平均厚度（mm）	0.8
3	绝缘层标称厚度（mm）	4.5
4	外屏蔽层标称厚度（mm）	0.8
5	金属屏蔽层厚度（mm）	0.1
6	PVC 内护套厚度（mm）	2.2
7	镀锌铠装层厚度（mm）	0.8
8	PVC 外护套厚度（mm）	3.4
9	电缆总外径（mm）	103
	单位电缆质量（kg·m⁻¹）	12.346

表 1-3   **110kV 700mm² 铜芯电缆结构尺寸**

序号	项　目	规　格
1	压缩圆形铜绞线导体截面（mm²）	700
2	内屏蔽层厚度（mm）	0.8
3	绝缘层厚度（mm）	18.6
4	外屏蔽层厚度（mm）	0.8
5	金属屏蔽层厚度（mm）	0.1
6	波形铝护套厚度（mm）	2.2
7	PVC 外护套厚度（mm）	4.3
8	电缆总外径（mm）	101
9	单位电缆质量（kg·m⁻¹）	142

国产中低压、高压 XLPE 绝缘电缆型号及应用场合分别见表 1-4 和表 1-5。

表 1-4   **国产中低压 XLPE 绝缘电缆型号及应用场合**

型号	电缆名称	应用场合
YJLV （YJV）	铝（铜）芯 XLPE 绝缘 PVC 护套电力电缆	电缆敷设在室内、隧道、管道中，也允许在土壤中直埋，不能承受机械外力作用，但可经受一定的敷设牵引力
YJLVF （YJVF）	铝（铜）芯 XLPE 绝缘分相 PVC 护套电力电缆	电缆敷设在室内、隧道、管道中，也允许在土壤中直埋，不能承受机械外力作用，但可经受一定的敷设牵引力
YJLV₂₀ （YJV₂₀）	铝（铜）芯 XLPE 绝缘 PVC 护套裸钢带铠装电力电缆	电缆敷设在室内、隧道、管道中，能承受机械外力作用，但不能承受大的拉力

型号	电缆名称	应用场合
YJLV₂₉ （YJV₂₉）	铝（铜）芯 XLPE 绝缘 PVC 护套内钢带铠装电力电缆	电缆敷设在地下，能承受机械外力作用，但不能承受大的拉力
YJLV₃₀ （YJV₃₀）	铝（铜）芯 XLPE 绝缘 PVC 护套裸细钢丝铠装电力电缆	电缆敷设在室内、隧道及矿井中，能承受机械外力作用，并能承受相当的拉力
YJLV₃₉ （YJV₃₉）	铝（铜）芯 XLPE 绝缘 PVC 护套内细钢丝铠装电力电缆	电缆敷设在水中或具有落差较大的土壤中，能承受相当的拉力
YJLV₅₀ （YJV₅₀）	铝（铜）芯 XLPE 绝缘 PVC 护套裸粗钢丝铠装电力电缆	电缆敷设在室内、隧道及矿井中，能承受机械外力作用，并能承受较大的拉力
YJLV₅₉ （YJV₅₉）	铝（铜）芯 XLPE 绝缘 PVC 护套内粗钢丝铠装电力电缆	电缆敷设在水中，能承受较大的拉力

表 1-5　　　　国产高压 XLPE 绝缘电缆型号及应用场合

型号	电缆名称	应用场合
YJLV （YJV）	铝（铜）芯 XLPE 绝缘 PVC 护套电力电缆	电缆可敷设在隧道或管道中，不能承受拉力和压力
YJLY （YJY）	铝（铜）芯 XLPE 绝缘 PE 护套电力电缆	电缆可敷设在隧道或管道中，不能承受拉力和压力，防潮性较好
YJLLW₀₂ （YJLW₀₂）	铝（铜）芯 XLPE 绝缘皱纹铝包防水层 PVC 护套电力电缆	电缆可敷设在隧道或管道中，不能承受拉力，可在潮湿环境及地下水位较高的地方使用，并能承受一定压力
YJLQ₀₂ （YJQ₀₂）	铝（铜）芯 XLPE 绝缘铅包 PVC 护套电力电缆	电缆可敷设在隧道或管道中，不能承受拉力和压力
YJLQ₁₁ （YJQ₁₁）	铝（铜）芯 XLPE 绝缘铅包粗钢丝铠装纤维外被电力电缆	电缆用于水底敷设，可承受一定拉力

2. 导体材料

（1）电力电缆导体采用高电导率的金属铜或铝制造。铜的电导率大，机械强度高，易于进行压延、拉丝和焊接等加工。铜是电力电缆导体最常用的材料，铝也是用作电力电缆导体比较理想的材料，铜和铝的主要性能见表 1-6。

表 1-6　　　　　　　　　　铜和铝的主要性能

名称	20 ℃时的密度 （g/cm³）	20℃时的电阻率 （10⁻⁸Ω·m）	电阻温度系数 （℃）	抗拉强度 （N/mm²）
铜	8.89	1.724	0.003 93	200～210
铝	2.70	2.80	0.004 07	70～95

电力电缆导体一般由多根导丝绞合而成，采用绞合导体结构是为了满足电力电缆的柔软性和弯曲度的要求。当导体沿某一半径弯曲时，导体中心线圆外部分被拉伸，中心线圆内部

分被压缩，绞合导体中心线内外两部分可以相互滑动，使导体不发生塑性变形。

按绞合导体的外形来分，有圆形、扇形、腰圆形和中空圆形等种类。

圆形绞合导体的几何形状固定，稳定性好，表面电场比较均匀。20kV 及以上油纸电力电缆、10kV 及以上交联聚乙烯电力电缆，一般都采用圆形绞合导体结构。

10kV 及以下多芯油纸电力电缆和 1kV 及以下多芯塑料电力电缆，为了减小电力电缆直径，节约材料消耗，可以采用扇形或腰圆形绞合导体结构。

中空圆形绞合导体用于自容式充油电力电缆。中空圆形绞合导体的中央以硬铜带螺旋管支撑形成中心油道，或者以型线（Z 形线和弓形线）组成中空圆形绞合导体。

在由多根导丝经绞合而构成的电力电缆导体中必然存在空隙。导体的实际截面积 A_1（每根导丝的截面积之和），要比它的外接圆所包含的面积 A 小。A_1 和 A 的比值，称为导体的填充系数，通常又称为紧压系数，用 η 表示，对于圆形绞合导体

$$\eta = \frac{A_1}{A} = \frac{\sum\limits_{i=1}^{i=z} A_i}{\frac{\pi}{4}D^2}$$

式中：A_i 为每根导丝的截面积，Z 为导丝总根数，D 为绞合导体外直径。

绞合导体经过紧压模（辊）紧压后，导体结构更加紧凑，可节约材料消耗，降低成本。导体经过紧压，每根导丝不再是圆形，而呈现不规则形状，导体绞合前后的结构如图 1-12 所示。

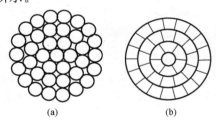

图 1-12　导体绞合前后的结构

（a）绞合前；（b）绞合后

非紧压导体的 η 为 $0.73\sim0.77$；经过紧压之后，一般 η 可达到 $0.88\sim0.93$。对于交联聚乙烯电力电缆，为阻止水分沿纵向进入导体内部，η 值应大一些。国标规定，交联聚乙烯电力电缆导体的 η 要达到 0.93 ~0.94。

对于大截面的电力电缆导体，为了减小其集肤效应，常采用分割导体结构，各个分割单元用绝缘材料隔开。

（2）电力电缆线芯结构。对于 66kV 及以上的充油电力电缆，常采用中空圆形线芯，中间空道用作油或绝缘气体的流动通道。为了增加电力电缆的柔软性和弯曲度，较大截面的电力电缆线芯均由多根较小直径的导线绞合而成。由多根导线绞合的线芯柔软性好、弯曲度大，股数越多弯曲越容易。

电力电缆的弯曲度大约与线芯股数的平方根成正比，但电力电缆的弯曲性同时也受到外护层等方面的限制，而股数过多也会增加制造上的困难，因此，在制造不同标称截面的电力电缆线芯时，都规定了一定的导线根数，各种标称截面的导线的线芯组合应符合 GB/T 3956—2008《电缆导体》相关规定，见表 1-7。

表 1-7　　　　　　　　　　各种标称截面的导线的线芯组合

导线标称截面（mm²）	圆形		紧压圆形	
	铜	铝	铜	铝
25～35	7	7	6	6

续表

导线标称截面（mm²）	圆形		紧压圆形	
	铜	铝	铜	铝
50	19	19	6	6
70	19	19	12	12
95	19	19	15	15
120	37	37	18	15
150	37	37	18	15
185	37	37	30	30
240	37	37	34	30
300	61	61	34	30
400～500	61	61	53	53
630～1000	91	91	53	53

圆形截面的导线具有稳定性好、表面电场均匀和制造工艺简单的优点，高压电力电缆的线芯大多为圆形截面，单芯自容式充油电力电缆的线芯多为中空圆形截面。

3. 绝缘材料

纸绝缘电力电缆、挤包绝缘电力电缆和充油电力电缆的绝缘层结构及其材料性能如下：

（1）纸绝缘电力电缆的绝缘层结构及其材料性能。纸绝缘电力电缆的绝缘层是采用窄条电缆纸带（通常纸宽为 5～25mm），一层层地绕包在电缆导体上，经过真空干燥后浸渍矿物油或合成油而形成的。纸带的绕包方式，除紧靠导体和绝缘层最外的几层外，均采用间隙式绕包，这使电力电缆在弯曲时，在纸带层间可以相互移动，在沿半径为电缆本身半径的12～25 倍的圆弧弯曲时，不会损伤绝缘。

电缆纸是木质纤维纸，经过绝缘浸渍剂浸渍之后成为油浸纸。油浸纸绝缘实际上是木质纤维素与浸渍剂的夹层结构。35kV 及以下的油纸电力电缆采用黏性浸渍剂，即松香光亮油复合剂。这种黏性浸渍剂的特性是，在电缆工作温度范围内具有较高的黏度以防止流失，而在电缆浸渍温度下，则具有较低的黏度，以确保良好的浸渍性能。

（2）挤包绝缘电力电缆的绝缘层结构及其材料性能。挤包绝缘材料（各类塑料、橡胶等高分子聚合物）经挤包工艺一次成型紧密地挤包在电力电缆导体上。塑料和橡胶属于均匀介质，这是与油浸纸的夹层结构完全不相同的。聚氯乙烯、聚乙烯、交联聚乙烯和乙丙橡胶的主要性能如下：

1）聚氯乙烯塑料是以聚氯乙烯树脂为主要原料，加入适量配合剂、增塑剂、稳定剂、填充剂、着色剂等经混合塑化而制成的。聚氯乙烯具有较高的电气性能和较高的机械强度，具有耐酸、耐碱、耐油性能，工艺性能也比较好。缺点是耐热性能较低、绝缘电阻率较小、介质损耗较大，因此只能用于 6kV 及以下的电力电缆绝缘。

2）聚乙烯具有优良的电气性能，介电常数小、介质损耗小、加工方便。缺点是耐热性能差、机械强度低、耐电晕性能差。

3）交联聚乙烯是聚乙烯经过交联反应后的产物。采用交联的方法，将线形结构的聚乙烯加工成网状结构的交联聚乙烯，从而改善了材料的电气性能、耐热性能和机械性能。

聚乙烯交联反应的基本机理是，利用物理的方法（如用高能粒子射线辐照）或者化学的方法（如加入过氧化物化学交联剂）来夺取聚乙烯中的氢原子，使其成为带有活性基的聚乙烯分子，而后带有活性基的聚乙烯分子之间交联成三度空间结构的大分子。

4）乙丙橡胶是一种合成橡胶。用作电力电缆绝缘的乙丙橡胶是由乙烯、丙烯和少量第三单体共聚而成的。乙丙橡胶具有良好的电气性能、耐热性能、耐臭氧和耐气候性能；缺点是不耐油，可以燃烧。

（3）充油电力电缆的绝缘层结构及其材料性能。充油电力电缆是利用补充浸渍剂原理来消除气隙，以提高电力电缆工作场强的一种电力电缆。按充油通道的不同，充油电力电缆分为自容式充油电力电缆和钢管充油电力电缆。运行经验表明，自容式充油电力电缆具有电气性能稳定、使用寿命较长的优点。自容式充油电力电缆的油道位于导体中央，油道与补充浸渍剂的设备（供油箱）相连，电力电缆温度升高时，浸渍剂膨胀，多出的某一体积的浸渍剂通过浸渍剂道流至供油箱；而当电力电缆温度降低时，浸渍剂收缩，供油箱中的浸渍剂又通过油道返回绝缘层，以填补空隙。这样既消除了气隙的产生，又防止电力电缆中产生过高的压力。为使浸渍剂能够流动顺畅，采用低黏度油，如十二烷基苯等。充油电力电缆中浸渍剂的压力必须始终高于大气压。在一定的压力下，不仅使电力电缆的工作场强提高而且可以有效防止一旦护套破裂潮气侵入绝缘层。

4. 屏蔽层

电力电缆的屏蔽层可以分为内半导电屏蔽层、外半导电屏蔽层和金属屏蔽层。所谓"屏蔽"，实质上是一种改善电场分布的措施。

（1）内半导电屏蔽层。电力电缆导体由多根导丝绞合而成，它与绝缘层之间易形成气隙，导体表面不光滑，会造成电场集中。在导体表面加一层半导电材料的屏蔽层，它与被屏蔽的导体等电位，并与绝缘层良好接触，从而避免在导体与绝缘层之间发生局部放电，这一屏蔽层称为内半导电屏蔽层。

（2）外半导电屏蔽层。在绝缘外表面和护套接触处，也存在着间隙，电力电缆弯曲时，电力电缆绝缘表面易造成裂纹，这些都是引起局部放电的因素。在绝缘层表面加一层半导电材料的屏蔽层，它与被屏蔽的绝缘层有良好接触，并与金属护套等电位，从而避免在绝缘层与护套之间发生局部放电，这一屏蔽层称为外半导电屏蔽层。

（3）金属屏蔽层。没有金属护套的挤包绝缘电力电缆，除半导电屏蔽层外，还要增加用钢带或铜丝绕包的金属屏蔽层。这个金属屏蔽层的作用是：在正常运行时通过电容电流，当系统发生短路时，作为短路电流的通道，同时也起到屏蔽电场的作用。在电力电缆结构设计中，要根据系统短路电流的大小，对金属屏蔽层的截面积提出相应的要求。

5. 护层

中、低压交联聚乙烯绝缘电缆的内外护套层一般采用 PVC 材料，厚度一般为 3～4mm，因为 PVC 材料的防火阻燃性能比 PE 材料的好。内护套也有厂家使用 PE 材料，这主要是为了减少渗水，因为 PE 的吸水率小于 PVC。对于 110kV XLPE 绝缘电缆外护套，由于有耐压要求，为了现场试验需要在 PVC 护套外层涂一层导电石墨，电力电缆验收时一定要检查石墨导电层是否完整，否则对护套的试验将没有意义。

第五节 电力电缆连接设备

1. 电力电缆分支箱的作用、结构及特点

（1）电力电缆分支箱的作用。电力电缆分支箱的作用是完成配电系统中电缆线路的汇聚和分接，但一般不配置开关，不具备控制、测量等二次辅助配置的专用电气连接设备。

（2）电力电缆分支箱的结构。分支箱内没有开关设备，一般由三只母线桥（单侧或贯通套管）、母线桥金属支架、金属或复合材料外壳（防护罩）、带电显示装置和接地装置组成。分支箱要依据规划或设计文件标注的回路构成及参数，配置相应数量和型式的电缆终端，并根据网络运行的相关要求配置接地和短路故障指示器，如有特殊需要可配置接地和短路故障记录装置。电力电缆分支箱的基本结构如图 1-13 所示。

（3）电力电缆分支箱的特点。进线与出线通过母线桥进行汇接，电位相同，适用于主干电缆线路与分支电缆线路的汇接或负载电缆线路与电源电缆线路的汇接，也适用于处于特殊地质水文条件区域的电缆线路中继接头的替代。电力电缆分支箱结构简单，绝缘强度较高，设备投资较为节约。

图 1-13　电力电缆分支箱的基本结构

由于目前使用的电力电缆分支箱中所配置的母线桥的热稳定和动稳定性能较差，故障修复时需要对结构进行解体，检修时间长，在结构解体后许多材料不可重复使用。因此，在重载电缆线路和负载对电缆线路可靠性有较高要求的场所，不宜采用电力电缆分支箱。

2. 电力电缆环网单元的作用、结构及特点

（1）电力电缆环网单元的作用。电力电缆环网单元也称环网柜或开闭器，用于中压电力电缆线路分段、联络及分接负荷。电力电缆环网单元按使用场所可分为户内和户外两大类，按结构可分为整体式和间隔式。户外环网单元安装于箱体中时也称开闭器，其外观和元器件排列型式如图 1-14 所示。

图 1-14　户外环网单元的外观和
元器件排列型式

（2）电力电缆环网单元的结构。电力电缆环网单元一般由母线、隔离开关、负荷开关、断路器、熔断器、接地开关、进出线套管、绝缘气室（充 SF_6 气体）、金属防护罩、带电显示装置（带二次核相孔）、接地装置、底座等部分组合而成。

户内电力电缆环网单元一般为间隔式，即不同回路之间用金属防护罩互相隔离，回路中电气元件相间和对地绝缘型式为空气绝缘；户内电力电缆环网单元采用负荷开关时，SF_6 气室可采用间隔型（单独气室）。户外电力电缆环网单元可采用间隔式，当处于高湿、高粉尘和大气污染较严重的环境中运行时，金属防护罩和各间隔应采用密闭的结构，回路中电气元

件应采用全封闭、全绝缘的结构，箱体内需加装温湿度自动控制器；户外电力电缆环网单元采用负荷开关时，各回路的负荷开关 SF₆ 气室应采用共用气室；当电力电缆环网单元有防爆或其可靠性有较高要求时，应采用充 SF₆ 气体绝缘的共用气箱，将各回路的电气元件安置在一个充有一定压力的 SF₆ 气体箱体中，使回路中电气元件对地绝缘型式为 SF₆ 气体绝缘并与环境隔绝，利用 SF₆ 气体优异的特性，减小设备体积，提高绝缘强度和动、热稳定性能。

电力电缆环网单元所配置的 10kV 电缆终端应为预制式，外屏蔽应采用挤包工艺。

电力电缆环网单元的各间隔中应有压力施放通道，能够防止故障引发的内部电弧造成箱外人员的伤害。

电力电缆环网单元还可依据规划所需要实现的功能和设计，增加继电保护装置、故障记录装置、电动分合闸装置和通信装置等。

（3）电力电缆环网单元的特点。由于采用具备各种功能的元器件进行组合，电力电缆环网单元在电缆网络中能实现许多预先设置的功能。可实现电缆网络中分合负荷电流、开断短路电流，接入和切除架空线路、电力电缆线路和空载变压器，对供电可靠性有特殊要求的负荷多回路供电，自动切除和投入故障线路段和备用线路，自动切除发生故障的用户设备等控制和保护功能，是电缆网络中的重要设备。

3. 美式箱变压器的作用、结构及特点

（1）美式箱变压器的作用。美式箱变压器是在电缆网络中广泛使用的一种设备，是在电力电缆分支箱、电力电缆环网单元、配电变压器三者融合的基础上，逐步发展完善起来的一种新型综合电力电缆设备，可实现单回路电力电缆线路的连接、分段、联络和配电变压器的接带，特别适用于负荷密度高、电力电缆线路通道较少、建筑物密集、设备放置场地较为狭窄的场所。

（2）美式箱变压器的结构。美式箱变压器分为高压设备和低压设备两个部分，高压设备部分主要由母线、高压负荷开关（环网或终端型）、高压熔断器、进出线套管、绝缘油箱、三相五柱式配电变压器、金属外防护罩和油箱附件等组成，低压设备部分主要由配电柜、无功补偿装置和金属外防护罩组成。

美式箱变压器最独特的部分是绝缘油箱的设计，把高压母线、高压负荷开关（环网或终端型）、高压熔断器、进出线套管和三相五柱式配电变压器放置在同一个密封性能极好的油箱内，增强了高压电气装置的绝缘强度，大幅度提高了设备的免维护性能，再辅以真空负压注油技术，使箱内压力小于外部大气压力，巧妙地解决了绝缘油渗漏问题。

美式箱变压器所配置的高压负荷开关在结构上可实现多工位状态的操作，再辅以母线和进出线套管的配置，可将一侧的电力电缆线路向另一侧延伸，不需要再配置电力电缆分支箱或电力电缆环网单元，从而减少设备用地和投资。另外，美式箱变压器把需要巡视和操作的装置设计在一个平面上，大幅度减少了设备通道占用土地。

（3）美式箱变压器的特点。① 全绝缘、全密封结构，无需绝缘距离，可靠保证人身安全。② 过载能力强，允许过载 2 倍 2h，过载 1.6 倍 7h，而不影响美式箱变压器的寿命。③ 体积小，结构紧凑，比同容量箱式变压器尺寸小。④ 采用双熔断器保护，运行成本低，插入式熔丝有双敏特性（温度和电流）。⑤ 接线方式灵活，既可用于环网，又可用于终端，转换十分方便，提高了供电的可靠性。⑥ 采用 Dyn11 联结组别及三相五柱式结构，电压质量高（谐波分量少），零序电流对低压侧无影响，可以在一定时间内单相运行，而且中性点不漂移。⑦ 箱体发热小，噪音低，防雷性能好。

第六节　电力电缆接头的结构特点

在输配电线路中，完整的电力电缆线路是由电力电缆本体和电力电缆接头两大部分组成的，电力电缆接头是电力电缆线路的重要组成部分。在电力电缆安装敷设及运行过程中，电力电缆接头的故障率往往比本体的故障率高得多，因此分析和了解电力电缆的接头情况非常有必要的。

1. 终端接头

终端接头是连接电缆与输配电线路及相关配电装置的产品，一般指电缆线路中终端连接，它与电缆一起构成电力输送网络，电缆终端头电缆附件主要是依据电缆结构的特性，既能恢复电缆的性能，又保证电缆长度的延长及终端的连接。按其类型一般分为热缩终端头及冷缩终端头，终端头分为户内终端和户外终端。

（1）10kV 三芯户外热缩终端接头，其结构如图 1-15 所示。

（2）10kV 三芯冷缩终端接头，其结构如图 1-16 所示。

2. 中间接头

中间接头主要有以下三种：

（1）绕包型电力电缆中间接头，如图 1-17 所示。绕包型电力电缆中间接头的绝缘及半导电屏蔽层都采用以橡胶为基材的自黏性带材绕包制成，主要适用于 35kV 及以下中低压挤包绝缘电力电缆。

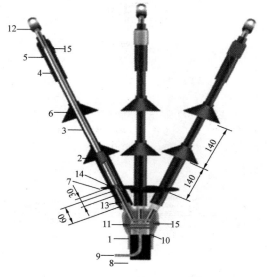

图 1-15　10kV 三芯热缩终端结构图
1—热缩支套；2—应力管；3—绝缘管；4—密封管；5—标记管；6—单孔雨裙；7—三孔雨裙；8—电缆外护套；9—地线；10—钢铠；11—铜扎线；12—接线端子；13—铜屏蔽层；14—半导电层；15—填充胶

（2）热收缩型电力电缆中间接头，如图 1-18（a）所示。热收缩型电力电缆中间接头是指电力电缆的中间接头由一套热收缩型电力电缆附件经过完整的工艺制作而成。热收缩型电力电缆附件是由橡塑材料经过特殊工艺加工而成的，包括热收缩绝缘管、热收缩护套管、热收缩分支管、热收缩雨裙等。由于制作工艺及过程相对简单，而广泛应用于不同耐压等级的各种橡塑电力电缆的中间接头。

（3）冷收缩型电力电缆中间接头，如图 1-18（b）所示。冷收缩型电力电缆中间接头是指电力电缆的中间接头由一套冷收缩电力电缆附件经过完整的工艺制作而成。通常由硅橡胶或乙烯、丙烯橡胶制成可自然收缩部件，通过衬以螺旋状的塑料支撑条以保证附件使用前的内径及形状。在现场安装使用时，只要将相关附件套在电力电缆的中间接头相应部位，用手抽出塑料支撑条，橡胶附件便会紧密地收缩在电力电缆的相应部位上，整个过程无需加热，安装工艺简单。目前，冷收缩电力电缆附件主要应用于 35kV 及以下等级的电力电缆上。

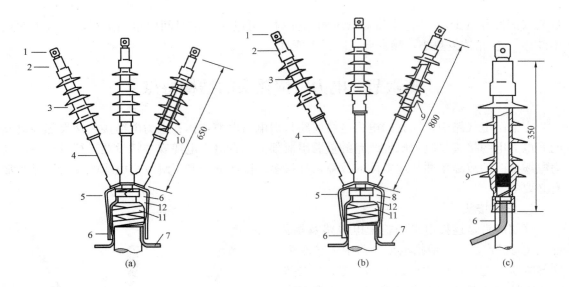

图 1-16　10kV 三芯冷缩终端结构图

（a）10kV 三芯冷缩应力管型终端结构图；（b）10kV 三芯冷缩应力锥型终端结构图；（c）10kV 单芯冷缩终端结构图

1—端子；2—密封管；3—终端管；4—绝缘管；5—支套；6—屏蔽地线；7—钢铠地线；

8—恒力弹簧；9—应力锥；10—应力管；11—PVC 胶带；12—填充胶

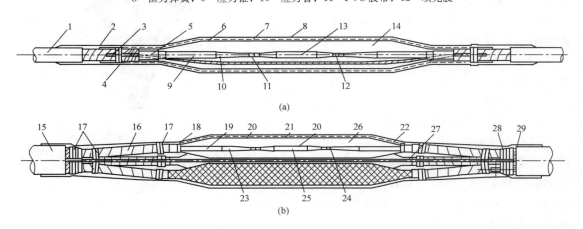

图 1-17　绕包型电力电缆中间接头

（a）单芯电缆中间接头；（b）三芯电缆中间接头

1、15—电缆外护层；2、16—金属屏蔽层；3、27—过桥地线；4、17—绑扎铜线；5、18—电缆外半导电层；

6、20—自黏性半导电带；7、21—铜屏蔽网；8、23—热收缩管；9、19—电缆绝缘层；

10、24—反应力锥；11、25—电缆内半导电层；12—电缆线芯；13、27—导体

连接管；14、26—自黏性绝缘带；22—防水层；28—电缆内衬层；29—电缆铠甲

3. 预制型电力电缆接头

预制型电力电缆接头是由预制型电力电缆附件所组成的电力电缆接头，现场使用安装时，只需将附件套入电力电缆绝缘上即可，因此安装工艺简单。由于预制型电力电缆附件要与电力电缆外径一一对应，因此规格型号比较多。目前，预制型电力电缆附件应用在各个电压等级的电力电缆上。

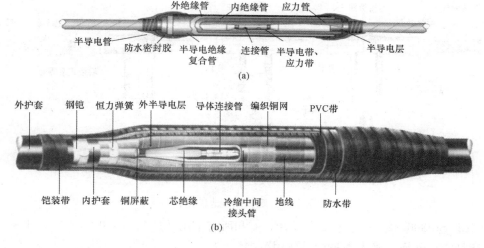

图 1-18　热收缩型电力电缆中间接头和冷收缩型电力电缆中间接头
(a) 热收缩型电力电缆中间接头；(b) 冷收缩型电力电缆中间接头

（1）插拔式接头。在结构上采用多层结构，内层上端为绝缘层、下端为半导体屏蔽层，中间为绝缘层，外层为半导体屏蔽层。应力控制体下端的半导体屏蔽层与电缆本体的半导体屏蔽层紧密接触，插拔式接头具有带电可插拔的特点。

可直接安装在开关柜的套管上或高压电缆分支箱的母排上，T 型接头适用于 35～400mm² 电缆，其后端可连接可触摸型电缆；T-Ⅱ型接头适用于 35～400mm² 电缆，可连接可触摸型电缆；肘型分支接头适用于 35～120mm² 电缆，组成多分支进出线。插拔式接头如图 1-19 所示。

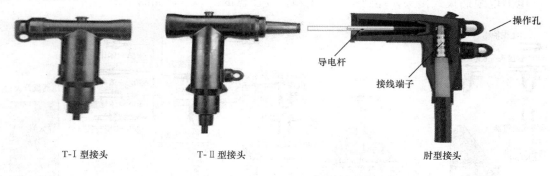

图 1-19　插拔式接头

（2）螺栓式接头。在结构上采用多层结构，内层上端为绝缘层、下端为半导体屏蔽层、中间为绝缘层，外层为半导体屏蔽层。应力控制体下端的半导体屏蔽层与电缆本体的半导体屏蔽层紧密接触，螺栓式接头依靠螺栓连接，不具有拔插的特点。

可直接安装在开关柜的套管上或高压电缆分支箱的母排上，前接头适用于 35～400mm² 电缆。前接头的后端可连接可触摸型电缆后接头，后接头适用于 35～400mm² 电缆，可连接可触摸肘型避雷器接头，组成多分支进出线。螺栓式接头的结构如图 1-20 所示。

（3）插拔式接头和螺栓式接头的区别。螺栓系列电缆接头严格按照 DIN 47636-7-1990 标准执行，必须通过 IEC 60502 及 GB 12706 标准型式试验。插拔系列电缆接头完全按照

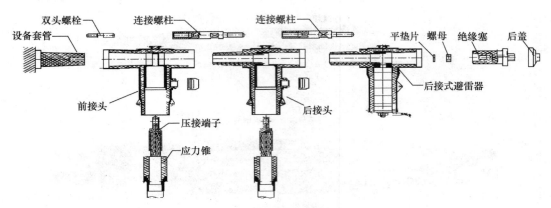

图 1-20 螺栓式接头的结构

ANSI IEEE Std386－2006 标准要求设计，能和所有采用及达到 ANSI、IEEE Std386－2006 标准的产品实现互换，极大提高产品适用范围。

由于在外形尺寸上存在差别，插拔式接头和螺栓式接头两者的产品系列不能进行互换，即插拔式电缆接头只能与插拔式套管匹配，螺栓式电缆接头只能与螺栓式套管匹配。另外，两个体系的额定电流等级不同：螺栓式电缆接头的电流等级为 630、250A，插拔式电缆接头的电流等级为 600、200A。两个体系的额定电压等级不同：螺栓式电缆接头的电压等级为 12、24kV，插拔式电缆接头的电压等级为 15、25kV。这些技术参数在产品标识中有明确的标注。

插拔式接头可带电触摸，螺栓式接头大多不可带电触摸；插拔式电缆附件采用 EPDM（三元乙丙橡胶）作为绝缘介质，螺栓式电缆附件采用硅橡胶作为绝缘介质。

电力电缆插拔式接头在环网柜、分支箱、变压器的组装图，如图 1-21 所示。

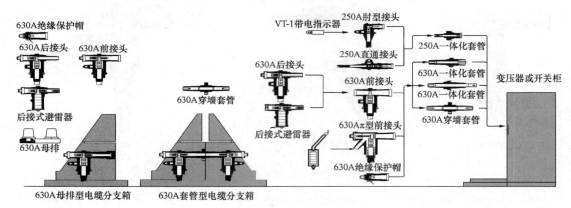

图 1-21 电力电缆插拔式接头在环网柜、分支箱、变压器的组装图

电力电缆螺栓式接头在环网柜、分支箱、变压器的组装图，如图 1-22 所示。

随着电力电缆附件不断被国内电力行业应用，更多的电力电缆附件的产品也在不断升级，以适应电力设备的要求。电力电缆附件的产品朝小型化、全封闭、全绝缘方向发展，为此产生了Ⅱ代产品。它在满足电气性能的基础上，结构更小巧、安装更方便。Ⅰ、Ⅱ代产品的直观区别见表 1-8。

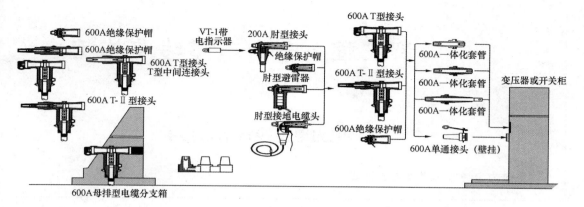

图 1-22　电力电缆螺栓式接头在环网柜、分支箱、变压器的组装图

表 1-8　　　　　　　　　　　　　　**Ⅰ、Ⅱ代产品直观区别**

名称	Ⅰ代产品	Ⅱ代产品	两者图片
验电端子	有	无	
本体尺寸	体积较Ⅱ代大	小	
压接端子	长	短	
双头螺栓	双头螺栓两端都是 M16	短的一端是 M16，长的一端是 M12	

第二章　电力电缆线路施工

第一节　电力电缆线路基本要素

一、电力电缆线路基本要素选择

1. 路径选择

电力电缆线路选择经济合理的路径，是线路工程的要素之一。线路路径的选择是通过地图上选线并结合现场实地勘察来完成的，路径选择的基本要求如下：

（1）选择线路路径，要考虑诸多因素，如沿线地貌及城市规划，另外还应考虑施工、运行维护、交通等因素，进行方案综合比较，择优选取，做到安全可靠、经济合理。

（2）路径长度要尽量短，起止点间线路的实际路径长度应接近或小于选择地理距离长度。

（3）在选择路径时，沿线有坡度的地段，考虑坡度不得超过30°。

（4）电力电缆不得长期承受超限值的机械力，如压力、拉力和震动等。

（5）电力电缆路径上的土壤应呈中性，即 pH 值为6~8。

（6）对沿线建筑物和有关障碍物的交越，要与有关方面取得书面协议。

（7）电力电缆应尽量避免与热力管、燃气管道、油管道等邻近和交越。

（8）在路径选择时应避开环境脆弱区域、名胜古迹和重要公共设施。

2. 敷设方式选择

根据同一路径上近、远期规划，电力电缆平行根数的密集程度，道路结构，建设资金来源等因素，确定电力电缆敷设方式。

（1）电力电缆直埋敷设方式的选择。

1）同一通道少于6根的35kV及以下电力电缆，在城郊等不易经常开挖的地段，宜采用直埋，在城镇人行道下或道路边缘，也可采用直埋。

2）地下管网较多的地段，可能有熔化金属、高温液体溢出的场所，待开发并有频繁开挖的地段，不宜采用直埋。

3）在化学腐蚀或杂散电流腐蚀的土壤范围内，不得采用直埋。

（2）电力电缆沟敷设方式的选择。

1）在化学腐蚀液体或高温熔化金属溢流的场所，或在载重车辆频繁经过的地段，不得采用电力电缆沟。

2）在地下电力电缆数量较多但不需要采用隧道，城镇人行道开挖不便且电力电缆需分期敷设时，宜采用电力电缆沟。

3）有防爆、防火要求的明敷电力电缆，应采用埋砂敷设的电力电缆沟。

（3）电力电缆保护管和排管敷设方式的选择。

1）在有爆炸危险场所明敷的电力电缆，露出地坪上需加以保护的电力电缆，以及地下电力电缆与公路、铁路交叉时，应采用穿保护管。

2）地下电力电缆通过房屋、地下管网密集区域、广场的区段，以及电力电缆敷设在规划中将作为道路的地段，应采用穿保护管。

3）在城市道路狭窄且交通繁忙或道路挖掘困难的通道，宜采用免开挖措施，并安装保护管。

4）城镇沿道路规划电力电缆通道，平行敷设的电力电缆回路不超过6个回路时，宜采用排管敷设。

（4）电力电缆隧道敷设方式的选择。

1）同一通道的地下电力电缆数量多，采用电力电缆沟需要较大断面时，应采用隧道。

2）同一通道的地下电力电缆数量较多，且位于有腐蚀性液体或经常有地面水溢流的场所，或含有35kV以上高压电力电缆以及穿越公路、铁路等地段，宜采用隧道。

3）受城镇地下通道条件限制或交通流量较大的道路下，较多电力电缆沿同一路径敷设，并与有非高温的水、气和通信电缆共同配置时，可在公用性隧道中敷设电力电缆。

3. 电力电缆型号选择

根据各种电力电缆型号适宜的敷设场所、使用环境，结合具体情况，选择适合的电力电缆型号。

（1）对电力电缆有防止机械力损伤要求的。

（2）对电力电缆有阻燃、耐火要求的。

（3）对电力电缆有防震、防水要求的。

（4）对防止因电力电缆燃烧而产生有害气体的。

（5）电力电缆的额定电压必须大于或等于所连接线路的额定电压的。

（6）电力电缆的长期允许电流（即载流量）大于所连接线路的工作电流的。

4. 电力电缆截面选择

（1）按长期允许电流选择。电力电缆运行时，它的线芯损耗、绝缘损耗（介质损耗）及钢铠损耗等均会产生热量，使电力电缆的温度升高。计算表明，在35kV及以下电压等级，介质损耗可以不计，但随着工作电压的提高，介质损耗的影响就较显著。例如：110kV电力电缆的介质损耗是导体损耗的11％，220kV电力电缆的介质损耗是导体损耗的34％，330kV电力电缆的介质损耗是导体损耗的105％。因此，对于高压和超高压电力电缆，必须严格控制绝缘材料的损耗。按长期允许电流选择要考虑以下条件：

1）长期允许的最高工作温度。当电力电缆表面温度高于周围介质温度时，电力电缆中的热量通过电力电缆表面传递给周围介质，当电力电缆的发热量和通过表面散发的热量相等时，电力电缆的温度达到最高温度值。电力电缆绝缘材料的种类不同，其线芯长期允许的最高工作温度也不同，聚氯乙烯、交联聚乙烯铜芯电力电缆的线芯长期允许的最高工作温度见表2-1。交联聚乙烯电力电缆长期工作的温度不超过表2-1所规定的最高允许温度时，电力电缆就能够在使用寿命期内安全运行；如果交联聚乙烯电力电缆的工作温度长时间超过表2-1所规定的最高允许温度，绝缘老化就会加剧，电力电缆寿命就会缩短，这样就增加了运行维护成本，降低了资产的合理使用年限。

2）长期允许载流量。为控制线芯温度不超过最高允许值，必须使通过电力电缆的电流值限制在一定的数值以内，这个电流数值就是长期允许载流量。铝芯聚氯乙烯铠装电力电缆和交联聚乙烯钢铠电力电缆直埋敷设的长期允许载流量（25℃时）见表2-2。

表 2-1　　　聚氯乙烯、交联聚乙烯铜芯电力电缆的线芯长期允许的最高工作温度

电力电缆类型	电压（kV）	最高允许温度（℃）	
		额定负荷时	短路暂态
聚氯乙烯	≤6	70	160
交联聚乙烯	≤500	90	250

注　铝芯电力电缆短路允许最高温度为 200℃。

表 2-2　　　　铝芯聚氯乙烯铠装电力电缆和交联聚乙烯钢铠电力
电缆直埋敷设的长期允许载流量（25℃）

导体截面（mm²）	长期允许载流量（A）		
	1～3kV		10 kV
	三芯或四芯	三芯	交联聚乙烯绝缘
	聚氯乙烯绝缘	交联聚乙烯绝缘	
4	30	—	—
6	37	—	—
10	50	—	—
16	68	—	—
25	87	91	90
35	105	113	105
50	129	134	120
70	152	165	152
95	180	195	182
120	207	221	205
150	237	247	219
185	264	278	247
240	310	321	292
300	347	365	328
400	—	—	374
500	—	—	424
630	—	—	—
800	—	—	—

　　铝芯聚氯乙烯无铠装电力电缆和交联聚乙烯钢铠电力电缆在空气中敷设的长期允许载流量（40℃时）见表 2-3。

表 2-3　　　　　　　铝芯聚氯乙烯无铠装电力电缆和交联聚乙烯钢铠电力
电缆在空气中敷设的长期允许载流量（40℃）

导体截面（mm²）	长期允许载流量（A）		
	1~3kV		10 kV
	三芯或四芯	三芯	交联聚乙烯绝缘
	聚氯乙烯绝缘	交联聚乙烯绝缘	
2.5	15	—	—
4	21	—	—
6	27	—	—
10	38	—	—
16	52	—	—
25	69	91	100
35	82	114	123
50	104	146	141
70	129	178	173
95	155	214	214
120	181	246	246
150	211	278	278
185	246	319	320
240	294	378	373
300	328	419	428
400	—	—	501
500	—	—	574
630	—	—	—
800	—	—	—

注　铜芯电力电缆的载流量为表中数值的 1.29 倍。

3）长期允许载流量的修正。当环境温度不是 25℃时，35kV 及以下电力电缆必须对长期允许载流量进行适当的修正，环境温度变化时载流量的修正系数见表 2-4。

表 2-4　　　　　　　　　环境温度变化时载流量的修正系数

敷设环境	空　气　中				土　壤　中			
环境温度（℃）	30	35	40	45	20	25	30	35
缆芯最高工作温度（℃） 60	1.22	1.11	1.0	0.86	1.07	1.0	0.93	0.85
65	1.18	1.09	1.0	0.89	1.06	1.0	0.94	0.87
70	1.15	1.08	1.0	0.91	1.05	1.0	0.94	0.88
80	1.11	1.06	1.0	0.93	1.04	1.0	0.95	0.90
90	1.09	1.05	1.0	0.94	1.04	1.0	0.96	0.92

其他环境温度下载流量的修正系数 K 可按下式计算

$$K = \sqrt{\frac{\theta_{m} - \theta_{2}}{\theta_{m} - \theta_{1}}}$$

式中　θ_{m}——缆芯最高工作温度，℃；

　　　θ_{1}——对应于额定载流量的基准环境温度，在空气中取 40℃，在土壤中取 25℃；

　　　θ_{2}——实际环境温度，℃。

电力电缆并列敷设时，电力电缆产生的热量散发困难，其载流量必然减少，并列电力电缆根数越多，间距越近，电力电缆长期允许载流量越小，必须对其进行修正，直埋的电力电缆并列敷设时的长期允许载流量修正系数见表 2-5。

表 2-5　　　　　　直埋的电力电缆并列敷设时的长期允许载流量修正系数

修正系数　　　并列根数　　电缆间净距	1	2	3	4	5	6	7	8	9	10
100mm	1.00	0.9	0.85	0.80	0.78	0.75	0.73	0.72	0.71	0.70
200mm	1.00	0.92	0.87	0.84	0.82	0.81	0.80	0.79	0.79	0.78
300mm	1.00	0.93	0.90	0.87	0.86	0.85	0.85	0.84	0.84	0.83

注　本表不适用于三相交流系统中使用的单芯电力电缆。

空气中单层多根电力电缆并列敷设时的长期允许载流量修正系数见表 2-6。

表 2-6　　　　空气中单层多根电力电缆并列敷设时的长期允许载流量修正系数

并列根数		1	2	3	4	6
电力电缆中心距	$s=d$	1.00	0.90	0.85	0.82	0.80
	$s=2d$	1.00	1.00	0.98	0.95	0.90
	$s=3d$	1.00	1.00	1.00	0.98	0.96

注　1. s 为电力电缆中心间距离，d 为电力电缆外径。

　　2. 本表是按全部电力电缆具有相同外径条件制定的，当并列敷设的电力电缆外径不同时，d 值可近似地取电力电缆外径的平均值。

　　3. 本表不适用于三相交流系统中使用的单芯电力电缆。

4）长期允许载流量的计算。为了保证电力电缆的使用寿命，运行中的电力电缆导体温度不应超过其规定的长期允许工作温度。根据这一原则，在选择电力电缆截面时，必须满足下列条件

$$I_{max} \leqslant I_0 K$$

式中　I_{max}——通过电力电缆的最大持续负荷电流；

　　　　I_0——指定条件下的长期允许载流量；

　　　　K——电力电缆长期允许载流量的总修正系数。

在不同的敷设环境与条件下，总修正系数 K 可以是下列不同的组成：

（a）空气中并列敷设时

$$K = K_1 K_2$$

（b）空气中单根穿管敷设时

$$K = K_1 K_3$$

（c）单根直埋敷设时

$$K = K_1 K_4$$

（d）并列直埋敷设时

$$K = K_1 K_4 K_5$$

式中 K_1——温度修正系数；

K_2——空气中并列修正系数；

K_3——空气中穿管修正系数；

K_4——土壤热阻系数不同时的修正系数；

K_5——直埋并列修正系数。

（2）根据电力电缆在短路时的热稳定性校核电力电缆截面。当发生短路时，电力电缆线芯中将流过很大的短路电流，由于短路时间很短，电力电缆热效应产生的热量来不及向外发散，全部转化为线芯的温升。电力电缆线芯耐受短路电流热效应而不致损坏的能力称为电力电缆的热稳定性。为使电力电缆在规定的期限内安全运行，根据电力电缆绝缘材料的种类，规定了各种类型的电力电缆线芯短路时间（最长持续时间 5s）允许的最高温度，为了保证电力电缆在短路时线芯温度不超过规定的数值，必须通过短路电流和短路电流通过的时间对电力电缆进行校核，确定电力电缆的截面是否满足要求。铝芯交联聚乙烯绝缘钢铠电力电缆热稳定系数见表 2-7。

对于电压为 0.6kV/1kV 及以下的电力电缆，当采用自动开关或熔断器作保护时，一般电力电缆均可满足短路热稳定性的要求，不必再进行核算。而对于 3.6kV/6kV 及以上电压等级的电力电缆，应按下列公式校正其短路热稳定性

$$S_{\min} = \frac{I_\infty \sqrt{t}}{C}$$

式中 $S_{\min}$——短路热稳定性要求的最小截面积；

I_∞——稳态短路电流，A；

t——短路电流的作用时间，s；

C——热稳定系数。

表 2-7 铝芯交联聚乙烯绝缘钢铠电力电缆热稳定系数

线芯长期允许温度（℃）	短路时允许的温度（℃）						
	铝芯						
	230	220	160	150	140	130	120
90	83.6	81.2	62	57.9	53.2	48.2	41.7
80	87.2	85	66.9	62.9	58.7	54	48.7
75	89.1	86.6	69.1	65.3	61.4	56.8	51.9
70	90.7	88.5	71.5	67.8	64	59.6	54.7
65	92.3	90.3	73.7	70.1	66.5	62.3	57.7
60	94.2	91.9	75.8	72.5	68.8	65	60.4
50	97.3	95.5	80.1	77	73.6	70	65.7

（3）根据允许电压损失选择电力电缆截面。对 3kV 以下的低压电力电缆因其供电半径比较远，因此必须校验其电压降是否满足要求，对 3kV 及以上的电力电缆要校验其短路时的热稳定度。对于较长的高压电力电缆供电线路，应按经济电流密度选择电力电缆截面。

二、电力电缆附件的选择

电力电缆附件是对电力电缆终端进行绝缘封闭和对电力电缆导线进行中继连接的专用设备，通常称为电力电缆的终端和中间接头。电力电缆附件是电力电缆线路中电力电缆与电力系统其他电气设备相连接和电力电缆自身连接不可缺少的组成部分。

1. 选择电力电缆附件的原则

选择电力电缆附件应符合以下原则：

（1）优良的电气绝缘性能。电力电缆附件的额定电压应不低于电力电缆的额定电压，其雷电冲击耐受电压（即基本绝缘水平）应与电力电缆相同。

（2）合理的结构设计。电力电缆附件的结构应符合电力电缆绝缘类型的特点，使电力电缆的导体、绝缘、屏蔽和护层这四个结构层分别得到延续和恢复，并力求安装与维护方便。

（3）满足安装环境的要求。电力电缆附件应满足安装环境对其机械强度与密封性能的要求。电力电缆附件的结构、型式与电力电缆所连接的电气设备的特点必须相适应，应具有符合要求的接口装置，其连接金具必须相互配合。户外的电力电缆附件应具有足够的泄漏比距、抗电蚀与耐污闪的性能。

（4）符合经济合理的原则。电力电缆附件的各种组件、部件和材料，应质量可靠、价格合理。

2. 电力电缆终端和中间接头型号

各种类型的电力电缆终端和中间接头的型号按字母和数字标注。

电力电缆终端和中间接头系列标注如图 2-1 所示。

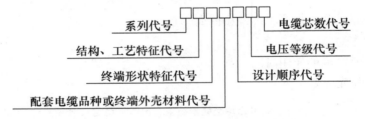

图 2-1　电力电缆终端和中间接头系列标注

电力电缆终端和中间接头常用代号见表 2-8。

表 2-8　电力电缆终端和中间接头常用代号

序号	类　别	名　称	代　号	拼音文字	备　注
1	系列	户内型终端	N	Nei	
		户外型终端	W	Wai	
		直通型接头	J	Jie	
2	结构或工艺特征	瓷套式	C	Ci	
		绕包式	RB	Rao Bao	
		热收缩式	RS	Re Suo	
		预制件装配式	YZ	Yu Zhi	
		环氧树脂浇铸	H	Huan	
		聚氨酯浇铸	A	An	

续表

序号	类 别	名 称	代 号	拼音文字	备 注
3	形状特征（终端）	套管形	T	Tan	电缆中间接头无此代号
		圆形	Y	Yuan	
		扇形	S	Shan	
		倒挂	G	Gua	
4	配套电缆	油浸纸电缆	Z	Zhi	瓷套式省略
		挤包绝缘电缆	J	Ji	热收缩式及浇铸式省略
	终端外壳材料	铸铁	Z	Zhu	
		钢	G	Gang	
		铝合金	L	Lü	
		玻璃钢	B	Bo	
		电瓷	C	Ci	

三、电力电缆及连接设备在应用中的注意事项

1. 电力电缆中压开关站

电力电缆中压开关站设有中压配电电力电缆进出线、对功率进行再分配的装置，可用于解决变电站中压出线间隔有限或进出线走廊受限，并在区域中起到电源支撑的作用。用电负荷密集的高层建筑集中的街区，大型住宅小区和工业园区，均适宜建设电力电缆中压开关站。电力电缆中压开关站内必要时可附设配电变压器。

电力电缆中压开关站的电力电缆及连接设备的选用和配置应在使用寿命期限内，综合考虑建设、运行、维护和所接带的负荷类型等因素进行选配，具体应用时应注重以下几个方面：

（1）电力电缆中压开关站进线段电力电缆的导体材料，应考虑接带负荷的情况，对长时段连续稳定的负荷和对可靠性有较高要求的，宜采用铜导体。

（2）电力电缆中压开关站进线段电力电缆的长期允许电流，应考虑在高温和重载时段与变电站出线柜开关的过负荷保护功能相互匹配，避免电力电缆线路过负荷的情况发生。

（3）电力电缆中压开关站进线段电力电缆的工作电压，应考虑接带负荷和电力电缆中压开关站配出线路的型式，含有冲击和非对称负荷或配出线路为架空线路时，可适度提高工作电压。

（4）电力电缆中压开关站内连接设备的选型和配置，应遵循设备全寿命周期的管理理念，坚持安全可靠、经济实用的原则，采用技术成熟、少维护或免维护、节能环保的通用设备。

（5）电力电缆中压开关站 10kV 电力电缆附件，应优先选用预制式产品，应有防水密封措施，外屏蔽采用挤包工艺。

（6）电力电缆中压开关站保护和自动装置的配置，应具备自动隔离各出线回路相间故障及接地故障的功能，限制出线回路故障的扩大，缩小故障查找范围，避免对未发生故障回路设备的扰动。

（7）电力电缆中压开关站出线段电力电缆的导体材料，宜选用与进线段相同的导体材料。

（8）电力电缆中压开关站出线段电力电缆的长期允许电流，在高温和重载时段与中压开关站出线柜开关的过负荷保护功能相互匹配，避免电力电缆线路过负荷的情况发生。

（9）电力电缆中压开关站进、出线段电力电缆在隧道和电缆沟内敷设时，外护套应采用阻燃型聚氯乙烯护套。

2. 电力电缆环网单元

电力电缆环网单元在中压电力电缆线路网络中承担电力电缆线路分段、联络及电力电缆线路网络中的负荷接带。电力电缆环网单元应依据安置地点的地理环境、所需实现的预定功能和负荷特性等因素进行选配，具体应注意以下几点：

（1）电力电缆环网单元内所配置的设备，应能在所置放的环境中正常运行。避免选择的设备不能适应环境条件而导致性能下降和故障的增加。

（2）电力电缆环网单元中承担分段、联络功能的电力电缆的长期允许电流，应按照高温和重载时段的工况进行选择，防止承担分段、联络功能的电力电缆线路发生过负荷。

（3）电力电缆环网单元中的 10kV 电力电缆附件的配置，应选用预制式产品，外屏蔽采用挤包工艺，处于环境湿度较高的，应增强防水密封措施。

（4）电力电缆环网单元中的保护和自动装置的配置，应具备自动隔离所接带的重载和高危用户相间故障及接地故障的功能。

（5）电力电缆环网单元处于高湿环境时，应采取加大支持绝缘体的爬电比距，加装温湿度控制器，电缆附件和母线采用全绝缘、全封闭和放凝露等措施。

（6）电力电缆环网单元处于高粉尘场所时，外防护罩应增强密封性能，电缆附件和母线应采用全绝缘、全封闭措施，增加强制排风降温和散热进出风口的过滤装置。

3. 电力电缆分支箱

电力电缆分支箱在中压电力电缆线路网络中承担电力电缆线路的汇聚和负载线路的接入，电力电缆分支箱需考虑放置地点的环境和接带负荷状况。

（1）电力电缆分支箱内所配置的设备，应能在自然通风的状况下安全运行，一般情况下能适应环境温度和湿度的变化。

（2）电力电缆分支箱主回路（母排）的结构，应优先采用预制插接型；接带负荷的回路结构，应选用全封闭、全绝缘、全屏蔽可触摸式结构；电缆附件应与所选择的结构要求相匹配。

（3）电力电缆分支箱参数的选用，主回路的额定电流不小于 630A，配出的负荷接带回路不宜大于 3 回、额定电流不小于 200A，额定短时耐受电流值不小于 16kA。

第二节　电力电缆敷设

一、电力电缆的供货包装、运输与敷设

1. 电力电缆的供货包装

通常情况下，两端封闭的电力电缆是卷绕在木制电力电缆盘上供货的，当电力电缆工程的设计要求长度远超出通常的供货长度范围时，可采用钢制电力电缆盘，以满足供货运输和电力电缆施放对电缆盘强度的要求，电力电缆卷绕在电缆盘上的质量不得超过电力电缆盘的最大荷重能力。

电力电缆盘的尺寸和型式，取决于电力电缆类型和工程中所需长度，电力电缆盘芯表面的弧度，应满足电缆弯曲的要求，电力电缆的内外两端应予固定，电力电缆两端头密封帽应完好，电力电缆盘上的出厂标示牌应完好，标示牌中相关数据应完整、清晰。

2. 电力电缆的运输与装卸

在运输和装卸过程中，应规范手段和操作方法，保障电力电缆在运输与装卸过程的安全，防止电力电缆受到外力损害。

（1）电力电缆的运输。远程陆地运输电力电缆时，通常用火车或载重汽车进行，如果具备条件，宜采用内河船舶运输。由本地仓库向工地运输时，应根据道路条件和施工现场环境，按照尽可能一次运输到电力电缆施放位置的原则选取运输工具。

电力电缆盘应符合专业要求地固定在运输工具上，以免在运输途中滑动。木制的载货盘最适用，因为可用钉子将必要的保险楔固定在载货盘上。

预先应在考虑到卸货地点具有的起吊机具的情况下计划电力电缆盘在运输工具上的排列，相互间留有足够大的间距，以便能无困难地卸货。

当电力电缆盘直径不超过 2.5m 时，电力电缆盘可以按行进方向横向放置。如果尺寸较大，电力电缆盘则顺着行进方向放置。电力电缆盘应立放运输，以使电力电缆盘上各电力电缆层不滑动。

（2）电力电缆盘的装卸。电力电缆盘的装卸一般使用起重机、叉车或通过装卸台进行。在起吊电力电缆盘时应注意，应不损伤电力电缆盘、外护板，也不应损伤电力电缆，起吊时起吊工具不得触及电力电缆。人力卸电力电缆时，应用厚木板或横梁搭建一个辅助装卸台，其坡度不应大于 1∶4，木板和横梁的强度应能满足荷载要求。沿斜面滚动时，必须借助绞盘或滑轮组对电力电缆盘进行制动，应在斜面的终端处堆沙土作为落地缓冲。

禁止从运输车辆上直接将电力电缆盘推下，即使在坠落下方设置有缓冲物体的情况下，电力电缆盘和电力电缆极有可能受到损伤。

当人工滚动电力电缆盘时，应按电力电缆盘边缘上的箭头所指方向滚动。假如电力电缆盘向相反方向滚动，有使各电力电缆层松脱的危险。电力电缆盘应避免在滚动方向上长距离滚动而造成盘上卷绕的电力电缆损坏。

工地上运输使用配有装卸装置的电力电缆车是适宜的。如果该车装有电力电缆盘轴承，可以从车上直接牵引电力电缆或在缓慢行进中敷设。

3. 电力电缆敷设

实施电力电缆敷设作业前，应依据规划、设计相关文件对作业区域进行勘察，核对现场是否满足施工作业条件，能否满足工程设计文件中的相关要求，能否满足安全运行的相关要求，是否具备在故障状态下快速恢复供电的条件。

（1）电力电缆敷设应具备的条件。电力电缆在敷设前应对敷设场所周边环境、气象水文、地质地貌、电缆附属设施、施工器具摆放场所等情况进行检查。

1）敷设场所应具备的条件。电力电缆通道在城市规划区域内应取得城市管理部门的许可，非规划区域内应与沿线各方签署相关协议，电力电缆通道及保护区域内不得在施工期间和电力电缆敷设完毕后进行机械挖掘土方或其他作业。

敷设前，需对应了解各种方式（如隧道、直埋、沟道、水下等）的敷设总长度、各转弯点位置、工井位置、上下坡度以及地下管线位置特性等因素。

在检查电力电缆线路总长度时，应首先检查线路上有无预留位置，俗称 Ω 圈，为电力电缆故障修复时所预留的电力电缆。按照规定应在终端接头、过马路穿管、过建筑物等处预留位置，因为这些位置是电力电缆最易损坏部位，否则日后重新安装检修时，将不易进行。同时，为了使电力电缆运行可靠，应尽量减少电力电缆接头，对高压电力电缆（35kV 及以上电压等级的电力电缆）可采用假接头形式完成交叉互联，这样可以不破坏导体的连续性，提高电力电缆输电能力。电力电缆盘的放置位置最好选在转弯处、接头处、上下坡起始点，对于 66kV 及 110kV 电力电缆的敷设应考虑牵引机具的放置位置。其次，要测量各转弯处电力电缆的弯曲半径是否合乎要求，橡塑电缆最小弯曲半径见表 2-9。

电力电缆接头处应作防水处理，因为 XLPE 绝缘电缆的接头，无论附加密封多么良好，总是低于原电力电缆护套，特别是中低压电力电缆，密封处一旦进水，将使绝缘部分暴露于水中。高压电力电缆接头虽有金属护套，但金属护套的连接处仍然存在弱点。因此，接头位置最好在电力电缆沟道、直埋处增加防水措施。例如直埋，可在接头位置修建一水泥槽，在进线处作密封处理后，再填砂盖板，然后直埋。同时，接头应高于周围电力电缆，防止电力电缆内原已进入的水向接头迁移。

表 2-9　　　　　　　　　　　　橡塑电缆最小弯曲半径

电缆形式		多芯	单芯
控制电缆		10D	—
橡皮电缆	无铅包、钢铠护套	10D	10D
	裸铅包护套	15D	15D
	钢铠护套	20D	20D
PVC 绝缘电缆		10D	10D
XLPE 绝缘电缆		15D	20D

对于在沟道、隧道内敷设的电缆，应检查电缆支架的安装情况，在上述两种情况下，电缆支架间距应满足表 2-10 要求。全塑电力电缆水平敷设支架固定电缆时，支架间距允许为 800mm。

表 2-10　　　　　　　　　　　　电缆各支持点间的距离

电缆种类	敷设方式（mm）	
	水平	垂直
中低压全塑电力电缆	400	1000
35kV 及以上高压电力电缆	1500	2000
控制电缆	800	1000

2）敷设现场的环境温度。绝缘电力电缆为塑料制成，当温度较低时，绝缘材料脆性增加，这时如果敷设不注意，会造成电力电缆外护层开裂、绝缘损伤等事故。电力电缆的敷设温度最好高于 5℃。如无法躲开寒冷期施工时，应采取适当措施：

（a）提高周围温度，这种方法需要较大热源，对于户外施工现场一般无法做到，对于户内可采用供暖使房间内温度提高。

（b）用电流通过导体的方法加热，但加热电流不得大于电力电缆额定电流，经加热后的电力电缆应尽快敷设下去。

敷设前放置时间一般不超过 1h，当环境温度低于表 2-11 所列温度时，电力电缆不宜弯曲。

表 2-11　　　　　　　　　　　　　电力电缆允许敷设最低温度

电力电缆类型	电力电缆结构	允许敷设最低温度（℃）
橡皮绝缘电力电缆	橡皮式 PVC 护套	15
	裸铅套	20
	铅护套钢带铠装	7
塑料绝缘电力电缆		0
控制电缆	耐寒护套	20
	橡皮绝缘 PVC 护套	15
	PVC 绝缘 PVC 护套	10

3）敷设所应记录项目及原始数据。电力电缆敷设和终端接头及中间接头安装后，应将以下内容标记在电力电缆敷设平面图中：

（a）电力电缆和附件型号、导线截面、额定电压。

（b）电力电缆和附件的制造厂家、生产年度、电力电缆盘号及敷设与安装日期。

（c）从接头中心点到接头中心点或到终端接头螺栓的实际敷设长度（供货长度扣除切去的长度）。

（d）相对于建筑物、消防栓、界石等固定点的电力电缆和接头位置，但灌木丛、树木、天然水道以及其他随时变化的参照物不适用于作此种目的。由于筑路工程也会造成人行道缘石和里程标石位置的变动，所以它们在一定条件下才适合作为参照物。

（e）电力电缆及其通道高程的变化。高程标示可参照本地海拔标高为基准。在电力电缆敷设图中，也必须写明电力电缆设施的所有变动情况。了解电力电缆位置是很重要的，以免在以后进行土建施工时损坏到电力电缆，还可以迅速和可靠地测寻和排除可能发生的电力电缆故障。

（2）电力电缆敷设装备。

1）电力电缆盘放线支架和电力电缆盘轴。用以支撑和施放电力电缆盘，电力电缆盘放线支架的高低和电力电缆盘轴的长短视电力电缆质量而定。为了能将重几十吨的电力电缆盘从地面抬起，并在盘轴上平稳滚动，特制的电力电缆支架是电力电缆施工时必不可少的机具。它不但要满足现场使用轻巧的要求，而且当电力电缆盘转动时它应有足够的稳定性，不致倾倒。通常电力电缆支架的设计，还要考虑能适用于多种电力电缆盘直径的通用，电力电缆从电力电缆盘上端施放如图 2-2 所示。电力电缆盘的放置，应使拉放方向与滚动方向相反。

施放电力电缆时，应用手转动电力电缆盘，以免产生不允许的伸拉应力。无论如何不得从电力电缆卷上或卧放的电力电缆盘上抬举电力电缆圈，否则将使电力电缆扭曲并受到损伤。

在电力电缆被牵引大部分长度后，电力电缆内端将会移动，通过电力电缆盘向箭头相反

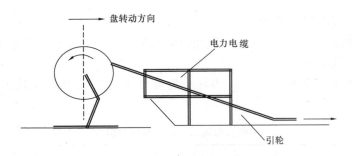

图 2-2　电力电缆从电力电缆盘上端施放

方向转动，当出现电力电缆内圈松动时，应重新固定已松动的电力电缆内端，避免出现电力电缆层互相叠压，影响电力电缆施放。

2）千斤顶。敷设时用以顶起电力电缆盘，千斤顶按工作原理可分为螺旋式和液压式两种类型。螺旋式千斤顶携带方便，维修简单，使用安全；起重高度为 110～200mm，可举升质量为 3～100t。液压式千斤顶起重量大，工作平稳，操作省力，承载能力大，自重轻，使用搬运方便；起重高度为 100～200mm，可举升质量为 3～320t。

3）电动卷扬机。敷设电力电缆时用以牵引电力电缆端头，电动卷扬机起重能力大，速度可通过变速箱调节，体积小，操作方便安全。

4）滑轮组。敷设电力电缆时将电力电缆放于滑轮上，以避免对电力电缆外护套的伤害，并减小牵引力。滑轮分直线滑轮和转角滑轮两种，前者适用于直线牵引段，后者适用于电力电缆线路转弯处。滑轮组的数量，按电力电缆线路长短配备，滑轮组之间的间距一般为 1.5～2m。电力电缆滑轮和电力电缆滑轮在电力电缆路径上的摆放位置如图 2-3 所示。

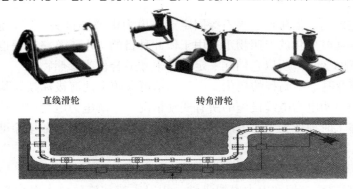

直线滑轮　　　　转角滑轮

图 2-3　电力电缆滑轮和电力电缆滑轮在电力电缆路径上的摆放位置

5）电力电缆牵引头和电力电缆钢丝牵引网套。敷设电力电缆时用以拖拽电力电缆的专用装备，电力电缆牵引头不但是电力电缆端部的一个密封套头，而且是在牵引电力电缆时将牵引力过渡到电力电缆导体的连接件，适用于较长线路的敷设。电力电缆钢丝牵引网套适用于电力电缆线路不长的线路敷设，因为用钢丝网套套在电力电缆端头，只是将牵引力过渡到电力电缆护层上，而护层的允许牵引强度较小，因此它不能代替电力电缆牵引头。在专用的电力电缆牵引头和钢丝牵引网套上，还装有防捻器，用来消除用钢丝绳牵引电力电缆时电力电缆的扭转应力。因为在施放电力电缆时，电力电缆有沿其轴心自转的趋势，电力电缆越长，自转的角度越大。

用机械牵引电力电缆时在牵引头（或单头网套）与牵引绳之间加防捻器，以防止牵引绳因旋转打扭。牵引绳与电力电缆的连接如图 2-4 所示。

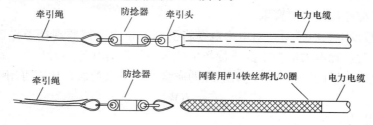

图 2-4 牵引绳与电力电缆的连接

6）电力电缆盘制动装置。电力电缆盘在转动过程中应根据需要进行制动，以便在停止牵引后电力电缆继续滚动引起电力电缆弯折而造成的伤害。电力电缆盘可使用木板制动，用支架的螺杆将盘轴向上顶起（质量较大的电力电缆盘放置在液压电力电缆盘支架上），直到卡不住木板的高度为止。电力电缆盘制动装置如图 2-5 所示。

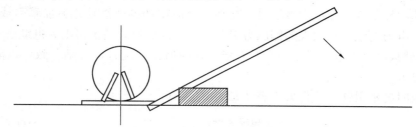

图 2-5 电力电缆盘制动装置

7）安全防护遮拦及红色警示灯。施工现场的周围应设置安全防护遮拦和警告标志，在夜间应使用红色警示灯作为警告标志。

（3）电力电缆敷设前的准备。

1）现场勘察。依据工程设计文件中的相关要求进行现场勘察，了解电力电缆所经地段的地形及有无障碍物，有障碍物应及时清理。对于尚未规划的城市区域，必要时应会同城市规划与测绘部门到现场确定电力电缆的标高与具体的敷设路径。根据电力电缆的电压、截面的大小（主要考虑质量）及每盘电力电缆的长度，敷设路径的曲直和穿越地下管线障碍物的多少来决定施放电力电缆的方式（即采用人工敷设还是采用机械敷设方式）。

2）制订施工计划。根据现场勘察的结果制订施工计划并制定技术和安全措施。根据每盘电力电缆的长度，确定电力电缆中间接头的位置，并决定电力电缆的施放次序，确定交越各种障碍的技术措施等。

3）与相关部门协调。供电系统的电力电缆线路要与各种公用设施交叉跨越，通过各种公共场所，因此，与相关部门的协调工作特别重要。电力电缆的敷设不仅要符合电力系统规程的规定，还要满足其他部门设施的相关要求（如各种地下管线对电力电缆的安全距离，电力电缆施工对交通安全、市容、各种社会活动的影响，敷设电力电缆所挖掘的各种路面的修复等）。

4）准备工具材料。根据现场勘察及所制订的施工计划，核对设计用料是否正确，了解材料供应能否满足施工进度，预定的施工方法所需的机具设备（如卷扬机、电力电缆支架、放线杠、千斤顶和滑轮等），检查所有的工器具应齐全可靠，核实电力电缆的型号、规格和长度是否与设计图纸相符，检查电力电缆盘是否完整，电力电缆两端的端头应密封完整无破损，排除电力电缆隧道和人孔井内的有害气体。

（4）电力电缆敷设的一般要求。

1）用机械敷设电力电缆时，对电力电缆将受到的拉力应按照现场条件进行计算。在平直的路线上敷设时，除电力电缆本身质量产生的压力外没有其他压力存在，因此按摩擦力原理来计算，即电力电缆的牵引力和电力电缆的质量及摩擦系数成正比，可用下式表示

$$T = KWL$$

式中　T——牵引力，N；

　　　K——摩擦系数；

　　　W——单位长度电力电缆的质量，kg/m；

　　　L——电力电缆长度，m。

K 值变化较大，随电力电缆和排管表面的光滑程度，滑轮的数量和灵活程度而异，其平均值约为 0.4～0.6，一般偏于安全取 0.75。电力电缆的转弯对拉力影响较大，有时成倍地增长，计算比较复杂。在沟内敷设时，在拐弯处应增加侧向滑轮，另加牵引或配合人力，以防止拐弯处电力电缆受到太大的侧压力引起电力电缆变形，甚至将电力电缆挤坏。

2）用机械敷设电力电缆时，应有专人指挥，前后密切配合，行动一致，以防止电力电缆局部受力过大。

机械敷设时的牵引强度不得大于表 2-12 中的数值。

表 2-12　　　　　　　　　　电力电缆最大允许牵引强度　　　　　　　N/mm² （MPa）

牵引方式	牵引头		钢丝网套		
最大受力部位	铜芯	铝芯	铝套	铅芯	塑料护套
允许牵引强度	70	40	40	10	7

敷设电力电缆的过程中，电力电缆线路在经过隧道、竖井、支架、沟道或复杂的路段时，要有专人检查。在一些重要的部位如转弯处、井口应配有有经验的人员进行监护，并保证电力电缆的弯曲半径符合表 2-13 的要求，以防止电力电缆的铠装压扁、电力电缆绞拧、护层折裂和绝缘损伤等。电力电缆敷设完后，应做到横平竖直、排列整齐，避免交叉叠压，达到整齐美观。

表 2-13　　　　　　　　　　电力电缆的最小允许弯曲半径

电力电缆型式		多 芯	单 芯
控制电力电缆	非铠装型、屏蔽型软电力电缆	6D	—
	铠装型、铜屏蔽型	12D	
	其他	10D	
塑料绝缘电力电缆	无铠装	15D	20D
	有铠装	12D	15D
橡胶绝缘电力电缆	无铅包、钢铠护套	10D	
	裸铅包护套	15D	
	铅护套钢带铠装	20D	

注　D 为电力电缆外径。

3）寒冷季节敷设电力电缆应采取的措施。塑料电力电缆尤其是聚氯乙烯电力电缆在低温时变硬、变脆，弯曲时绝缘容易发生断裂。因此，寒冷季节敷设电力电缆，如聚氯乙烯电力电缆的存放地点在敷设前 24h 内的平均温度以及现场的温度低于 0℃时，应将电力电缆预先加热。加热的方法有两种，一种是提高周围空气温度的加热方法，即把电力电缆放在有暖气或火炉的室内和帐篷内，在室内温度为 5～10℃时存放 72h，25℃时需 29～36h，用这种方法需要的时间较长。另一种方法是用电流通过电力电缆线芯，使电力电缆本身受热，这种方法可以在 1～2h 内将电力电缆绝缘均匀地加热到所需温度。电流加热法所用设备一般是小容量的三相低压变压器或电焊机，高压侧额定电压为 380V，低压侧能提供加热电力电缆所需的电流。加热时，将电力电缆一端三相导体短接，另一端三相接至变压器的低压侧。电源应有可调节电压的装置和保险装置，以防电力电缆过载。加热中，电力电缆的表面温度不应超过：3kV 及以下的电力电缆，40℃；6～10kV 电力电缆，35℃；20～35kV 电力电缆，25℃。加热后，电力电缆表面的温度应根据各地气候决定，但不得低于 5℃。电力电缆加热后，应尽快敷设，放置时间不宜超过 1h。

4）郊区或空旷地带的电力电缆线路敷设。因无参照物可确定地下电力电缆的位置，所以必须在电力电缆路径上埋设电力电缆标示桩。在电力电缆线路的转弯处、接头处和直线部分 50～100m 处埋设标示桩。

5）直埋电力电缆应采用有铠装和有防腐层护套的电力电缆。进入发电厂、变电站和隧道的电力电缆应采用阻燃型外护套电力电缆。

6）电力电缆从地下或电力电缆沟等处引出到地面时，为了防止外力机械损坏，在地上 2m 和地下 0.2m 段，套金属管加以保护。

7）电力电缆的接头位置不宜设在道路的交叉路口、地下管线相交处、车辆行人进出较多的大门口。其接头位置应相互错开，其间净距不小于 1m。应在接头处安装防止机械外力损坏的保护盒。

二、电力电缆的敷设方式

1. 直埋电力电缆的敷设

（1）放线。根据电力电缆设计图纸的要求，按电力电缆线路的敷设走向，用石灰标出放线挖土范围，每隔一定距离做长度标记，以便施工时安排分工。沟的宽度、电力电缆的条数、电力电缆间距按照施工设计图的要求，应满足电力电缆弯曲半径的要求。

（2）挖沟。电力电缆沟的深度应考虑以下两点：①规程中规定电力电缆埋设的深度不应小于 0.7m（从电力电缆表皮至地面的净距），穿越绿化带和农田时电力电缆的埋深应不小于 1m。②应考虑未来城市规划，不能以自然标高来选择电力电缆沟的深度，由设计单位会同城市规划部门共同确定电力电缆的标高。在开挖电力电缆沟时，应将挖出来的路面结构材料与泥土分别放置于距沟边 0.3m 以外的两旁，不可重复利用的路面结构材料（碎石和混凝土块）需清理运出，同时也便于在电力电缆敷设后从沟旁取细土覆盖电力电缆。另一方面，可以防止石块等硬物滑进电力电缆沟内，避免电力电缆的机械损伤，同时为人工敷设电力电缆留出了通道。电力电缆沟开挖时应视土质状况，将电力电缆沟两侧留有适当的坡度，在松软土质的建筑物旁挖沟时，应做好电力电缆沟支撑等加固措施。挖沟作业时段，应根据交通安全的要求设置遮拦和警告标志，夜间施工应挂红色警示灯。

（3）敷设过路保护管。电力电缆穿越道路时，应不妨碍道路交通。不准开挖的铁路和交通频繁的道路，应采用非开挖敷设保护管的措施。如果穿越道路段地下管线复杂时，应分段进行施工，可在夜间交通空闲段进行施工。

（4）敷设电力电缆。直埋电力电缆之间、电力电缆与管道间、电力电缆与建筑物间的最小允许净距见表2-14。在实施电力电缆施放前应作好以下几项工作：

1）清理电力电缆沟。将沟内掉入的石块及泥土清除，以保证电力电缆的埋设深度。

2）在沟内放置滑轮。一般间隔3～5m放置，其间距与电力电缆单位长度的质量等有关，以不使电力电缆外护套触及地面为宜，因为当电力电缆碰触沟底时不但增加了摩擦力，而且还会损坏电力电缆外护层。

3）装设电力电缆放线盘。将电力电缆盘按线盘上箭头所示方向滚到预定位置，再将放线轴穿入电力电缆盘孔中，用千斤顶将电力电缆盘顶起，其高度应使线盘离开地面50～100mm即可，并将放线轴调整至水平。在施放电力电缆时，应使电力电缆从盘的上方放出。放线时，电力电缆盘应有紧急制动措施。

4）在使用卷扬机或机动绞磨牵引电力电缆时，应事先固定好卷扬机及封好牵引头或套好钢丝网套，并放好钢丝绳。

5）在所有预埋的电力电缆过路管道中穿好绳索或铁丝。

6）在电力电缆沟的两侧或一侧按照需要量将电力电缆保护盖板（或砖）分散放在沟旁。

7）根据电力电缆接头工艺的要求，在接头处的电力电缆应有适当的重叠。人工敷设的电力电缆重叠长度0.5～1m，使用机械敷设的电力电缆重叠长度1～1.5m。

人力施放电力电缆时，当电力电缆较重时除了拖拽端部外，还需一部分人分布在电力电缆两旁协助拖动，这样可以减少电力电缆的损伤，分布点的距离一般为15～30m，每个点设6～8人，以免拉力过于集中而损害电力电缆。协助电力电缆拖动的人分布于沟的两旁成"人"字形。当牵引端用卷扬机牵引时，分布点间的距离可适当加长，每点人数可以减少。但无论在什么情况下都不得让电力电缆在地上拖动。在转弯处应防止电力电缆承受较大的侧压力，将电力电缆挤坏。施放电力电缆时必须听从统一指挥，应使用步话机、扩音机进行指挥。在电力电缆盘的两侧应有专人看管，随时可将电力电缆盘制动，防止线盘被拉倒或损伤电力电缆。

表2-14　　电力电缆之间、电力电缆与管道间、电力电缆与建筑物间的最小允许净距

序号	项　目		最小允许净距（m）		备　注
			平　行	交　叉	
1	电力电缆之间及与控制电缆间	10kV及以下	0.10	0.5	当电力电缆穿管或用隔板隔开时，平行净距可降低为0.1m，交叉净距可降低为0.25m
		10kV及以上	0.25	0.5	
2	热力管道及热力设备		2.00	0.5	（1）应采取隔热措施，使电力电缆周围土壤的温升不超过10℃。
3	油管道		1.00	0.5	
4	可燃气体及易燃液体管道		1.00	0.5	（2）当交叉净距不能满足要求时，可将电力电缆穿入管中，其净距可减为0.25m
5	其他管道		0.5	0.5	
6	铁路路轨		3.00	1.00	

续表

序号	项目		最小允许净距（m）		备注
			平行	交叉	
7	电气化铁路路轨	交流	3.00	1.00	如不能满足要求，应采取防蚀措施
		直流	10.00	1.00	
8	公路		1.50	1.00	
9	城市街道路面		1.00	0.70	
10	建筑物基础		0.6	—	
11	排水沟		1.00	0.5	

（5）土方回填。电力电缆敷设完成后，应对电力电缆进行外表检查。有多条电力电缆并列敷设时，按规定保持电力电缆间的距离并摆好。然后在电力电缆上、下覆盖 100mm 的细河沙，并盖保护盖板或砖，在保护盖板或砖上方用细土（均匀介质）将电力电缆沟填至要求的标高。

2. 沟道电力电缆的敷设

电力电缆沟一般在以地面为平面 0.2m 以下，由砖砌或由混凝土浇灌而成，电力电缆沟的顶部与地面齐平的地方用钢筋混凝土盖板覆盖，电力电缆在沟内可以放在沟底或放在支架上。电力电缆沟的宽度，当一侧装设电力电缆支架时，支架与墙壁间的水平距离（通道宽）不小于 0.7m；当两侧安装电力电缆支架时，支架间水平距离（通道宽）不小于 1.0m。电力电缆沟的高度，根据电力电缆敷设的条数决定。沟道内各部允许的最小距离见表 2-15。

表 2-15　　　　　　　　　　沟道内各部允许的最小距离　　　　　　　　　　mm

名称		电缆沟
高度		不作规定
两边有电力电缆支架时，支架间水平净距		500
一边有电力电缆支架时，支架与墙壁间水平净距		450
电力电缆支架各层间垂直净距	10kV 及以下电力电缆	150
	20kV 或 35kV 电力电缆	200
	110kV 及以上电力电缆	不小于 2 倍的电力电缆外径＋50
	控制电缆	100
电力电缆间水平净距		35
		不小于电力电缆外径

沟道电力电缆的敷设与直埋电力电缆的敷设方法相似，一般可将滑轮放在沟内，施放完毕后，再将电力电缆用人工放置在支架预定的位置上，并在电力电缆上绑扎线路名称的标记。施放时注意以下事项：

（1）电力电缆沟应平整，沟内应保持干燥。沟内每隔 50m 设置积水坑，尺寸以 400mm×400mm×400mm 为宜。

（2）敷设在支架上的电力电缆和其他电力电缆应按电压的等级分层排列，高压在上层，低压在下层，控制与通信电力电缆排列在最下层。两侧装设支架时，高压电力电缆、控制电缆、低压电力电缆、通信电力电缆应分别放在两侧支架上。电力电缆在支架上支持与固定，水平敷设时，外径不大于 50mm 的电力电缆及控制电缆，支持与固定间距为 0.6m，外径大于 50mm 的电力电缆，支持与固定间距为 1.0m；垂直敷设时，支持与固定间距为 1.5m。

（3）电力电缆沟内金属支架应装设有连续的接地线装置，接地线的规格应符合规范要求。电力电缆沟内的金属结构均需采取镀锌或涂刷防锈漆的防腐措施。

（4）敷设在电力电缆沟或电力电缆隧道中的电力电缆，应采用裸铠装或阻燃型外护套的电力电缆。在电力电缆沟内的中间接头应将接头用防火保护盒保护。

3. 电力电缆排管的敷设

采用排管敷设电力电缆在中低压电力电缆敷设中非常普遍，其最大特点就是无需二次开挖。因此，在排管埋设时应注意如下事项：

（1）排管管材必须是非磁性的，通常选用水泥石棉管、聚氯乙烯或尼龙材质加工而成的无缝管。管径应不小于电力电缆外径的 2 倍。

（2）敷设管道前应将地基填平、夯实，并垫以 150～200mm 的混凝土作基础，管道敷设完以后，仍需铺以 100mm 左右的混凝土于管道上面，以承受压力。

（3）管道应保持平直，尽量避免弯曲。管道的内壁应光滑清洁，两端管道口应无利角或尖刺。组成管道后，在铺上混凝土前应将管道的每处连接口盖上塑料薄膜，并将管道的两端临时封堵，以防泥沙进入管道。

（4）管道埋于车行道下面的深度应不小于 1m，达不到这一深度时应用钢筋混凝土加强抗压。

（5）管道的接口必须采用套筒的连接形式，同时必须将大头的一端朝电力电缆的穿入方向铺设，以利电力电缆的敷设。

4. 排管电力电缆的敷设

（1）将电力电缆盘架在人孔井的外面。应根据每盘电力电缆的长度和电力电缆接头井的位置，恰当地安排电力电缆盘的放置位置。尽量避免或减少锯电力电缆的情况发生。

（2）疏通穿电力电缆的排管。用两端带刃的铁制试通棒，其直径比排管内径略小。用绳子拴住试通棒的两端，然后将其穿入排管来回拖动，可消除积污并刨光不平的地方。

（3）将电力电缆盘放在工作井底面较高一侧的外边，然后用预先穿入管道内部无毛刺的钢丝绳与电力电缆牵引头连接，把电力电缆放入排管并牵引到另一个工作井。

（4）如果排管中间有弯曲部分，则电力电缆盘应放在靠近排管弯曲一端的工作井口，这样可减少电力电缆所受的拉力。电力电缆牵引力的大小与排管对电力电缆的摩擦系数有关，一般约为电力电缆质量的 50％～70％。

（5）敷设时电力电缆的牵引力不得超过电力电缆的最大允许拉力。因此，为了便于敷设，要减小电力电缆和管壁间的摩擦力，电力电缆入排管前，可在其表面涂以与其护层不起化学反应的润滑脂。

5. 隧道电力电缆的敷设

在隧道敷设电力电缆时的基本要求：

（1）电力电缆隧道一般由钢筋混凝土筑成，也可用砖砌成，视当地的土质条件和地下水位的高低而定。隧道一般高度为 1.9～2.0m，宽度为 1.8～2.0m，以便在内部安装电力电缆支架和工作人员通行。隧道内各部允许的最小距离见表 2-16。

表 2-16　　　　　　　　　　　隧道内各部允许的最小距离　　　　　　　　　　　mm

名　　称		电力电缆隧道
高度		1900
两边有电力电缆支架时，支架间水平净距		1000
一边有电力电缆支架时，支架与墙壁间水平净距		900
电力电缆支架各层间垂直净距	10kV 及以下电力电缆	200
	20kV 或 35kV 电力电缆	250
	110kV 及以上电力电缆	不小于 2 倍的电力电缆外径＋50
	控制电缆	100
电力电缆间水平净距		35
		不小于电力电缆外径

（2）电力电缆隧道应有两个以上的出入口，长距离的隧道一般每隔 100～200m 应装设一个，以便于进行维护检修，同时还应考虑到电力电缆隧道发生故障或火灾时，工作人员能迅速顺利地进入或撤出隧道。

（3）隧道内不应有积水，为了便于排除隧道中的积水，应在隧道的地面留有排水沟或坡度，以便将水集中到积水坑，通过人工或水泵将积水排除。

（4）为了便于电力电缆的巡视检查和检修，隧道内应有良好的电气照明，并且能在隧道的两端或出入口进行控制，以便节约用电和避免走回头路。

（5）电力电缆固定于隧道的墙上。水平装置时，当电力电缆外径等于或大于 50mm 时应每隔 1m 加一支撑；外径小于 50mm 的电力电缆和控制电缆应每隔 0.6m 加一支撑；排成正三角形的单芯电力电缆，每隔 1m 应用绑带扎牢。垂直装置时，电力电缆每隔 1～1.5m 加以固定。

（6）电力电缆隧道应根据电力电缆的条数和电力电缆的发热量，每隔一定距离留有进气口和排气口，使进气口较低，排气口较高，产生压力差使空气流通。如果电力电缆的发热量较大自然通风不足时，还应安装自动强迫通风装置，来降低隧道内的温度。

（7）电力电缆隧道应装设有连续的接地线，接地线应和所有的电力电缆支架相连，两头和接地极联通。接地线的规格应符合 DL/T 621—1997《交流电气装置的接地》的要求。电力电缆铅包和铠装除了有绝缘要求以外（单芯电力电缆），应全部相互连接并和接地线连接，避免电力电缆外皮与金属支架间产生电位差，造成交流电蚀；另一方面也可防止在故障情况下电力电缆外皮电压过高，危及人身安全。电力电缆的金属支架和接地线均应涂刷防锈漆或镀锌以防腐蚀。

（8）敷设在电力电缆隧道的电力电缆，应采用裸护套、裸铠装或阻燃性材料外护层的电力电缆。为了防止电力电缆中间接头故障时损伤邻近的电力电缆，可根据电力电缆运行电压的高低在中间接头的上部 2～4m 范围内用耐火板隔开。

（9）隧道内电力电缆的排列，应将电力电缆和控制电缆分别安装在隧道的两边，如不能分别安装在两边时，则应电力电缆在上控制电缆在下，以防故障时损伤控制电缆。

（10）隧道电力电缆的敷设与排管电力电缆的敷设相似，所不同的是隧道电力电缆拐弯和交叉穿越可能较多，敷设时应注意保持电力电缆的弯曲半径和不挂伤电力电缆，同时还应细心防止放错位置。当每条电力电缆敷设完毕后，应及时将电力电缆放置在设计规定的支架位置，并在电力电缆上绑扎铭牌。

6. 水底电力电缆的敷设

水底电力电缆敷设的基本要求：

（1）敷设在水底的电力电缆，必须采用能够承受较大拉力的钢丝铠装电力电缆。如电力电缆不能埋入水底，有可能承受更大的拉力时，应考虑采用扭绞方向相反的双层钢丝铠装电力电缆，以防止因拉力过大引起单层钢丝产生退扭使电力电缆受伤。

（2）由于电力电缆中间接头是电力电缆线路中的薄弱环节，发生故障的可能性比电力电缆本身大，因此水底电力电缆尽量采用整根的不应有接头的电力电缆。

（3）水底电力电缆最好采取深埋式，在河床上挖沟将电力电缆埋入泥中，其深度至少不小于 0.5m。因为河底的淤泥密封性能非常好，另一方面深埋也能减少外力损坏的机会。

（4）通过电力电缆的河的两岸还应按照航务部门的规定设置固定的"禁止抛锚"的警示标志，必要时可设河岸监视。在航运频繁的河道内应尽量在水底电力电缆的防护区内架设防护索，以防船只拖锚航行时挂伤电力电缆。

（5）应尽量远离码头、港湾、渡口及经常停船的地方，以减少外力损伤的机会。两端上岸部分电力电缆应超出护岸，下端应低于最低水位，超过船篙可以撑到的地方。

（6）水底电力电缆线路平行敷设时的间距，不宜小于最高水位水深的 2 倍，如水底电力电缆采取深埋时，则应按埋设方式和埋设机的工作能力而定。原则上应保证两条电力电缆不致交叉、重叠；一条电力电缆安装检修时，不致损坏另一条电力电缆。

（7）水底电力电缆在河滩部分位于枯水位以上的部分应按陆地敷设要求埋深；枯水位以下至船篙能撑到的地方或船只可能搁浅的地方，应由潜水员冲沟埋深，并盖瓦形混凝土板保护。为了防止盖板被水流冲脱，盖板两侧各有两个孔，以便将铁钎经孔插入河床将盖板固定。

（8）水底电力电缆在岸上的部分，如直埋的长度不足 50m 时，在陆地部分要加装锚定装置。在岸边的水底电力电缆与陆上电力电缆连接的水陆接头，应采取适当的锚定装置，要使陆上电力电缆不承受拉力。

（9）在沿海或内河敷设水底电力电缆后，都要修改海图及内河航道图，将电力电缆的正确位置标在图纸上，以防止船只锚损事故。

三、敷设方法

电力电缆的敷设方法，主要分为人工敷设和机械敷设；在机械敷设中，又分为陆上和水下敷设两种，这两种方法使用的机械不一样。

1. 人工敷设

人工敷设是指用人力来完成电力电缆的敷设工作，这种敷设方式多用于明沟、直埋、山地等无法使用机械的地方，有时也用于隧道内敷设，这种方法费用小，不受地形限制。但在人力搬动过程中，很容易损伤电力电缆。

人工敷设方法的步骤：

（1）将电力电缆盘移动到现场最近处，安装、放置好。

（2）将电力电缆从电力电缆盘上倒下来，注意倒下的电力电缆必须以"8"字形放在地上，不能缠绕和挤压，转弯处的半径应符合要求。

（3）根据电力电缆的大小，每隔 2～5m 站一人，将电力电缆抬起。不要将电力电缆在地上拖拉，这样不仅可能损坏电力电缆外护套，而且会使阻力过大损伤钢带铠装。

（4）将电力电缆小心放入挖好的电力电缆沟内，然后填砂，盖保护板。

人工敷设一般不考虑电力电缆受力问题，只须注意电力电缆扭曲和人工安全问题。

2. 陆上机械敷设

陆上机械敷设可分为电力电缆输送机牵引敷设和钢丝牵引敷设。

（1）电力电缆输送机敷设是将电力电缆输送机按一定间隔排列在隧道、沟道内。电力电缆端头用牵引钢丝牵引。根据国标要求，机械敷设电力电缆时应注意使最大牵引强度不大于表 2-17 规定。同时对电力电缆输送机的速度不超过 15m/min。采用牵引头牵引电力电缆是将牵引头与电力电缆线芯固定在一起，受力者为线芯；采用钢丝网套时是电力电缆护套受力，其牵引强度如表 2-17 所示的规定。

表 2-17　　　　　　　　　　　机械敷设最大牵引强度　　　　　　　　　　N/mm²

牵引方式	牵 引 头		钢 丝 网 套		
受力部位	铜芯	铝芯	铅套	铝套	塑料护套
允许牵引强度	70	40	10	40	7

使用电力电缆输送机敷设方法应注意以下几点：

1）在敷设路径落差较大或弯曲较多时，用机械敷设 35kV 及以上电力电缆时，即使已作过详细计算，也很可能在施工中超过允许值，为此要在牵引钢丝和牵引头之间串联一个测力仪，随时核实拉力。

2）当在卷扬机上的钢丝绳放开时，牵引绳本身会产生扭力，如果直接和牵引头或钢丝网套连接，会将此扭力传递到电力电缆上，使电力电缆受到不必要的附加应力，故必须在它们之间串联一个防捻器。

3）当输送速度过快时，电力电缆会发生以下问题：

①电力电缆容易脱出滑轮。

②造成侧压力过大损伤电力电缆外护套，如使外护套起纹等。

③使外护套和内部绝缘产生滑动，破坏电力电缆整体结构。

4）牵引速度应和电力电缆输送机速度保持一致。这两个速度的调整是保证电力电缆敷设质量的关键，两者的微小差别会通过输送机直接反映到电力电缆的外护层上。

5）当有弯曲路径的电力电缆敷设时，牵引和输送机的速度应适当放慢。过快地牵引或输送都会在电力电缆内侧或外侧产生过大的侧压力，而 XLPE 绝缘电力电缆的外护层为 PVC 或 PE 材料制成，当侧压力大于 3kN/m 时，就会对外护层产生损伤。

（2）钢丝牵引敷设（见图 2-6）。钢丝牵引敷设的具体做法：首先选用 2 倍电力电缆长的钢丝绳，将牵引用卷扬机放在电力电缆盘的对面位置，将滑轮按一定距离安放于全线路，钢丝绳从电力电缆盘开始沿路线通过各滑轮，最后到达卷扬机上；然后将电力电缆按 2m 间距做一个绑扎，均匀绑在钢丝绳上，这时一边使卷扬机收钢丝，一边将电力电缆盘上放下的电力电缆绑在钢丝上。这种敷设方法由于牵引力全部作用在牵引钢丝上，而牵引电力电缆的力通过绑扎点均匀作用在全部电力电缆上，因而不会造成对电力电缆的损伤，且费用较小，比较适用于小型安装队，但使用这种方法应注意以下问题：

1) 两绑扎点的距离取决于电力电缆自重，自重较轻的电力电缆可选用较大间距。两绑扎点的距离可由下式得出

$$LfW \leqslant P$$

式中 L——两绑扎点距离，m；

　　　f——摩擦因数，各种牵引条件下的摩擦因数见表 2-18；

　　　W——电力电缆单位长度质量，kg/m；

　　　P——护套和内层产生滑动的最小力。

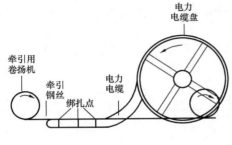

图 2-6　钢丝牵引敷设

2) 在电力电缆转弯处，由于钢丝和电力电缆的转弯半径不同，必须在此设置各自转弯用滑轮组，当电力电缆开始进入转弯时，应解开绑扎，转弯完成后再扎紧。

3) 绑扎时应注意：应该用一端绳子首先在钢丝上绑扎牢，再用另一端将电力电缆扎牢，如果将电力电缆和钢丝扎在一起，很可能在牵引时钢丝和电力电缆护套之间形成相对滑动，而损伤外护层。

4) 牵引速度应考虑电力电缆转弯处的侧压力问题。由于钢丝绳走小弯，它的速度在此处相对电力电缆要快一些，这样会在电力电缆上增加一个附加侧压力，只有降低速度方可使这个应力逐渐消失，否则会损伤电力电缆外护层。

表 2-18　　　　　　　　　　　　各种牵引条件下的摩擦因数

牵引条件	摩擦因数	牵引条件	摩擦因数
钢管内	0.17～0.19	混凝土管，有水	0.2～0.4
塑料管内	0.4	滚轮上牵引	0.1～0.2
混凝土管，无润滑剂	0.5～0.7	沙中牵引	1.5～3.5
混凝土管，有润滑剂	0.3～0.4		

3. 水下机械敷设

水下机械敷设时，因为电力电缆接头制作比较困难，同时要求密封性高于其他接头，所以应尽量避免使用接头，应按跨越长度订货。

敷设方法分两种：

(1) 当水面不宽时，可将电力电缆盘放在岸上，将电力电缆浮于水面，由对岸钢丝牵引敷设。这种敷设方法应注意的问题在于，电力电缆牵引力应小于电力电缆最大承受力，这时电力电缆线路的自重和水阻力是造成抗拉力的主要因素，摩擦力基本不考虑。同时，长度敷设时，钢丝绳退扭会引起电力电缆打扭，为此必须增加防捻器。

(2) 当在宽江面或海面上敷设时，或在航行船频繁处施工时，应将电力电缆放在敷设船上，边航行边施工。为了减少接头，这些电力电缆的制造长度较长，因此只能先将电力电缆散装圈绕在敷设船内，电力电缆的圈绕方向，应根据铠装的绕包方向而定。同时，为了消除电力电缆在圈绕和放出时因旋转而产生的剩余扭力，防止敷设打扭，电力电缆放出时必须经过具有足够退扭高度的放线架以及滑轮，电力电缆敷设过程中应始终保持一定的张力，一旦张力为零，由于电力电缆铠装的扭应力，会造成电力电缆打扭。电力电缆敷设过程中是靠控

制入水角度来控制电缆张力的。电力电缆敷设时张力的近似计算公式为

$$T=WD（1-\cos\theta）$$

式中　T——敷设张力，N；

　　　W——电力电缆的水中质量，kg；

　　　D——水深，m；

　　　θ——入水角，°。

应根据以上各参数的实际值控制入水角的大小，一般入水角应控制在30°～60°范围。入水角过大，会使电力电缆打圈；入水角过小，敷设时拉力过大，可能超过电力电缆允许拉力而损坏电力电缆。一般牵引顶推敷设速度控制在20～30m/min 时，比较容易控制敷设张力，保证施工质量和安全。如果使用非钢丝绳牵引的敷设船敷设电力电缆，船敷设张力一般应控制在 3～5kN。

另外，水底电力电缆在登陆，船身转向，水底电力电缆易打扭，一般入水时必须保持张力，应顺潮流入水，敷设船不能后退或原地打转，应全部浮托在水面上，再牵引上岸。

第三节　电力电缆类型、制作与安装缺陷分析

一、电力电缆终端头类型、制作与安装

1. 电力电缆终端头类型（见表 2-19）

表 2-19　　　　　　　　　　　　　电力电缆终端头类型

序号	电力电缆终端头类型	基本部件	装置地点
1	冷缩终端头	钢铠地线 填充胶 铜屏蔽地线 自粘带 冷缩指套 冷缩管 半导电带 冷缩终端 密封管	户内
2	热缩终端头	钢铠地线 填充胶 铜屏蔽地线 自粘带 热缩指套 热缩管 半导电带 热缩终端 应力管	户外

2．典型电力电缆终端头的制作、安装

（1）热缩终端头主要作业内容、作业步骤及标准和注意事项如表 2-20 所示。

表 2-20　　　　　　热缩终端头主要作业内容、作业步骤及标准和注意事项

序号	作业内容	作业步骤及标准	注 意 事 项
1	检查所有部件数量及外观	在工作之前，预先检查所有部件的数量符合材料表所列数量，外观无缺陷	数量齐全，外观无明显损伤
2	校直电力电缆、量取剥切尺寸	将电力电缆置于最终位置，擦拭干净末端1米范围内的电力电缆外护套	电力电缆固定不要少于 800mm
3	剥切电力电缆外护套及钢铠	从电力电缆末端量取 760mm 处环切，剥除外护套 自外护套切口处保留 50mm 钢铠（去漆），用铜绑线绑扎固定后其余剥除	切割深度不得超过钢铠厚度的 2/3，切口应平齐、不应有尖角、锐边，切割时勿伤内层结构
4	剥除内衬层及填充物	自钢铠切口处保留 20mm 内衬层，其余及其填充物剥除	不得伤及铜屏蔽层
5	安装接地线	用铜绑线将地线扎紧在各相铜屏蔽层和钢铠上，并焊牢	扎丝不小于 3 道，锡面不小于圆周的 1/3；焊点及扎线头应处理平整，不应留有尖角、毛刺；地线的密封段应做防潮处理（渗锡或绕包密封胶）
6	绕包填充胶	用填充胶绕包填充电力电缆分支根部空隙及内衬层裸露部分的凹陷，外形似橄榄状，外径略大于电力电缆本体 在清理干净的地线和外护套切口处朝电力电缆方向绕包一层 30mm 宽的密封胶	绕包填充外形似橄榄状
7	固定指套	将指套套至线芯根部，先缩根部，再向袖口及手指方向逐步收缩	加热要均匀，火焰朝收缩方向，并不断旋转、移动
8	剥切铜屏蔽层	自指套端部量取 50mm 铜屏蔽层，其余剥除	切口应平整，不得留有尖角
9	剥切外半导电层	自铜屏蔽断口处量取 20mm 半导电层，其余剥除	切口应平整，不得留有残迹。切勿伤及主绝缘层
10	固定应力管	套入应力管，搭接铜屏蔽层 20mm，并从该点起加热固定	加热要均匀，火焰朝收缩方向，并不断旋转、移动
11	剥除主绝缘层	在线芯端部切除端子孔深另加 5mm 的主绝缘	不得伤及线芯
12	切削反应力锥	自主绝缘断口处量取 30mm，削成反应力锥体，留 5mm 内半导电层	要求锥体要圆整
13	压接端子	接线端子压接不少于 2 道	压接后应去除尖角、毛刺
14	绕包密封胶	在反应力锥处绕包密封胶（或 J-20 橡胶绝缘自粘带），并搭接接线端子 10mm	绕包层表面应连续、光滑

续表

序号	作业内容	作业步骤及标准	注 意 事 项
15	固定绝缘管	在主绝缘表面均匀涂抹硅脂，将绝缘管套至三叉口根部，由根部开始加热收缩	管口应超出填充胶 10mm，将火焰方向朝向被收缩方向，并不断旋转、移动，防止管材内留存空气或灼伤
16	固定密封管	将密封管套至端子与绝缘连接处，先预热端子，再从端子侧开始加热收缩	密封处应预先打磨并包胶
17	固定相色管	将相色管套在密封管上，加热固定	加热后平整光滑。（户内终端头安装完毕）
18	固定防雨裙	按照安装图位置将防雨裙加热颈部固定在绝缘管上	加热后符合安装图尺寸，平整光滑无倾斜。（户外终端头安装完毕）
19	工作完毕	操作成员应清理打扫现场，整理工器具，经实训老师确认后，工作方可结束	操作负责人检查作业项目是否有漏项，电力电缆摆放是否到位，作业自挂地线是否拆除，检查工具是否有遗漏，现场是否清理完毕，作业成员是撤离工作现场

（2）冷缩终端头主要作业内容、作业步骤及标准和注意事项如表 2-21 所示。

表 2-21　　　　　　冷缩终端头主要作业内容、作业步骤及标准和注意事项

序号	作业内容	作业步骤及标准	注意事项
1	检查所有部件数量及外观	在工作之前，预先检查所有部件的数量符合材料表所列数量，外观无缺陷	数量齐全，外观无明显损伤
2	校直电力电缆、量取剥切尺寸	将电力电缆置于最终位置，擦拭干净末端 1m 范围内的电力电缆外护套	电力电缆固定不要少于 800mm
3	剥切电力电缆外护套	从电力电缆末端向电力电缆本体量取规定尺寸加 25mm 环切，剥除外护套	将电力电缆外护套反复擦拭干净，剥切电力电缆外护套要严格按照生产厂家提供的工艺要求的尺寸进行
4	剥切钢铠层	自外护套切口处保留 25mm（去漆）钢铠层后，其余剥除	切割深度不得超过钢铠厚度的 2/3，切口应齐，不应有尖角、锐边，切割时勿伤内层结构
5	剥切内衬层及填充物	自钢铠切口处保留 10mm 内衬层，其余部分及其填充物剥除	不得伤及铜屏蔽层
6	绕包防水（自粘）带	在电力电缆外护套切口向下 15mm 处绕包 2 层绝缘自粘带（户外头为防水胶带）	接触面打磨处理，绕包层表面应连续、光滑
7	固定铜屏蔽带	在电力电缆端头的顶部绕包 2 层 PVC 胶带，以临时固定铜屏蔽带	防止铜屏蔽层松脱
8	安装钢带地线	用恒力弹簧将第一条接地编织线固定在去漆的钢铠上	地线端头应处理平整，不应留有尖角、毛刺，地线的密封段应做防潮处理（绕包密封胶）
9	绕包自粘带	用绝缘自粘带半叠绕 4 层将铜屏蔽层、恒力弹簧及内衬层包覆住	绕包层表面应连续、光滑，厚度不小于 2mm

序号	作业内容	作业步骤及标准	注意事项
10	安装铜屏蔽层地线	先在线芯根部的铜屏蔽层上缠绕第二条接地编织线,并向下引出,然后用恒力弹簧将第二条接地编织线固定住	第二条地线的位置与第一条相背地线端头应处理平整,不应留有尖角、毛刺;地线的密封段应做的防潮处理(绕包密封胶)
11	绝缘处理	用绝缘自粘带半叠绕4层将铜屏蔽层地线的恒力弹簧包覆住	绕包层表面应连续、光滑
12	防水处理	在电力电缆外护套切口下的绝缘自粘带(户外头为防水胶带),把两条地线夹在中间	两次绕包的绝缘自粘带(户外头为防水胶带),必须重叠,绕包层表面应连续、光滑
13	绕包 PVC 胶带	在整个接地区域及绝缘自粘带(户外头为防水胶带)外面绕包2层PVC胶带,将它们全部覆盖住	绕包层表面应连续、光滑
14	安装分支手套	把分支手套放在电力电缆根部,逆时针抽掉芯绳,先收缩颈部,再分别收缩手指	分支手套应尽量靠近根部
15	固定接地线	用PVC胶带将两条接地线固定在分支手套下的电力电缆护套上	
16	安装冷缩绝缘管	在电力电缆线芯上分别套入冷缩式直管,与三叉手套的手指搭接15mm,逆时针抽掉芯绳,使其收缩	定位必须准确
17	剥切铜屏蔽层	从线芯端部量取250mm剥除铜屏蔽层	切口应平齐,不得留有尖角
18	剥切外半导电层	从线芯端部量取240mm剥除外半导电层	切口应平齐,不得残迹(用清洁剂清洁绝缘层表面),切勿伤及主绝缘层
19	剥切主绝缘层	剥除电力电缆端部主绝缘层(户内端子孔深+5mm,户外端子孔深+10mm)	不得伤及导电线芯
20	确定安装基准	从线芯端部量取275mm,在此处用胶带作一标识,作为冷缩终端安装基准	
21	绕包半导电带	半缠绕半导电带2层(一个往返):从铜屏蔽带上10mm(户外头为5mm)处开始,绕至主绝缘层10mm(户外头为5mm)处,再返回到起始点	绕包层表面应连续、光滑
22	压接端子	装上接线端子,对称压接,各层压接2道,当接线端子的宽度大于冷缩终端的内径时,先套入终端,然后压接接线端子	压接后应去除尖角、毛刺,并清洗干净
23	清洁绝缘层表面	用清洁剂清洗电力电缆绝缘层表面。如果主绝缘层表面有划伤、凹坑或残留半导体,用氧化锌绝缘砂带进行打磨处理	切勿使清洁剂碰到半导电带,不能用擦过接线端子的布擦拭绝缘,打磨后的绝缘外径不得小于接头选用范围

序号	作业内容	作业步骤及标准	注意事项
24	涂抹硅脂	在半导电带与绝缘层搭接处，以及绝缘层表面涂抹硅脂	涂抹应均匀，不宜过多，不得遗漏
25	绕包自粘带	用绝缘自粘带填平接线端子与绝缘之间的空隙	绕包层表面应连续、光滑
26	安装冷缩终端	套上冷缩式终端，定位 PVC 标识带，逆时针抽掉芯绳，使终端收缩固定	收缩时不要向前推冷缩终端，以免向内翻卷；定位必须在标识处
27	包绕绝缘带	从绝缘管开始至接线端子上，半叠绕硅橡胶绝缘自粘带 2 层（一个来回）	绕包时拉伸绝缘带，拉伸 50%，用力均匀，绕包层表面应连续、光滑
28	工作完毕	操作成员应清理打扫现场，整理工器具，经实训老师确认后，工作方可结束	操作负责人检查施工项目是否有漏项，电力电缆摆放是否到位，作业自挂地线是否拆除，检查工具是否有遗漏，现场是否清理完毕，作业成员是否撤离工作现场

二、电力电缆中间接头类型、制作与安装

1. 电力电缆中间接头类型（见表 2-22）

表 2-22　　　　　　　　　　　电力电缆中间接头类型

序号	中间接头类型		基本部件	装置地点
1	冷缩中间接头	 拉绳端　　　冷缩中间接头	钢铠地线 填充胶 铜屏蔽地线 自粘带 冷缩管 半导电带 冷缩终端 密封管	户内、户外
2	热缩中间接头		钢铠地线 铜屏蔽地线 自粘带 热缩中间接头 半导电带 应力管 防水胶带 接续管	户内、户外

2. 典型电力电缆中间接头的制作、安装

（1）热缩中间接头主要作业内容、作业步骤及标准和注意事项如表 2-23 所示。

表 2-23 热缩中间接头主要作业内容、作业步骤及标准和注意事项

序号	作业内容	作业步骤及标准	注意事项
1	检查所有部件数量及外观	在工作之前，预先检查所有部件的数量符合材料表所列数量，外观无缺陷	数量齐全，外观无明显损伤
2	校直电力电缆、量取剥切尺寸	将两根电力电缆对直，重叠 200～300mm，确定接头中心	电力电缆重叠不要少于 200mm
3	剥除电力电缆外护套及钢铠	从中心处分别量取 700mm（长端）和 600mm（短端）剥去外护套，留 50mm 钢铠，用铜扎线绑牢，其余剥除，并用锯条或砂布打磨钢铠	切割深度不得超过钢铠厚度的 2/3，切口应平齐，不应有尖角、锐边，切割时勿伤内层结构
4	剥除内护层及填充物	自钢铠切口处保留 20～50mm 内衬层，其余及其填充物剥除	不得伤及铜屏蔽层
5	剥除切铜屏蔽层	自线芯切断处向两端各量取 260mm 铜屏蔽层，其余剥除	切口应平齐，不得留有尖端
6	剥除外半导电层	保留铜屏蔽切口 70mm 以内的半导电层，其余剥除	切口应平整，不留残迹（用清洗剂清洁绝缘层表面），且勿伤及主绝缘层
7	固定应力管	搭接外半导电层 50mm，并从该点起加热固定	加热要均匀，火焰朝收缩方向，并不断旋转、移动
8	包绕防水密封胶	在应力管前端包绕防水密封胶，使台阶平滑过渡	
9	套入管材	在电力电缆长端各线芯上套入复合绝缘管和屏蔽铜网，在电力电缆短端套入密封护套管	不得遗漏
10	剥除主绝缘层	在线芯端部切除 1/2 接续管长加 5mm 的主绝缘层	不得伤及导电线芯
11	切削反应力锥	自主绝缘断口处量取 40mm，削成 35mm 锥体，留 5mm 内半导电层	要求锥体圆整
12	压接接续管	将电力电缆对正后压接接续管，两端各压缩 2 道	压接后应去除尖角、毛刺，压坑应用半导电带填平
13	绕包半导电带	将半导电带填平接续管的压坑，并与两端电力电缆的内半导电层搭接	绕包层表面应连接、光滑
14	绕包普通填充胶	在接续管的反应力锥之间绕包普通填充胶、绝缘带，绕包外径应略大于电力电缆外径（厚度为 7mm）	绕包层表面应连续、光滑
15	固定复合管	复合管在两端应力控制管之间对称安装，并由中间开始加热收缩固定	加热要均匀，火焰朝收缩方向，并不断旋转、移动
16	绕包防水密封胶	在复合管两端的台阶处绕包防水密封胶，使台阶平滑过渡	绕包层表面应连续、光滑
17	绕包半导电带	在防水密封胶上面覆盖一层半导电带，两端各搭接复合管及电力电缆外半导电层不少于 20mm	绕包层表面应连续、光滑

序号	作业内容	作业步骤及标准	注意事项
18	安装屏蔽铜网	用铜扎丝将屏蔽铜网一端扎紧在电力电缆铜屏蔽层上，沿接头方向拉伸收紧铜网，使其紧贴在绝缘管上至电力电缆接头另一端的铜屏蔽层，用铜丝扎紧后翻转铜网并拉回原端，最后在两端扎丝处将铜网和铜屏蔽层焊牢	扎丝不少于 3 道，焊面不小于圆周的 1/3，焊点及扎丝头应处理平整，不应留有尖角、毛刺
19	安装地线	在电力电缆一端用铜绑扎线将地线扎紧在去漆的钢铠上并焊牢，然后缠绕扎紧线芯至电力电缆另一端，同样扎紧在去漆的钢铠上并焊牢	扎丝不小于 3 道，锡面不小于圆周的 1/3，焊点及扎线头应处理平整，不应有留有尖角、毛刺
20	安装金属护套	将金属护套两端分别固定并焊牢在电力电缆两端钢带上	焊点及扎丝头应处理平整，不应留有尖角、毛刺。中间接头也可不装金属护套，外加保护壳
21	固定密封护套管	将密封护套管套至接头的中间，并从密封护套管的中间开始向两端加热收缩	密封处应预先打磨并涂胶，胶宽度不少于 100mm
22	工作完毕	操作成员应清理打扫现场，整理工器具，经实训老师确认后，工作方可结束	操作负责人检查施工项目是否有漏项，电力电缆摆放是否到位，作业自挂地线是否拆除，检查工具是否有遗漏，现场是否清理完毕，作业成员是否撤离工作现场

（2）冷缩中间接头主要作业内容、作业步骤及标准和注意事项如表 2-24 所示。

表 2-24　　　　　冷缩中间接头主要作业内容、作业步骤及标准和注意事项

序号	作业内容	作业步骤及标准	注意事项
1	检查所有部件数量及外观	在工作之前，预先检查所有部件的数量符合材料表所列数量，外观无缺陷	数量齐全，外观无明显损伤
2	校直电力电缆、量取剥切尺寸	将两根电力电缆对直，重叠 200～300mm，确定接头中心	电力电缆重叠不要少于 200mm
3	剥电力电缆外护套及钢铠	从中心处分别量取 700mm（长端）和 500mm（短端）剥去外护套，留 30mm 钢铠，用铜扎线绑牢，其余剥除，并用锯条或砂带打磨钢铠上的防锈漆	切割深度不得超过钢铠厚度的 2/3，切口应齐，不应有尖角、锐边，切割时勿伤内层结构
4	剥内衬层及填充物	自钢铠切口处保留 30mm 内衬层，其余及其填充物剥除	不得伤及铜屏蔽层
5	剥除金属铜屏蔽层	自线芯切断处向两端各量取 175mm 铜屏蔽层，用聚氟乙烯自粘带临时固定后剥除	切口应平齐，不得留有尖端
6	剥除外半导电层	保留铜屏蔽切口 50mm 以内的半导电层，其余剥除	切口应平整，不留残迹（用清洗剂清洁绝缘层表面），且勿伤及主绝缘层

序号	作业内容	作业步骤及标准	注意事项
7	剥除主绝缘层	在线芯端部切除 1/2 接续管长加 5mm 的主绝缘层	不得伤及导电线芯
8	压接连接管	将电力电缆对正后压接连接管，两端各压缩 2 道	压接后应去除尖角、毛刺
9	清洁绝缘表面	用清洁剂清洗电力电缆绝缘层表面，在绝缘层表面抹一层薄薄的绝缘硅脂或绝缘硅油。如主绝缘表面有划伤、小坑或残留半导体颗粒，可用 240 号以上绝缘砂带打磨处理	打磨后绝缘外径不得小于接头使用范围
10	确定定位点	从半导电断口处向半导电层量取 20mm 分别做定位标记	定位前量取两端半导电断口距离不得大于（350±5）mm
11	安装冷缩管	将冷缩接头对准定位标记，逆时针抽掉芯绳，使接头收缩固定。在接头完全收缩后 5min 内调整应力锥处于两定位点中心	
12	安装屏蔽铜网	沿接头方向拉伸收紧铜网，使其紧贴冷缩管，连接至电力电缆接头两端的铜屏蔽层上，中间用 PVC 胶带固定三处，然后再用恒力弹簧将屏蔽铜网固定在电力电缆接头两端的铜屏蔽层上，保留恒力弹簧外 10mm 的屏蔽铜网，其余全部切除	铜网两端应处理平整，不应留有尖角、毛刺
13	绑扎电力电缆	用 PVC 胶带将电力电缆三芯紧密地绑扎在一起	应尽量绑扎紧
14	绕包内防水胶带层	在电力电缆两端的内衬层上绕包一层防水保护	涂胶粘剂的一面朝外，绕包层表面应连续、光滑，并半重叠搭接
15	安装钢铠接地线	将编织线两端各展开 80mm，均匀地贴在电力电缆接头两端的防水带、钢铠上，并与电力电缆外护层搭接 20mm，然后用恒力弹簧将编织线固定在电力电缆钢铠上	搭接在电力电缆外护套上的部分反折回来一定固定在钢铠上
16	绕包外防水胶带层	在整个接头处用防水带做防水保护，并与两端护套搭接 60mm	涂胶黏剂的一面朝内，绕包层表面应连续、光滑，并半重叠搭接
17	绕包装甲带	在整个接头处半叠绕装甲带做机械保护，并覆盖全部防水带	绕包层表面应连续、光滑。30min 内不得移动电力电缆
18	工作完毕	操作成员应清理打扫现场，整理工器具，经实训老师确认后，工作方可结束	操作负责人检查施工项目是否有漏项，电力电缆摆放是否到位，作业自挂地线是否拆除，检查工具是否有遗漏，现场是否清理完毕，作业成员是否撤离工作现场

三、电缆预制头类型、制作与安装

1. 预制头类型

（1）电力电缆插拔头类型如表 2-25 所示。

表 2-25   电力电缆插拔头类型

序号	插拔头类型		基本部件
1	T 型头		本体、应力锥、压接端子、双头螺栓、绝缘塞、验电点、接地线
2	T-Ⅱ型头	负荷转换套管　T型接头本体	本体、应力锥、压接端子、双头螺栓、负荷转换头、接地线
3	肘型头	肘型接头 	本体、应力锥、灭弧导电杆、接地线
		肘型避雷器 2.2′(55mm)	本体、灭弧导电杆、氧化锌阀片、接地线
		肘型插拔式接地头 	本体、灭弧导电杆、接地线
4	绝缘保护帽	插拔式 	本体、螺栓、接地线
		非插拔式 	本体、灭弧导电杆、接地线

（2）电力电缆螺栓头类型如表 2-26 所示。

表 2-26 　　　　　　　　　　　　　　**电力电缆螺栓头类型**

序号	螺 栓 头 类 型		基本部件	
1	前插头	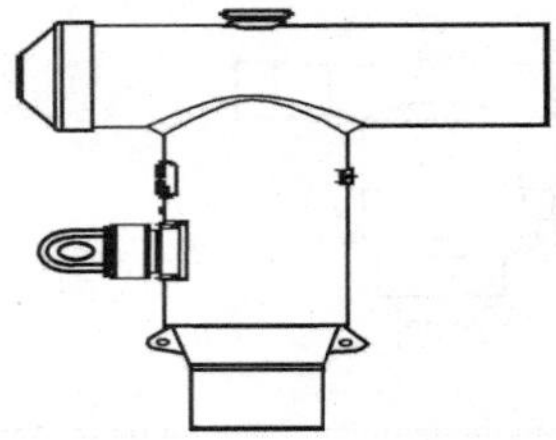	本体、应力锥、压接端子、双头螺栓、绝缘塞、验电点、接地线	
2	后插头	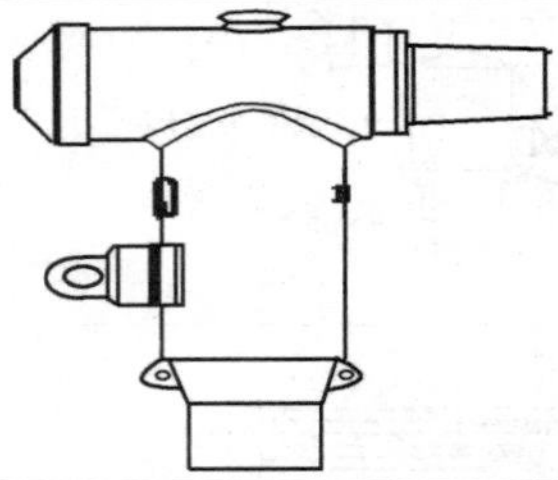	本体、应力锥、压接端子、双头螺栓、负荷转换头、接地线	
3	后接避雷器		本体、灭弧导电杆、氧化锌阀片、接地线	
	后接接地插头	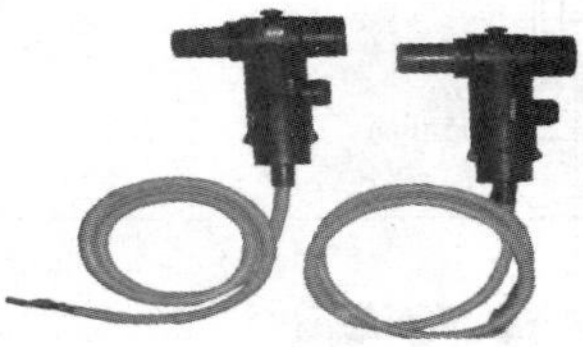	本体、灭弧导电杆、接地线	
4	绝缘保护帽	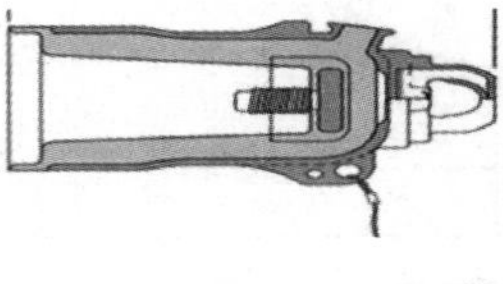	本体、螺栓、接地线	

2. 典型电力电缆插拔头类型的制作、安装

（1）T 型头制作、安装。

1）三芯电缆分相处理。在距离电缆终端 1.2～1.5m 处（为安装方便，对较粗的电缆尺寸可以再大一些）进行分相处理，处理方法与普通户内电缆头做法基本相同，即切去外护套、钢铠、内护套及填充物，将电缆铜蔽带及钢铠接地，并在分相处套上分支手套。

2）单芯电缆头的处理和装配。

步骤 1：电缆分相处理完后，从电缆顶端向下量取 277mm，剥去金属屏蔽带，如图2-7步骤 1 所示。

步骤 2：从电缆顶端向下量取 247mm，剥去半导电屏蔽层（注意不要损坏绝缘层），如

图 2-7 步骤 2 所示。

步骤 3：从电缆顶端向下量取 98mm，剥去绝缘层，露出导体并在绝缘层端部约 3mm 处，做 45°的角以便于安装，如图 2-7 步骤 3 所示。

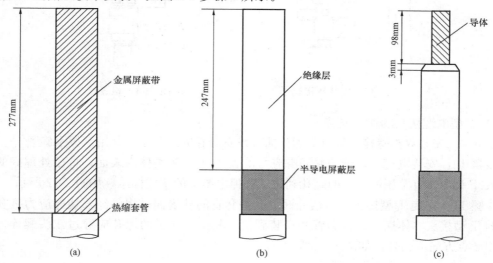

图 2-7　三芯电缆分相处理步骤

（a）三芯电缆分相处理步骤 1；（b）三芯电缆分相处理步骤 2；（c）三芯电缆分相处理步骤 3

步骤 4：确定定位标志。自半导电屏蔽层端部量出 25mm，用有色胶带缠绕两圈作为电缆接头的定位标志，如图 2-8 所示。

步骤 5：清洁并润滑绝缘层。用浸了清洗剂（丙酮或无水乙醇）的软布擦洗导体和绝缘层（擦洗前一定要将绝缘层上划痕里的半导体电质清除），擦洗方向自绝缘层至绝缘屏蔽层，勿将清洗剂直接倒在电缆上，并均匀涂上润滑硅脂。

步骤 6：安装应力锥。清洁并润滑应力锥内部后，将其插入已处理好的电缆上，慢慢推入到定位标志位置，如图 2-9 所示。

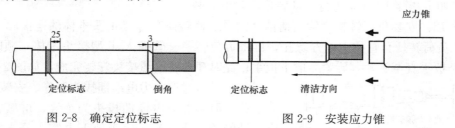

图 2-8　确定定位标志　　　　图 2-9　安装应力锥

步骤 7：安装压接端子。用电缆刷清洁导体表面，并将导线完全插入到压接端子底部；将电缆摆顺，用压接钳压接端子，压接端子螺孔必须与设备套管孔对正，从压接端子的上部往下压并从其肩下的第一标志线处开始压接，每一条压接线间距为 5mm，相差 90°，压接数为四条，压接完后打磨平压接端子上的棱角部分，用清洁布擦去导线和应力锥表面多余的导电膏和硅脂膏，如图 2-10 所示。

步骤 8：检查尺寸。检查压接端子到电缆头（应力锥）顶部的长度，长度应为 172～177mm，如图 2-11 所示。

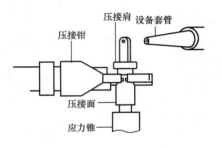

图 2-10 安装压接端子

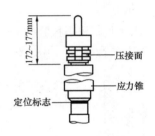

图 2-11 检查尺寸

3）T 型电缆接头的连接安装。

步骤 9：安装双头螺栓。将双头螺栓插入设备套管的螺孔中，并用活扳手旋紧。

步骤 10：安装电缆头。清洁并润滑应力锥表面及 T 头本体内表面；将已处理好的电缆头插入 T 头本体直至压接端子的螺孔到位，去掉电缆上的定位标志，如图 2-12 所示。

步骤 11：安装 T 型接头。清洁并润滑设备套管的外表面；将已经安装好应力锥和压接端子的 T 型接头本体插入设备套管并安装到位，其压接端子的螺孔应穿过双头螺栓。注意电压测试点方向应朝外，如图 2-13 所示。

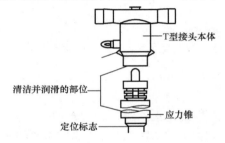

图 2-12 安装电缆头

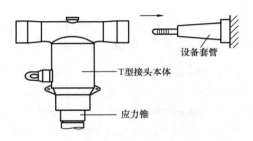

图 2-13 安装 T 型接头

（2）T-Ⅱ型头制作、安装。T-Ⅱ型接头制作、安装按照上述步骤 1～11 进行操作，然后再接续如下步骤 12 开始进行负荷转换套管的安装。

步骤 12：安装负荷转换套管。清洁并润滑负荷转换套管与 T 头本体的连接面；将 T 型扳手插入负荷转换套管的内六方螺孔，再将负荷转换套管插入 T 型接头本体，顺时针方向转动 T 型扳手直至旋紧，旋紧后取下扳手；此时 T—Ⅱ电缆接头安装完成，如图 2-14 所示。

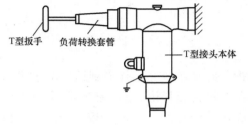

图 2-14 安装负荷转换套管

（3）肘型电力电缆插拔头制作、安装。

肘型电力电缆插拔头为绝缘、屏蔽、防水设计的插入式终端，用于地下电缆、分支箱及装有负荷插拔套管的连接，使用截面范围在 $22mm^2$ ～ $120mm^2$，适用于 creat、cooper、elastimold 15kV 等级的 200A 负荷插拔套管。

肘型插拔头制作、安装按照步骤 1～8 进行操作，然后按步骤 13 进行肘型本体的安装。

步骤 13：安装肘型插拔头本体。用浸了清洗剂的软布擦洗导体和绝缘层（擦洗前一定要将绝缘层上划痕里的半导电质清除），擦洗方向自绝缘层至绝缘屏蔽层，勿将清洗剂直接倒在电缆上；清洁并润滑电缆表面和肘型插拔头内侧，缓慢地将肘型插拔头推入，直到在肘型插拔头端部可以看见压接端子的螺孔，这时肘型插拔头的尾部与电缆的绝缘屏蔽层相连，用清洗布擦去多余的润滑脂，如图 2-15 所示。

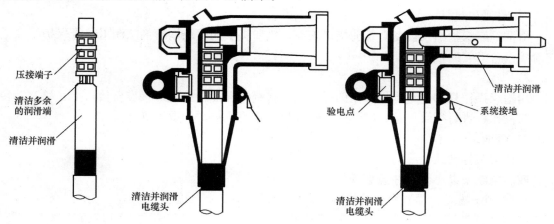

图 2-15　安装肘型插拔头本体及安装灭弧导电杆

步骤 14：安装灭弧导电杆。将灭弧导电杆插入压接端子的螺孔，对准螺纹后逐渐旋入，用简易力矩旋紧直至扳手拧弯 180°。若使用其他的安装工具，则必须用 12.5Nm 的扭力来完成安装。用绝缘自粘带缠绕肘型插拔头与电缆热缩套管的接合部。用 2.5mm² 的接地线将肘型电缆插拔头的接地孔与系统接地点连接起来，如图 2-15 所示。

（4）电力电缆肘型避雷器插拔头制作、安装，如图 2-16 所示。

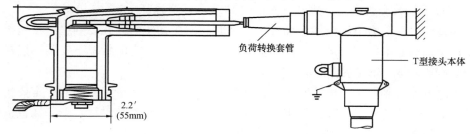

图 2-16　电力电缆肘型避雷器插拔头制作、安装

1）清洁肘型氧化锌避雷器及负荷转换头接口表面。

2）用所提供的硅酯润滑剂来润滑肘型氧化锌避雷器和符合转换头的接口。

3）用绝缘操作杆钩住肘型氧化锌避雷器的操作孔。

4）将肘型氧化锌避雷器推进对接设备接口上，并符合行程要求。

5）取下绝缘操作杆。

6）连接屏蔽接地线。

（5）电力电缆插拔式保护帽安装。

1）清洁绝缘保护帽及负荷转换头接口表面。

2）用所提供的硅酯润滑剂来润滑绝缘保护帽和符合转换头的接口。

3）用绝缘操作杆钩住绝缘保护帽的操作孔。

4）将绝缘保护帽推进对接设备接口上，并符合行程要求。

5）取下绝缘操作杆。

6）连接屏蔽接地线。

（6）电力电缆非插拔式绝缘保护帽安装。

1）清洁和润滑。

清洁绝缘保护帽及设备套管的接口表面，用所提供的硅脂润滑剂来润滑绝缘保护帽和相应对接设备套管的接口。

2）安装。

用绝缘操作杆钩住绝缘保护帽的操作孔，将绝缘保护帽推到对接设备接口上，顺时针转动绝缘操作杆进行螺纹连接，继续转动绝缘保护帽直到拧紧，取下绝缘操作杆。

3）接地。

连接屏蔽接地线。

四、电缆安装小结及注意事项

1. 预制插拔式、预制螺栓式终端的制作要点、安装要求和注意事项

（1）制作要点。距电力电缆头端部 1.2～1.5m 处（为安装方便，对较粗的电力电缆，如 240mm² 以上的，可以再放大一些）进行分相处理，从电力电缆顶端向下量取一定尺寸后剥取半导电层（注意不要损伤绝缘层），剥切绝缘层露出导体，在绝缘层端部约 3mm 处做 45°角以便于安装；确定定位标志时要用有色胶带缠绕两圈，在清洁润滑绝缘层时，擦洗方向自绝缘层至绝缘屏蔽层，勿将清洗剂直接倒在电力电缆上；压接端子时要求每一条压接线间距为 5mm，相差 90°，压接数为 4 条，在打磨平压接端子前要用 PE 塑料薄膜包裹电力电缆绝缘层；检查压接端子到电力电缆应力锥的长度，要符合制作要求；安装负荷转换套管时，将 T 型扳手插入套管内六方螺孔内顺时针转动，直至旋紧。

（2）安装要求。电力电缆头插入插拔头本体时，压接端子的螺孔要到位；在插拔头插入设备套管时要调整好本体正方向，不得在插拔头受电力电缆应力的状况下安装，插拔头接地孔用 2.5mm² 接地线，并与系统接地点有良好的连接。

（3）注意事项。剥取半导电层时不要损坏绝缘层，在清洁润滑绝缘层时一定要将绝缘层上划痕里的半导电质清除，安装压接端子时螺孔必须与设备套管孔对正，安装插拔头时电压测试点方向应朝外。

2. 预制插拔式、预制螺栓式终端应力锥的作用、安装要求和注意事项

（1）应力锥作用。应力锥为锥接磁通变化控制元件，通过使用具有几何电容工作原理的导电弹性偏转件实现对各个绝缘表面元件对外半导电层端头之间的电容 C_1 和各个绝缘表面元件对线芯的电容 C_0 径向磁通变化的控制，通过缩小 C_0 或增大 C_1 把磁通变化控制在非临界值上，偏转件牢固地集成在持续弹性绝缘体（乙烯-丙烯橡胶或硅橡胶）上。

（2）安装要求。应力锥一定要安装在电力电缆终端接头的外半导电层的剥离棱角处，这样才能有效控制棱角处径向磁场强度，降低棱角处表面放电时的起始电压。

（3）注意事项。电力电缆终端接头的外半导电层的剥离棱角应进行均匀倒角，同时用不导电的高标号砂纸打磨并抛光。

3. 预制插拔式、预制螺栓式终端安装力矩要求

（1）力矩扳手使用特点。可精确设定扭矩，并且扭矩可调，达到设定扭矩值时，发出清晰的报讯声，并且在手柄上可感觉到轻微振动，锁定环靠近虎口处，可避免误操作改变设定

扭矩值。

力矩扳手的力矩可调及超压释放，既可有效防止电力电缆终端头线耳松动不牢，又可防止损伤螺杆螺纹。

（2）力矩的设置如表 2-27 所示。

表 2-27　　　　　　　　　　力 矩 的 设 置

序　　号	名　　称	安装扭矩（Nm）
1	六角螺母	55
2	绝缘插头	40

4. 预制插拔式、预制螺栓式终端接地屏蔽线的材料要求、安装要求和注意事项

（1）接地屏蔽线材料要求。选用不小于 2.5mm² 的多股镀锡软铜线。

（2）安装要求。

全绝缘的 T 型电力电缆头的外表面一定要接地，主要考虑电力电缆头应力锥和 T 型电力电缆头本体之间在带电运行时形成一个电容，在接地线接触不好或不接地时，电容储存的大量电荷释放不出去，进一步加大了应力锥半导电处磁场因分布不均匀而造成的磁场畸变，最终造成电力电缆主绝缘对电力电缆金属部分长期放电的隐患，为此应使用 M5×15mm 的螺栓用 M5 螺母、弹簧垫片、平垫片把有接线片的接地线固定紧，如图 2-17 所示。

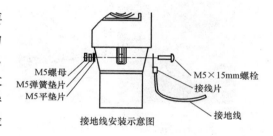

图 2-17　接地屏蔽线的材料要求、安装要求和注意事项

（3）注意事项。接地屏蔽线主要考虑电力电缆头应力锥和 T 型电力电缆头本体之间在带电运行时形成的一个电容，在接地线接触不好或不接地时，电容产生一个悬浮电位，电容储存的大量电荷释放不出去，由于累积效应进一步加大了应力锥半导电处磁场因分布不均匀而造成的磁场畸变，造成电力电缆主绝缘对电力电缆外半导电层长期放电直至发展的绝缘击穿故障。

5. 预制插拔式、预制螺栓式终端接头绕包的原因和要求（见图 2-18）

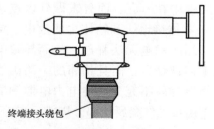

图 2-18　预制插拔式、预制螺栓式终端接头的绕包

（1）终端接头绕包原因。终端接头外层一般由热缩附件固定，往往会在热缩附件和应力锥之间留有一定空隙，若热缩附件收缩不完全，则会有大量的水珠和潮气进入电力电缆本体中，造成事故隐患。

（2）终端接头绕包要求。使用 J30 绝缘自粘带，拉升 100% 后以半重叠方式绕包在热缩附件和应力锥之间，绕包后呈枣核状，厚 4mm。

6. 预制插拔式、预制螺栓式终端附件要求

（1）采用有带电测试点的附件。

1）在现场可通过数字万用表判定该电力电缆运行状态。

2）用电压差值法的低压核相仪对环网柜内双电源电力电缆进行核相。

（2）采用带电可触摸的附件。在带电状态下可以操作，无需设备停电。在带电状态下可以用来带电测量。

五、电力电缆制作、安装缺陷分析

1. 电力电缆附件前插头单相接地

（1）故障原因。两台 10kV 欧式分接箱内，因电力电缆头安装说明不详细而造成施工工艺差，接线鼻子与高压设备套管的螺栓接触不良，如图 2-19 所示，使负荷电流通过螺纹导电，而正常情况下是由螺杆把接线鼻子固定在设备套管接触平面上进行导电，再加上全绝缘前插头的密封作用使 A 相电力电缆的接线鼻子与高压设备套管的接触之处发热且热量散发不出去，发热到一定程度后，引起电力电缆附件前插头失去绝缘而击穿。电力电缆附件前插头被击穿后，对箱体外壳和电力电缆金属体进行放电引起电弧燃烧，进一步加剧电力电缆绝缘损坏，最终造成单相接地故障，如图 2-20 所示。

图 2-19　接线鼻子与螺栓接触不良

图 2-20　接触不良造成分支箱故障

（2）预防措施。分接箱或环网柜内电力电缆头安装时，电力电缆长度一定要截取合适，弯曲弧度合适，重要的是要进行预安装。在验证预安装顺畅、电力电缆应力小之后，方可进行正式安装。另外，在拧紧一相螺栓的同时轻微晃动其他两相，一定要拧到听见"咯吱"声，不要感到拧不动就认为拧到位了。特别要注意的是，要量取电力电缆头三相安装位置高度一致时才表示安装正确。

2. 电缆铜屏蔽与应力锥连接处的金属层部分烧毁

（1）故障原因。两台 RVAC 环网柜内美式 T-Ⅱ型电力电缆头、进线、出线均被烧毁。

图 2-21　电力电缆头本体外壳接地均不合格

经核查发现，制作完成的电力电缆头本体外壳接地均不合格，如图 2-21 所示，三相外壳本体接地线被串在一起，而且未做到多点接地，使 T 头本体接地线和箱体之间放电，接地线被烧断后，静电无法释放，从而导致电力电缆头本体被烧毁，而且相邻的一路出线也因内部静电释放不充分，将电力电缆铜屏蔽与应力锥连接处的金属层部分烧毁。

（2）预防措施。全绝缘的 T 型电力电缆头的外表面一定要接地，主要考虑电力电缆头应力锥和 T 型电力电缆头本体之间在带电运行时形成的电容，在接地线接触不好或不接地时，电容储存的大量电荷释放不出去，进一步加大了应力锥半导电处磁场因分布不均匀而造成的磁场畸变，最终造成电力电缆主绝缘对电力电缆金属部分长期放电的隐患，直到发展成故障。因此，所有电力电缆头及箱体的接地线必须接到一个稳定的、低阻抗的接地点，并且接地线全部完整的连接好。

3. 设备防凝露

（1）防凝露原因。美式电力电缆附件为全绝缘、全屏蔽、全密封结构，但严重凝露还是会影响设备的使用寿命，如图 2-22 所示。

图 2-22　凝露对设备的腐蚀

（2）防凝露措施。

1）用环氧板和电力电缆防火堵料来密封电力电缆设备，如图 2-23 所示。

2）环网柜安装在户外混凝土基础底座上，要留有足够大的对流充分的通风孔，如图2-24所示。

图 2-23　电力电缆防火堵料来密封电力电缆设备　　图 2-24　户外混凝土基础底座上的通风孔

4. 电缆环网柜、分接箱预留套管烧毁

（1）故障原因。未使用的回路未按要求做好保护帽封安装，使环网柜、分接箱预留套管戴防尘帽投运，如图 2-25 所示。

图 2-25　电缆环网柜、分接箱预留套管烧毁

（2）预防措施。禁止预留套管带防尘帽运行，正确安装非插拔式绝缘保护帽，如图 2-26 所示。

5. 电缆环网柜、分接箱套管受力烧毁（见图 2-27）

（1）故障原因。没有安装电力电缆固定架，电力电缆没有固定导致套管受力烧毁。

图 2-26　正确安装非插拔式绝缘保护帽　　　图 2-27　电缆环网柜、分接箱套管受力烧毁

（2）预防措施。核相后，电力电缆从对应的封板孔穿出后，固定在适合的位置。

　　注意电力电缆各相尽可能不要交叉、固定要牢固、避免划伤外皮，如图 2-28 所示。

　　6. 电缆终端头过热烧毁（见图 2-29）

　　过热原因：电缆终端头安装不到位（肘头、T/T-II 头）。

　　7. 应力锥安装不规范造成损坏（见图2-30）

　　预防措施如下：

　　（1）肘型头未插到位如图 2-31 所示，插后应覆盖黄线、螺栓式终端头安装后前接头和后接头之间不能留下缝隙，附件选择与电力电缆路数、截面对应，如现场情况与订货不符时，应对使用的附件作相应修改，禁止使用规格不

图 2-28　电力电缆的固定

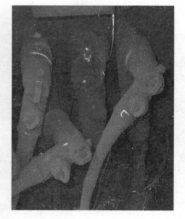

设备型号：YDFW–12/630/200
投运时间：2002.1.8
事故时间：2003.5.1
事故原因：端子未定装到位

图 2-29　电缆终端头过热烧毁

符的附件强行安装使用。

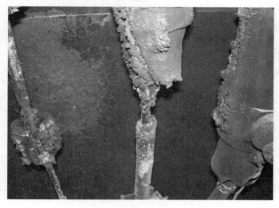

图 2-30 应力锥安装不规范造成损坏

图 2-31 肘型头未插到位

（2）应力锥漏出尺寸的形式试验，用试验数据来增加认识，提高安装技能如表 2-28 所示。

表 2-28 检 验 记 录

样品	进入 10mm		进入 20mm		进入 30mm		进入 40mm		进入 60mm	
	爬电	击穿	爬电	击穿	爬电	击穿	爬电	击穿	爬电	通过
1	28kV	42kV	32kV	45kV	36kV	45kV/2s	36kV	45kV/8s	40kV	45kV/120s
2	28kV	40kV	30kV	42kV	36kV	45kV/2s	36kV	45kV/6s		
3	28kV	38kV	32kV	45kV	36kV	45kV				
4	28kV	42kV	32kV	42kV	36kV	45kV/4s				

备注：从试验来看，应力锥插入接头本体 60mm，即应力锥脱离接头本体 65mm（应力锥长度取 125mm）时平均在 45kV 时出现击穿；应力锥脱离接头本体 115mm（应力锥长度取 125mm）时平均在 40kV 时出现击穿。

8. 电缆本体故障（见图 2-32）

（1）故障原因。

1）电力电缆终端头在剥半导电、铜屏蔽时下刀太深，破坏主绝缘，如图 2-33 所示，在运行中导致电场强度集中而击穿。

设备型号：GRPYC642—M
投运时间：2002.3.12
事故时间：2002.8.15
事故原因：主绝缘划伤

图 2-32 电缆本体故障

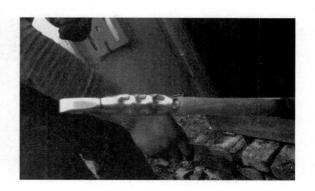

图 2-33 主绝缘破坏

2）电力电缆绝缘厚度严重偏芯；电力电缆进水、受潮；半导电层不均匀，剥完后在绝缘层留有大量导电颗粒。

3）电力电缆绝缘材料交联度低。

4）终端头热缩管端部收缩不全造成凝露积水如图2-34所示。

5）半导体层切割得不齐，有突出的尖角如图2-35所示。

 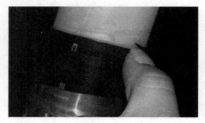

图2-34　终端头凝露积水　　　　　图2-35　半导体层切割得不齐有突出的尖角

（2）预防措施。

1）安装环网柜应严格按照工艺要求进行，应特别注意电力电缆分相、电力电缆固定、半导电层剥削清洁等工艺。

2）做好电力电缆终端本体的凝露措施，增绕防水胶带，减少连接缝隙。

3）检查所有的电力电缆接头是否已按要求连接好，有无松动、脱开、断裂现象，应保证所有电力电缆头安装到位。

六、电力电缆附件安装工具

1. 导线压接钳

导线压接钳一般有围压接和点压接两种压接方式，因此导线压接钳模子有六角形和三点压形。用于压接铜10～240mm² 端子、铝10～185mm² 端子时，压接钳出力达6t；用于压接240～400mm² 的高压电力电缆时压接钳出力25t。由于充油电力电缆的导体截面一般较大，所用导线压接钳的压力也比普通压接钳大得多，压力一般可达125t，它由油泵、钳头、压模和橡胶管组成。电力电缆导线连接时，电动机驱动油泵，以油为媒质通过橡胶管将压力传递到钳头和压模，从而完成导线连接工艺。电动导线压接钳示意图如图2-36所示。

图2-36　电动导线压接钳示意图

1—电动机；2—压力表；3—油泵；4—高压橡胶管；5—钳头；6—压模

超高压电力电缆用的电动压接钳比较重，在施工搬运、使用中要确保安全，油泵中用的机油要清洁，以免杂质混入后堵塞油管路，影响压力。导线压接钳还有许多种类，除电动的以外，还有手动式和以汽油、柴油机作动力，根据现场情况可灵活选择。

2. 喷灯和喷枪

喷灯和喷枪是封铅工艺的专用工具。喷枪的开关间可自由调节火焰的大小而且点火快。液化气喷枪与喷灯相比具有使用安全，搬运、调换、保管十分方便等优点，其结构图如图 2-37 所示。

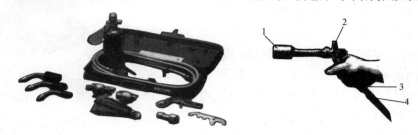

图 2-37　液化气喷枪结构图

1—喷嘴；2—调节开关；3—手枪柄；4—进气口

3. 电力电缆校直机

电力电缆接头制作前，需检查接头中心两侧的电力电缆是否平直，若有弯曲必须进行校直处理。超高压电力电缆截面大、质量重，人工无法将局部弯曲的电力电缆校直，电力电缆校直机较好地解决了这一问题。校直机的四只脚卡在需校直的电力电缆段上，通过油压产生力对电力电缆进行校直处理。

4. 反应力锥切削刀

反应力锥切削刀用于切削绝缘梯步，其长度在 10cm 以上，使用时需在线芯外套装一不锈钢套管，以免在切削过程中损伤线芯和内半导体屏蔽层，绝缘梯步切好后，需用砂纸对梯步表面进行打光处理，反应力锥切削刀如图 2-38 所示。

5. 绝缘剥削刀

绝缘剥削刀用于剥削塑料电力电缆绝缘或半导电层。使用中可根据不同的线芯截面调节刀片的位置，一般刀片调节至直径比内半导电层截面略大一点，从而避免在剥削过程中损伤内半导电层，绝缘剥削刀如图 2-39 所示。

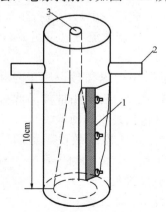

图 2-38　反应力锥切削刀

1—电力电缆；2—固定夹子；

3—电力电缆线芯

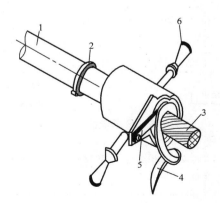

图 2-39　绝缘剥削刀

1—刀片；2—手柄；3—线芯出口；

4—绝缘；5—刀片；6—手柄

6. 力矩扳手

因为力矩扳手塑料电力电缆附件的安全可靠性要求很高，所以紧固螺丝时均采用力矩扳手完成，对于紧固螺丝应有允许最大力矩的要求。

7. 电锯或液压电动切割钳刀

240mm² 及以上的电力电缆截面一般较大，为了省力，常用电锯切割电力电缆线芯。对于塑料电力电缆，因为其较有韧性，所以使用环形锯条切割线芯比较合适。针对狭小空间的电力电缆的切割，无法使用电锯时，可使用 35t 的切割钳刀与 35t 的油液压泵配合使用，会得到更好的效果，切割钳刀如图 2-40 所示。

图 2-40 切割钳刀

第四节 电力电缆线路工程验收

一、电缆工程验收制度

电力电缆线路在投入运行之前，应按工程验收制度进行验收，电力电缆线路工程验收包括三级验收，即自验收、预验收和竣工验收，在每次验收中如发现质量问题，必须进行整改。

（1）自验收由施工单位自己组织进行，并填写验收记录单。在自验收后作第一次整改，然后向本单位质量管理部门提交工程验收申请。

（2）预验收由施工单位质量管理部门组织进行，填写预验收记录单。预验收后作第二次整改，并填写工程竣工报告，向上级工程质量监督站提交工程验收申请。

（3）竣工验收由施工单位的上级工程质量监督站负责组织进行，并填写工程竣工验收签字书，对工程质量予以评定。在工程竣工验收中，如发现有少量次要项目存在质量问题，施工单位必须在规定期限内完成整改，然后由施工单位质量管理部门负责复验。

工程竣工报告完成后一个月内进行工程资料验收。

二、电力电缆工程验收流程（见图 2-41）

1. 敷设验收

（1）抽样验收。电力电缆敷设属于隐蔽工程，验收应在施工过程中进行。当采用抽样验收方法时，抽样率应大于 50%（包括验收和预验收）。

（2）质量验收。电力电缆敷设工程的质量验收应符合下列标准或由相关技术文件的规定：

1）电力电缆敷设规程。

2）本工程设计书和施工图。

3）本工程施工大纲和敷设作业指导书。

4）电力电缆排管和其他土建设施的质量检验和评定标准。

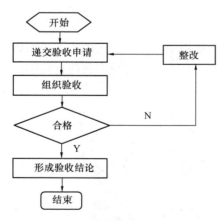

图 2-41 电力电缆工程验收流程

注：

1. 施工单位安装、调试后递交验收申请。

2. 运行单位组织验收。

3. 验收是否合格。

4. 施工单位依据验收发现的问题进行整改。

5. 下发验收纪要对验收结果进行说明。

5）电力电缆线路运行规程和检修规程的有关规定。

（3）关键验收项目。在电力电缆敷设工程验收中，对下列关键项目应进行重点检验。

1）牵引。该项目包括电力电缆盘、牵引机和输运机位置、敷设时的弯曲半径和最大牵引力，均应符合敷设作业指导书和敷设规程的要求。

2）支架安装。电力电缆支架应排列整齐、横平竖直，电力电缆在支架上应按规程要求固定（含刚性和绕性固定），在支架上电力电缆应有清晰的线路铭牌和标识。

2. 电力电缆接头和终端安装工程验收

（1）抽样验收。电力电缆接头和终端安装属于隐藏工程，验收应在施工过程中进行。当采用抽样验收方法时，抽样率应不大于 50%（包括自验收和预验收）。

电力电缆接头验收包括直接接头、绝缘接头、塞止接头和过渡接头等分项工程的验收，一律采用电力电缆接头验收标准。电力电缆终端验收包括户外终端、户内终端和 GIS 终端等分项工程的验收，一律采用电力电缆终端验收标准。

（2）检验项目和标准。电力电缆接头和终端检验项目与标准如表 2-29 所示。

表 2-29　　　　　　　　　　电力电缆接头和终端检验项目与标准

检验项目	检 验 标 准	
	电力电缆接头	电力电缆终端
施工准备	环境清洁，有防尘、防雨措施	
绝缘处理	符合施工工艺要求	
导体连接	符合施工工艺要求	
增绕绝缘	符合施工工艺要求	
防水、防潮处理	符合施工工艺要求	
密封工艺	密封完好，无渗漏，封铅无砂眼	
热缩管	热缩平整，无气泡	
铭牌与标识	书写规范，字迹清晰，相色鲜明	
机械保护、支架	直埋有机械保护盒，工井中有固定装置	符合装置图要求
相间及相对距离，与其他设备连接		符合设计和装置图要求

3. 电力电缆线路附属设施和构筑物验收

（1）接地系统验收。接地系统包括终端接地网、接头接地网、护层换位箱及分支箱接地网。接地系统检验项目与标准如表 2-30 所示。

表 2-30　　　　　　　　　　接地系统检验项目与标准

检 验 项 目	检 验 标 准
终端接地装置	终端接地装置应符合装置图要求，接地电阻应不大于 0.5Ω
终端接地线连接	采用接线端子与接地排连接，接线端子应采用压接方式

检 验 项 目	检 验 标 准
35kV 及以下终端接地装置	35mm² 裸铜线
接地网、接地扁铁及其连接	接地网接地电阻应不大于 4Ω，接地扁铁截面应不小于 600mm²，厚度应不小于 3mm²；接地扁铁连接应采用接焊，搭接长度必须是其宽度的 2 倍

（2）防火工程验收。

1）防火槽盒。电力电缆防火槽盒应符合设计要求。上、下槽盒的接口应平直、整齐，接缝要小；槽盒内电力电缆的夹具安装牢固，间距符合安置图端部采用防火包密封完好。

2）防火涂料。防火涂料应分数次涂刷，要求涂刷均匀、无漏刷。涂料厚度应不少于 0.9mm，涂料不得出现发胀、发黏、龟裂或脱落情况。

3）防火带。以半搭盖绕包，应绕包平整，无明显突起。

4）接头防火保护。电力电缆层、隧道内接头应加接头防火保护盒，接头两侧各 3m 应绕包防火带。

4. 电力电缆线路工程调试和竣工资料验收

（1）电力电缆线路工程调试。电力电缆线路工程调试包括绝缘测试、参数测试、接地电阻测试、相位校核、保护器试验等 5 个分项工程，其中绝缘测试包括直流或交流耐压试验和绝缘电阻测试。以上各项调试结果应全部符合电力电缆线路竣工试验和工程计划书、作业指导书的要求。

（2）电力电缆线路工程竣工资料验收。电力电缆线路工程竣工资料包括以下施工文件、技术文件和资料：

1）施工指导性文件：施工组织设计、作业指导书。

2）施工过程性文件：电力电缆敷设报表、接头报表，设计修改文件和修改图。

3）竣工验收资料：经系统调度批准的申请单，自验收、预验收、竣工验收的记录单，申请单和验收签证书，各种试验报告，开、竣工报告，全部物资（材料、施工工具、检修仪器）的验收合格证，二次信号系统的安装调试技术资料。

4）竣工图：电力电缆排管、工井、电力电缆沟、电力电缆桥等土建设施的结构图纸。

5）由制造厂提供的技术资料：产品设计书、技术条件和技术标准、产品质量保证书及订货合同。

（3）分接箱、环网柜开箱验收。

1）施工单位收到货后应及时开箱验收，查看设备在运输过程中是否有损伤或变形。

2）产品在出厂时 SF_6 气体已经充好，气体的压力符合产品的技术条件要求，现场检查时主要通过压力表的指示来判断气体的压力是否正常，一般指针在绿区为正常，在红区为异常。

3）开箱后及时检查设备的一次方案是否符合订货要求，附件是否齐备，包括设备的出厂资料、电力电缆附件、专用开启工具、备品备件等，如果有差错及时与厂家服务人员联系。

4）如果设备不能及时安装而要存放一段时间，在开箱检查后及时使用原包装将设备包装好，并存放于干燥清洁的地方，以免设备受到机械损伤。

5）施工单位项目部应邀业主、供货商、监理公司等部门申请电力电缆设备开箱验收，主要设备开箱申请表如表 2-31 所示。

表 2-31　　　　　　　　　　　　主要设备开箱申请表

表号：PDDL-01

工程名称：××电力电缆 10kV 配网新建（或改造）工程　　　　　　　　编号：

致××电力建设监理有限公司项目监理部： 　　本工程环网柜、分接箱、电力电缆附件、避雷器已按合同供货计划进场，并保管于物资仓库，为确认设备质量，现申请开箱抽检。 附件：拟开箱设备清单   　　　　　　　　　　　　　　　　　　　　　　　　承包单位（章）： 　　　　　　　　　　　　　　　　　　　　　　　　项目经理： 　　　　　　　　　　　　　　　　　　　　　　　　日　　　期：
项目监理部意见：   　　　　　　　　　　　　　　　　　　　　　　　　项目监理部（章）： 　　　　　　　　　　　　　　　　　　　　　　　　专业监理工程师： 　　　　　　　　　　　　　　　　　　　　　　　　日　　　期：

（4）电缆连接设备质量检验评定。

电力电缆线路工程竣工后的验收应由运行管理部门、设计和施工安装部门等的代表所组成的验收小组来进行，并填写安装质量检验评定记录如表 2-32 所示。

表 2-32 分接箱、环网柜安装质量检验评定记录

工程名称：××电力电缆 10kV 配网新建（或改造）工程　　　　　　编号：

安装位置					柜型号		
柜厂家			柜出厂号			安装日期	
开关型号			出厂编号			出厂日期	

检查项目	性质	标准	自检结果 A	B	C	复检结果
柜体垂直度检测值						
柜外观及柜内元件检查		符合规范	柜外观无磨损、柜内元件完整			
主开关及支开关推拉试验		轻便不摆动				
SF$_6$ 真空压力表检查		厂家规定				
开关接触情况检查	主要	厂家规定				
接地开关接触检查	主要	厂家规定				
双丝螺栓长度及直径测量值	主要	厂家规定				
断路器控制器检查	主要	出厂值设定				
支持套管检查		清洁无破损	清洁无破损			
工位开关数检查		厂家规定	符合规范			
避雷器安装检查		符合规范	符合规范			
接地检查		符合规范	接地可靠			
接地、隔离、合闸位置检查		符合规范	螺丝紧固、接触全面			
开关数量检查		符合规范	符合规范			
1.5m 绝缘操作杆检查	主要	厂家规定 旋转或推拉	相间及对地距离符合安全规定			

备注			验评等级：
分项总评	主要项目　　个，优良　　个； 一般项目　　个，优良　　个；优良率　　　%	评定等级	

（5）工程三级自检。

电力电缆线路在施工过程中，施工班组、运行部门、施工单位应经常进行监督及分段验收，并填写工程三级自检报告，电力电缆设备保护装置的现场整定和校验工程三级自检报告如表 2-33 所示。

表 2-33　　　　电力电缆设备保护装置的现场整定和校验工程三级自检报告

工程名称：××电力电缆 10kV 配网新建（或改造）工程　　　　　　　　　　编号：

班组自检	自检评价： 1. 保护类型：三段式保护（或反时限保护）。 2. 开关传动报告：动作电流、分闸时间等及标准要求。 3. 现场保护定值设置及要求。 负责人签字： 　年　　月　　日
工地自检	自检评价： 负责人签字： 　年　　月　　日
公司抽检	自检评价： 符合《电气装置安装工程施工及验收规范》 负责人签字： 　年　　月　　日
备注	(1) 班组级自检为全部设备，工地自检为 30％，公司抽检为 10％。 (2) 自检、抽检均检查记录。

第五节　电力电缆敷设施工组织设计方案

电力电缆敷设工程施工组织设计是电力电缆敷设工程的纲领性文件，一般应包括以下内容。

1. 编制依据

工程施工图设计、工程协议、工程验收所依据的行业或企业标准名称、制造厂提供的技术文件以及设计交底会议纪要等。

2. 工程概况

(1) 线路名称和工程账号。

(2) 工程建设和设计单位。

(3) 电力电缆规格型号、线路走向和分段长度。

(4) 电力电缆敷设方式和附属土建设施结构（如隧道或排管断面、长度）。

(5) 电力电缆接地方式。

(6) 竣工试验的项目和试验标准。

(7) 计划工期、形象进度。

3. 施工组织

施工组织机构包括项目经理、技术负责人、敷设和接头负责人、现场安全员、质量员和资料员。

（1）组织机构如图 2-42 所示。

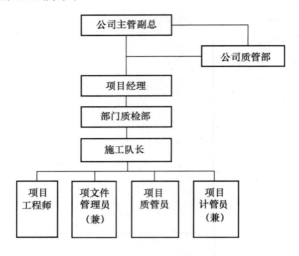

图 2-42　组织机构

（2）部门及人员职责。

1）主管副总：制定工程的质量，负责在技术领域内贯彻质量方针和目标，掌握工程的质量动态，分析质量趋势，采取相应措施，负责审批各种技术文件。

2）公司质管部：负责公司一级的验收工作及向甲方进行工程移交。

3）项目经理：工程质量第一责任人。主持工程质量内部验收，督促、支持质检组及专、兼职质管员的工作；组织或配合质量事故的调查，分析质量状况，制定纠正措施。

4）项目质管员：负责本项目工程的施工质量和检验工作，组织自检，做好资料的收集、统计，掌握工程进度和质量控制，随时纠正质量不合格，制止一切可能造成质量事故的违章作业；对本项目轻微不合格下达返工/返修通知单；负责对不合格品的验证工作。

5）部门质管员的质量职责：负责质量保证体系在本工程正常运行，制订本项目的质量策划文件，制定工程质量管理办法、措施及工程质量奖惩条例。负责各种质量文件贯彻的组织、监督和检查。负责国家标准、技术规范的贯彻执行和质量技术交底，分阶段对工程质量进行检验，对发现的问题及时采取纠正、预防措施。组织中间验收工作，参加试运，组织竣工移交工作。

6）施工队长的质量职责：负责本公司质量体系在本队运行和组织、协调、监督、考核等管理工作；负责组织本队职工学习公司有关质量文件，提高全体职工质量意识，并对临时合同工的质量教育负有责任；负责本队的质量自检，配合工程公司的复检；支持本队质管人员的工作，严格按质量标准施工，保证质量责任制在本队的层层落实。

（3）施工前准备工作。

1）电缆的运输与装卸。

电力电缆到货后应对电力电缆盘进行外观检查，外观应完好无损伤，并按有关技术文件和商务合同的条款对电力电缆进行核对。电力电缆运输要配备承载力足够，操作灵活，制动迅速可靠的专用平板车。起重配用专用 16t 吊车（电力电缆盘重约 10t），决不允许将电力电缆盘直接从汽车上推下。电力电缆盘在地面应尽量减少滚动，假如真要有少量滚动，则必须按照电力电缆盘侧面上所要求箭头方向。电力电缆盘决不允许反向滚动，也不允许电力电缆盘平放运输。

2）技术准备

① 技术负责人要在充分理解设计意图的基础上沿电力电缆走径作详细调查，做出切实可行的电力电缆敷设技术方案及安全技术措施，经公司主管副总工批准后，报监理工程师认可批复后执行。技术负责人向全体参加施工人员作详细交底，施工负责人做安全措施交底。

② 对参加施工的所有人员，进行关于电力电缆敷设的技术培训，经考核合格后方可上岗。

3）施工准备。

① 电力电缆敷设指挥统一。

② 核实拐角弯曲半径，应符合设计要求。

③ 根据电力电缆管实际长度，核定电力电缆长度。

④ 保证电力电缆转弯半径。

⑤ 清除电力电缆敷设现场的无关设备、物体和垃圾，以防它们掉在电力电缆上或损伤电力电缆。

⑥ 检查电力电缆管内无杂物。

⑦ 应全面检查电力电缆支架是否牢固。

（4）施工方案及措施。

电缆的敷设施工方案及措施如下：

① 电力电缆敷设采用头部牵引技术，电力电缆牵引头应做成防捻式，并采用电力电缆输送机在隧道内敷设。根据设计，本工程段，具体数据要求制成相应表格。

② 电力电缆盘应卸在线路末端电力电缆放线位置。将电力电缆盘放置在电力电缆盘架子上，确保电力电缆盘的水平位置，然后除掉电力电缆盘的包装或木条。

③ 用人工拉出电力电缆，电力电缆头应从电力电缆盘顶部拉出。

④ 开动全部电力电缆输送机，进行电力电缆敷设。在整个过程中要密切注意电力电缆转弯半径、电力电缆及电力电缆盘的位置、滚轮的转动情况，避免电力电缆外皮损伤。发现问题及时汇报，停车解决。

⑤ 电力电缆到位后，将电力电缆从滚轮上取下，摆放入安装位置。

⑥ 电力电缆安装在电力电缆管内，回填土夯实并坐做标志桩。

⑦ 敷设工作结束后，应对隧道进行清扫，清除所有杂物。

4．安全生产保证措施

"安全第一、预防为主"是电力工业企业生产和建设的基本方针，企业必须认真贯彻执行国家及部颁有关安全生产的方针、政策、法令、法规，严格遵照公司的职业安全健康管理体系等进行安全管理，建立健全各项管理制度，落实各级安全责任制，确保施工安全。

（1）安全管理目标：

1）不发生人身重伤事故；

2）不发生重大机械设备损害事故；

3）不发生重大及以上火灾事故；

4）一般交通事故频率低于 5 次/年·百台车；

5）千人轻伤率低于 7‰；

6）不发生高处坠落、触电、起重伤害等恶性事故。

（2）安全管理组织机构如图 2-43 所示。

（3）各级安全职责。

1）公司主管副总：工程安全技术总负责人，对本工程的安全技术工作负全面的领导责任，负责审批工程的重大施工技术方案和安全技术措施。领导技术管理工作，组织研究、处理安全生产中遇到的问题，参加现场安全检查。

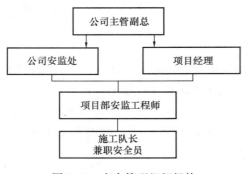

图 2-43　安全管理组织机构

2）公司安监处：监督、检查工程公司安全施工管理和年度安全工作目标计划执行情况。

3）项目经理：本工地安全施工的第一责任者，对本工地的安全施工负直接领导责任，认真贯彻执行上级编制的安全施工措施，负责组织对跨班组施工项目开工前的安全施工条件进行检查与落实。指导本工地专职安全员的工作，负责本工地职工的安全教育，组织并主持事故调查分析，提出处理意见。

4）项目部安监工程师：本工程安全监察工作负责人；负责贯彻项目经理、项目法人有关安全生产的指令，负责监督本工程安全责任制、安规、安全技术措施的落实，对生产中的人员和工器具的安全状态进行监督，参加安全检查，提出改进措施，监督检查各施工班组的安全文明施工。

5）施工队长：本队安全工作负责人。负责检查安全规章制度、安全技术措施的执行情况，监督现场人员的操作和设备的安全运行，制止违章作业，做好各项安全活动，做好本施工队的安全管理工作。

6）兼职安全员：协助队（班）长学习各种管理规定和制度，开展各项安全活动，协助队（班）长组织安全施工和文明施工，有权制止和纠正违章作业行为，协助队（班）长开展安全施工宣传教育工作，做好安全记录保管好有关资料。

（4）安全管理制度及办法。

本工程应把"防止触电"、"防止火灾"、"防止损伤电力电缆"作为预防事故的重点，提出专项预防措施。

1）开工前期，应组织各班组及工地有关施工人员进行安全规程学习。在施工中，经常进行教育，做到安全警钟长鸣。

2）严格执行事故报道制度和事故分析制度，不得隐瞒事故，坚持"三不放过"原则。

3）重大施工项目必须有安全技术措施和工作命令票，一般项目应有安全工作命令票，各工作人员任务要清楚，分工明确、细致，责任到人并严格监督执行。

4）每周坚持安全常规学习，并要做到活动有内容、有效果、有记录。

5）安全工具、设备、工具等使用前要认真检查，不合格的禁止使用。

6）现场电源箱、电源线应由专职电工定期检查，接线时要有专人监护。不得私自乱拉乱动电源，电工作业时，电源各部分应有停电或者禁止合闸等明显标志。

7）对于习惯性违章或造成不安全因素者要严肃处理，防患于未然。

8）施工做到四明确：负责人明确，成员分工明确，施工方法和安全注意事项明确。

9）现场要建立安全领导小组，安全小组应抓好每道施工工序的事故预测和控制。

10）施工期间，严禁酒后作业。

11）树立违章就是事故的思想，违章从上到下一级一处罚；从思想上重视，行动上以安全规程为准绳，各工作人员发现有不安全因素时，要马上报告，及时排除。

12）各工序开工前，应严格执行安全技术交底制度，熟知施工组织设计，对特殊、重要施工现场应派专人负责安全监护。

13）做好治保、消防工作。

14）结合现场特点，再作如下安全规定：

① 电力电缆放线点要选择在道路畅通、场地宽阔的地方。

② 放线点位于马路或人行道上时，要设置围栏或醒目标示，并设专人看放线井口，防止发生行人坠落事故。

③ 安放电力电缆的放线架要远离架空线，特别是高压线路。如离带电线路较近时，起吊电力电缆盘要有专人监护，保持规定的安全距离，所有工作人员要听从专人统一指挥。

④ 往支架上稳电力电缆盘时要统一指挥，步调一致，防止压碰伤事故的发生。

⑤ 电力电缆输送机在工作前，要检查电源线有无破损。

⑥ 电力电缆输送机在工作时，严禁手用或其他工具触动转动部位。

⑦ 严禁在通信工具失灵、无法统一指挥的情况下敷设电力电缆。

⑧ 施工人员进入作业区域，要按规定着装，佩带齐全个人防护用品。工作中不打闹，不聊天，不开玩笑。

⑨ 机械设备的安全防护装置及操作规程应齐全。

⑩ 施工区应有醒目的安全标志牌或安全标语。

⑪ 临时电源设施装设整齐，符合安全供电要求，严加管理。

5. 文明施工措施

在城市道路施工应做到全封闭施工，应有确保施工路段车辆和行人通行的方便措施。

加强施工管理、严格保护环境。在施工过程中，应遵守国家现行的有关文明施工、环境保护的规定和《环境管理体系》。全面分析施工过程中可能引起的环境保护方面的问题，把保护生态环境作为一项重要工作来抓。

1）施工中影响环境保护的因素：

① 施工过程中，建筑垃圾、落地灰等不及时清理；砂轮锯、电钻等使用后的剩余金属屑、拆箱板及其他废料乱丢乱放，造成施工场地脏乱。

② 施工及生活污水直接排放，对周围环境的污染。

③ 直接焚烧各种垃圾，对空气造成污染。

④ 个别人员环境保护和文明施工意识不强。

⑤ 施工后清场不彻底，现场留有固体废弃物。

2）环境保护的目标。

在施工中和施工完成后，保护好施工周围地区的自然环境，最大限度地维持生态环境的原状。

① 固体废弃物处置率达到 100％。

② 施工生产对环境的保护措施到位率 100％。

3）环境保护的措施。

① 施工过程中，建筑垃圾、落地灰等及时清理。设备开箱时，拆箱板及其他废料及时清理，分门别类，布放整齐，做到工完、料净、场地清。

② 施工、生活用水排放应接至下水管道，严禁直接渗入地表。

③ 禁止直接焚烧各种垃圾。施工和生活垃圾运到当地有关部门指定的地点集中处理，严禁随意倾倒污染环境。

④ 加强对施工人员的宣传教育，增强环境保护意识。项目安全员负责对施工环境状况进行日常监督检查。环保工作每月进行检查评比，评比结果计入奖金考核范围。

⑤ 工程竣工后，临时建筑和临时设施立即清除。

⑥ 施工机械设备在投入施工前，必须进行认真检查，确保各部件处于良好状态，如发现机械设备漏油现象时，应立即停止使用，进行维修，并在维修处采取与地面隔离的措施，确保废油不污染地面植被，直到将设备维修至符合环保要求后方可投入使用，以减少对地面的污染。

⑦ 积极听取项目法人、监理对工程环保工作的要求，协同各有关单位共同做好环保工作。

4）文明施工的目标、组织机构和实施方案。

搞好安全文明施工对于避免事故的发生，调节职工情绪，改善劳动环境，树立企业良好形象，保护生态环境都有重要意义。

文明施工的目标：现场整齐有序，各种标牌齐全醒目；施工人员着装整齐；

施工操作规范，施工资料完整、整洁；工完、料净、场地清；成品保护良好，没有污染和损伤；现场和驻地环境干净、卫生、整齐；讲文明、讲礼貌，杜绝违法、违纪现象发生。

5）文明施工组织机构如图 2-44 所示。

6）文明施工实施方案。

成立现场文明施工领导小组，具体组成见文明施工组织机构图。文明施工领导小组按照文明施工措施及成品保护的规定监督检查，并严格按照文明施工考核办法进行考核。

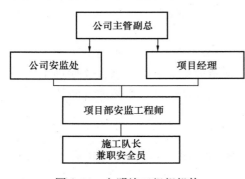

图 2-44 文明施工组织机构

7）文明施工措施。

① 提高施工管理水平，使施工管理科学化、规范化，创造安全文明的施工环境。

② 现场卫生实施包干责任制，按班组及各部门进行承包划分，设置统一的垃圾箱及废料堆放区。

③ 办公、生活和施工用水有良好的排水系统。

④ 施工区设置醒目的安全文明施工标志牌和标语。

⑤ 严格领料、退料制度。露天存放的材料及设备要堆放整齐，并要有防倾倒措施。

⑥ 各种施工机械设备完好整洁，现场放置合理，各种安全防护装置齐全，操作规程挂牌。

⑦ 进入施工现场的施工人员着装要干净整齐，佩戴胸卡。

⑧ 材料放置合理，标识清楚，排放有序，并符合安全防火标准。

⑨ 施工图纸、施工记录、验收材料等各类资料齐全，归类明确，目录查阅方便，保管妥善，字迹工整。

⑩ 工程所用试验仪器、仪表及试验工器具，标识要清晰、完整，无灰尘，保持洁净，试验前、试验中、试验后均不得随意乱放。

⑪ 现场工序负责人同时为该工序文明施工负责人，有权制止妨碍文明施工的现象与行为。

8）文明施工考核、管理办法。

按《本公司文明施工管理规定及考核办法》的标准及要求，制订本工程文明施工考核、管理办法。

① 文明施工管理办法。工程开工阶段，就要创造文明施工的良好开端，在施工阶段要加强文明施工的管理与监督，防止施工人员发生任何违法的和妨害社会治安的行为，并保护人身和财产免遭前述行为的破坏。实现对工程全过程的文明施工管理。

② 文明施工责任区划分明确，无死角，并设置标志牌，便于检查、监督。

6．质量计划

质量计划包括质量目标、影响工程质量的关键部位必须采取的保证措施和质量监控要求等。公司的质量方针：达到顾客满意；实现持续改进；精心施工，创建精品工程；认真维护，确保安全用电。认真执行质量管理体系文件的要求，对工程进行严格管理、精心施工。对工程质量从严要求，"第一次就把事情做好"，实行全过程控制，整体试运一次成功，从而实现"创精品工程"的目标。

（1）质量目标。

1）工程目标：分项工程一次验收合格率100%，单位工程优良品率100%。满足国家施工验收规范，确保优质工程和达标投产。

2）服务目标：做好施工前、施工中服务，顾客要求100%满足，达到顾客满意；保修期内因施工安装原因出现的质量问题，1天内到达现场处理；顾客投诉24h内响应；顾客满意度≥4.5（五级标度法）。

3）管理目标：实现工程质量管理的网络化和标准化；杜绝重大质量事故的发生；创精品工程。

（2）质量管理的措施。

1）进入工地的机具必须经工程公司机具管理员组织的检查和试验，及时填写相关的工程开工前机具检查鉴定表并贴有合格证，起重工器具须经拉力试验合格后，方可使用。

2）凡无产品合格证书、检定证书、检定标识及未列入周检计划的工作计量器具不许进入工地使用。若发生上述情况，各级质管员有权对该工作计量器具没收。

有施工安全技术措施，未进行工程前及工前技术交底，严禁施工，施工人员不许擅自变更施工方法。

严格按以下文件施工：

① 经会审的施工图纸、施工图会审纪要及有效的设计变更文件；

② 制造厂提供的设备图、技术说明中的技术标准和要求；

③ 经上级批准的各种施工措施。

填写施工记录、工序记录要准确真实，及时填写，不能涂改，空格应划掉，不能代替签字。

现场施工如发现设备及材料达不到国家或厂家技术标准，应及时反映，同时要认真阅读厂家说明书，力争现场解决，如确实无法解决，应及时向现场技术负责人和现场负责人汇报，按有关不合格品控制管理程规定执行。

现场施工如发现设备（顾供品）达不到国家或厂家技术标准，及时向监理或建设单位联系解决。

现场材料库应及时核对材料到货情况，以工程公司提供的《材料计划表》为准，如材料未到齐，应及时催货。如班组提出材料有问题，材料人员应和技术人员及时核对，并向现场负责人汇报。

施工过程中出现设备或技术问题，宜按图 2-45 所示逐级反应程序，确保整个施工过程有条不紊。

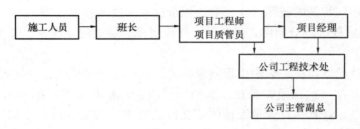

图 2-45　逐级反应程序

（3）质量管理的标准。

施工电建工程公司要按照 GB/T 19002—1994 idt ISO 9001：1994《质量体系、生产、安装和服务的质量保证模式》已经建立相应的质量管理和质量保证体系，并要全都通过了认证，并经过近几年的运行和实践证明，质量体系对工程质量的控制起到了很好的作用。工程的质量管理和质量保证体系应建立如下程序：《质量方针目标声明》、《质量手册》、《文件控制程序》、《质量记录控制程序》、《管理评审工作程序》、《职工教育培训管理程序》、《安全和工作环境管理程序》、《与顾客有关要求的确定和评审程序》、《采购工作程序》、《变电施工过程控制程序》、《测量和监控装置控制程序》、《顾客满意度测量和数据分析管理程序》、《内部质量体系审核工作程序》、《不合格品的控制程序》、《纠正和预防措施管理程序》、《质量职责和权限管理规定》、《设备管理制度》、《产品防护管理制度》、《干部管理制度》、《劳动用工管理制度》、《技术管理制度》、《电力电缆敷设及二次结线作业指导书》、《母线装置施工作业指导书》、《送变电工程焊接施工作业指导书》、《送变电工程压接施工作业指导书》。

工程施工过程中的各项活动和作业应严格按照上述程序文件和作业指导书执行，程序文件要求的记录要如实填写，妥善保存。

（4）质量检验的标准。

1)《电力设备典型消防规范》（DL 5027—1993）。

2)《电气装置安装工程·高压电气施工及验收规范》（GBJ 147—1990）。

3）《电气装置安装工程·接地装置施工及验收规范》（GB 50169—1992）。

4）《电气装置安装工程·电力电缆线路施工及验收规范》（GB 50168—1992）。

5）《电气装置安装工程·电力变压器、油浸电抗器、互感器施工及验收规范》（GBJ 148—1990）。

6）《电气装置安装工程·电气设备交接试验标准》（GB 50150—1991）。

第三章 电力电缆运行、维护与电力电子保护器件

第一节 运 行 技 术

一、电缆线路及连接附属设备巡视

1. 电缆线路及连接附属设备巡视流程（见图 3-1）

电缆线路及连接附属设备巡视流程如图 3-1 所示，其一般要求如下：

（1）巡视计划：运行单位编制月度巡视计划。

（2）审核：运行单位相关人员审核巡视工作计划。

（3）分配巡视任务。

（4）巡视：运行单位开展巡视工作。

（5）设备缺陷：巡视工作中是否发现设备缺陷。

（6）发现设备缺陷则进入设备缺陷流程。

（7）填写、审核记录。

2. 巡视检查项目及内容

（1）定期巡视检查项目及内容，如表 3-1 所示。

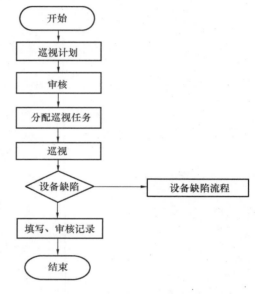

图 3-1 电缆线路及连接附属设备巡视流程

表 3-1 定期巡视检查项目及内容

序号	检查项目	检查内容及要求
1	周边环境	（1）电力电缆沟盖板应齐全、完整，无破损，封盖严密
		（2）电力电缆井盖无破损、无丢失
		（3）电力电缆线路表面和周围环境无变化
		（4）路径上方无违章建筑物、堆积物
		（5）电力电缆线路沿线应能正常开揭，便于施工及检修
		（6）线路标志物是否完好明显
2	电力电缆隧道、沟、井	（1）井内无积水和杂物
		（2）电力电缆支架牢固可靠，无严重锈蚀
		（3）电力电缆井内电力电缆应排列整齐，固定可靠

序号	检查项目	检查内容及要求
2	电力电缆隧道、沟、井	(4) 孔洞封堵严密, 沟内无液化气、煤气、沼气等有刺激性气味、有毒、易燃易爆气体
		(5) 隧道及接头井内防火设施、涂料、阻火墙完好, 灭火弹压力正常
		(6) 沟体无倾斜、变形, 井内四壁无渗水点
		(7) 隧道内照明、通风、抽水、监控设备正常
3	电力电缆线路	(1) 外护层无损伤痕迹, 电力电缆无扭曲变形
		(2) 进出管口电力电缆无压伤变形
		(3) 电力电缆上的标识应清晰, 电力电缆标牌不能丢失
		(4) 保护管名称准确、清晰
		(5) 电力电缆支架上有绝缘垫保护
4	电力电缆中间接头	(1) 中间接头无损伤、变形, 固定良好
		(2) 防水密封完好, 金属部件无明显锈蚀, 无渗漏现象
		(3) 接头及两端电力电缆防火涂料无脱落, 防火包带无松弛
		(4) 每条电力电缆线路的接头、相间运行标志、线路名称、相位标牌等齐全清晰
		(5) 同轴电力电缆同电力电缆接头、交叉互联箱连接处牢固, 外皮无损伤
		(6) 接地装置与接地极接触牢固, 固定螺丝无明显锈蚀
		(7) 交叉互联箱无损伤、无锈蚀、密封完好、接地良好, 线路名称、相位标识及换位方式清晰、准确
		(8) 接地电流测试和电力电缆接头测温正常
5	电力电缆终端	(1) 电力电缆终端头完整、无裂纹, 表面无放电痕迹
		(2) 引流线与连接点无过热现象
		(3) 杆塔上固定电力电缆的固定卡具无松动
		(4) 保护管无破损及非法喷涂、粘贴物
		(5) 终端头相位标志齐全, 金具销针完好
		(6) 接地测流正常
		(7) 避雷器表面无放电痕迹
		(8) 终端构架牢固, 金属构架与连接螺丝无锈蚀, 地线完整, 连接可靠
		(9) 电力电缆卡具上有绝缘垫保护

（2）故障巡视检查项目及内容，如表 3-2 所示。

表 3-2　　　　　　　　　　　　　　　　**检查项目及内容**

序号	检查项目	检查内容
1	电力电缆的外观检查	（1）查明线路故障发生的地点和原因, 检查短路电流所经过的电力电缆终端头。
2	电力电缆的路径查看	（2）高压室内巡视, 进入室内前, 必须辨清高低压侧; 一般不应从高压侧通过。
3	向电力电缆线路周围的人了解情况	（3）巡视过程中, 任何情况下不得触及带电设备。 （4）事故巡视检查应始终认为线路有电, 即使明知该线路已停电, 也应认为线路随时有恢复送电的可能。
4	向调度了解情况	（5）进入电力电缆隧道、应做好防备有毒气体的准备, 隧道内要通风良好, 必要时带上防毒面具或口罩

（3）监察巡视检查项目及内容，如表 3-3 所示。

表 3-3 监察巡视检查项目及内容

序号	检查项目	检查内容
1	领导和技术人员现场指导工作巡视	由部门领导或线路专职技术人员进行，目的是了解线路设备状况并检查、指导运行人员的工作
2	领导和技术人员熟悉设备巡视	

（4）特殊巡视检查项目内容，如表 3-4 所示。

表 3-4 特殊巡视检查项目内容

序号	检查内容	检查内容
1	查看线路附近有无威胁线路安全的施工	遇有恶劣的自然条件（如大风、暴雨、覆冰、河水泛滥、火灾等）以及在雷电频发地区、严重污秽地区或可能危及线路安全的建筑、挖沟、堆土、伐树等情况，对线路的全部或重要地段进行巡视。在重大节日、重要活动的保电期间，根据需要进行特殊巡视。 （1）电缆连接设备巡视工作必须由两人进行：一人巡视，一人监护。 （2）美式或欧式箱式变压器巡视，进入室内前，必须辨清高低压侧，一般不应从高压侧通过。 （3）巡视过程中，任何情况下不得触及带电设备。 （4）电缆连接设备发生接地时，人员不得进入故障点 4m 以内。 （5）电力电缆测温应有两人及以上进行，夜间测温应带好足够的照明设备。 （6）巡视时应遵守交通规则。 （7）事故巡视检查应始终认为线路有电，即使明知该电缆线路已停电，也应认为电缆线路随时有恢复送电的可能
2	查看沿线植物种植情况	
3	查看电力电缆线路上有无腐蚀性物质及重物	
4	电力电缆的温度是否正常	
5	有无放电现象和痕迹	
6	终端头引出线接触是否良好，有无过热现象	
7	电缆防雨裙或电缆套管有无裂纹和放电痕迹	

（5）夜间巡视检查项目及内容，如表 3-5 所示。

表 3-5 夜间巡视检查项目及内容

检查内容	检查内容
夜间巡视	（1）在电缆线路负荷高峰或阴雾天气时，检查导线接点有无发热打火现象，绝缘子表面有无闪络燃烧现象等。 （2）巡视过程中，任何情况下不得触及带电设备。 （3）巡视时应遵守交通规则。 （4）应带好足够的照明设备

3. 巡视结果的处理要求

（1）巡线人员应将巡视电力电缆线路的结果记入巡线记录簿内。运行部门应根据巡视结果，采取对策消除缺陷。

（2）在巡视检查电力电缆线路中，如发现有零星缺陷，应记入缺陷记录簿内，据以编制月度或季度的维护小修计划。

（3）在巡视检查电力电缆线路中，如发现有普遍性的缺陷，应记入在缺陷记录簿内，据以编制年度大修计划。

（4）巡线人员如发现电力电缆线路有重要缺陷，应立即报告运行管理人员，并做好记录，填写重要缺陷通知单。运行管理人员接到报告后应及时采取措施，消除缺陷。

4. 规范化巡视程序

（1）巡视安排。

1）巡视结果汇报应在新的巡视任务前进行，特殊巡视应根据气候情况、负荷变化、设备健康状况，提前安排。

2）巡视工作由负责人组织进行，至少两人参加。

3）巡视安排时必须明确本次巡视的性质（定期巡视、故障巡视、特殊巡视等）。

（2）巡视准备。

1）领取巡视卡。

2）根据巡视性质，检查所用的钥匙、工器具、照明器具是否合适。

3）检查着装是否符合现场规定。

（3）核对电力电缆及连接设备。

1）开始巡视前，巡视人员记录巡视开始时间。

2）巡视应按规定的电力电缆巡视路线进行，不得漏巡。

3）到达巡视现场，巡视人员根据巡视卡的内容认真核对设备名称和编号。

（4）电力电缆连接设备检查。

1）设备巡视时，巡视卡由巡视负责人手持，根据巡视卡的内容，逐一宣读巡视部位。其他巡视人员按照分工，依据《巡视手册》和巡视性质逐项检查设备状况，并将巡视结果清楚汇报巡视负责人。巡视卡的宣读和汇报必须清楚简洁。

2）巡视负责人根据汇报，在巡视卡上做好记录。

3）对在同一类设备开始巡视前，巡视负责人要明确该类设备的各巡视部位。在实际巡视设备时，巡视人逐一汇报巡视结果。

4）巡视中发现紧急缺陷时，应立即终止其他设备巡视，仔细检查缺陷情况，详细记录，及时汇报。

5）巡视中，巡视负责人应做好其他巡视人的安全监护工作。

（5）巡视汇报。

1）全部设备巡视完毕后，由巡视负责人填写巡视结束时间，所有参加巡视的人分别签名。

2）巡视性质、巡视时间、巡视发现的问题，均应记录在运行工作记录簿中。

3）使用过的巡视卡妥善保存，按月归档。

二、电缆设备编号原则

1. 总则

（1）配网设备以线路杆号为基础，实行汉字与数字组合的方式，包含设备的名称和编号的双重编号。

（2）配电线路的变电站出线开关间隔编号，按实际安装板位顺序编号，规划中预留有位置暂未上开关柜者，顺序号可暂空出。

（3）开闭所、环网柜、分支箱编号字体规格及安装位置。

字体采用黑体字，字体大小力求适中，版面排列要协调美观、清晰工整、编号底色为黄色；编号版面尺寸，长度宜为25cm，宽度宜为15cm。

设备编号牌悬挂（粘贴）或涂刷在开闭所环网柜操作门，以及面向道路侧柜体（指操作门不面向道路侧）的右正上方外壳上各一个，面向操作者，使操作者一目了然。

（4）开闭所、环网柜、分支箱内开关编号。

字体采用黑体字，字体大小力求适中，版面排列要协调美观、清晰工整、编号底色为黄色；编号版面尺寸，长度宜为5cm，宽度宜为7cm。

开关编号尺寸按内部构造情况由各设备运行管理单位自行确定，粘贴位置面向操作者，与各开关相对应，使操作者一目了然。

2. 开闭所、环网柜、分支箱编号

（1）开闭所编号以道路名称（或地域名＋开闭所）进行编号，金杯开闭所如图3-2所示。

（2）环网柜编号以"道路名称＋序号＋环网柜"进行编号，序号按从东到西、从南到北的方向依次编号，采用"01

```
××供电公司
金杯开闭所
（10kV 五 7 线）
01# 环网柜
抢修电话：95598
```

图 3-2　金杯开闭所

＃""02＃"等表示。工区路最东侧首台环网柜的编号为"工区路01＃环网柜"，如图3-3所示。

```
××供电公司
工　区　路
（10kV曾9线）
01#环网柜
抢修电话：95598
```

图 3-3　工区路最东侧首台环网柜的01＃环网柜

```
××供电公司
鸡公山大街
（10kV宝26线）
01#分支箱
抢修电话：95598
```

图 3-4　宝26线107国道01＃分支箱

（3）分支箱编号以"主供线路名＋道路名称＋序号＋分支箱"进行编号，序号按从东到西、从南到北的方向依次编号，采用"01＃"、"02＃"等表示。如宝26线在107国道上的东边首台分支箱编号为"鸡公山大街01＃分支箱"，如图3-4所示。

3. 开闭所、环网柜、分支箱内开关编号

（1）联络用开闭所、环网柜内不同进线开关以"线路名称＋进线联络＋开关"进行编号。如建设路03＃环网柜作为曾14线、宝10线联络用，建设路03＃环网柜内曾14线进线开关编号为"曾14线进线联络开关"，宝10线进线开关编号为"宝10线进线联络开关"，如图3-5所示。

（2）非联络用环网柜内"同一进、出线路开关以线路名称＋进线（出线）＋开关"进行编号。如曾14线建设路01＃环网柜进线开关编号为"曾14线进线开关"，出线开关编号为"曾14线出线开关"，如图3-6所示。

（3）环网柜内出线开关以"线路名称＋路名（或用户名）＋开关"进行编号。如建设路03＃环网柜内至民权路出线开关编号为"曾14线民权路开关"，如图3-7所示。

（4）分支箱内分支出线开关以"线路名称＋用户名＋支开关"进行编号。如工区路23＃分接箱内至卫校分支开关编号为"曾27线卫校支开关"，如图3-8所示。

```
××供电公司
曾14线
进线联络开关
抢修电话：
95598
```

图 3-5 宝 26 线 107 国道 01♯分支箱

```
××供电公司
曾14线
出线开关
抢修电话：95598
```

图 3-6 曾 14 线出线开关

```
××供电公司
曾14线
民权路开关
抢修电话：95598
```

图 3-7 曾 14 线民权路开关

```
××供电公司
曾27线
卫校支开关
抢修电话：95598
```

图 3-8 曾 27 线卫校支开关

```
××供电公司
申碑路支地刀
抢修电话：95598
```

图 3-9 申碑路支地刀

（5）环网柜（分支箱、箱式变压器）内开关负荷侧接地开关以"分支线名称＋地刀"进行编号。如金杯花园 01♯环网柜内申碑路支开关负荷侧接地开关编号为"申碑路支地刀"，如图 3-9 所示。地刀一定要纳入到运行管理中，可预防误操作所造成的恶性事件。

三、电力电缆标识

电力电缆标识的作用：①便于维护；②便于运行巡视；③减少外力破坏；④便于抢修。

1. 电缆标志牌要求

GB 50168—2006《电气装置安装工程电力电缆线路施工及验收规范》中规定标志牌的装置应符合下列要求：

（1）生产厂房及变电站内应在电力电缆终端头、电力电缆接头处装设电力电缆标志牌。

（2）城市电网电力电缆线路应在下列部位装设电力电缆标志牌：

1）电力电缆终端及电力电缆接头处。

2）电力电缆管两端、人孔及工作井处。

3）电力电缆隧道内转弯处、电力电缆分支处、直线段每隔 50～100m 处。

（3）标志牌上应注明线路编号。当无编号时，应写明电力电缆型号、规格及起止地点，并联使用的电力电缆应有顺序号。标志牌的字迹应清晰不易脱落。

（4）标志牌规格宜统一。标志牌应能防腐，挂装应牢固。

直埋电力电缆敷设标志牌的装置应符合下列要求：位于城郊或空旷地带；直埋电力电缆在直线段每隔 50～100m 处、电力电缆接头处、转弯处、进入建筑物等处，应设置明显的方位标志或标桩；城镇电力电缆直埋敷设时，宜在保护板上层铺设醒目标志带。

水底电力电缆敷设标志牌的装置应符合下列要求：水底电力电缆敷设后，应做潜水检查，电力电缆应放平，河床起伏处电力电缆不得悬空，并测量电力电缆的确切位置。水下电力电缆的两岸，应设置醒目的警告标志。

2．电力电缆附加标志类型

在电力电缆敷设后，每隔大约3m的距离在电力电缆上设置识别带、标识环或类似物。在电力电缆路径图中标明敷设和安装公司、电力电缆与接头的生产商和型号、电力电缆盘号和可能需要的编码，以备在索赔时可以进行追查。

（1）根据安装在地面分类。

1）彩砖路面标识。

① 编号规格。字体采用黑体字，字体大小力求适中，版面排列要协调美观、清晰工整。标识版面尺寸：长度为250mm，宽度为250mm、厚度为50mm，树脂材料，如图3-10所示。

② 安装位置。标识牌安装在直埋电力电缆正上方路面上，字体朝向电力电缆终端，每隔10m安装一个，使巡线人员一目了然。

③ 标识要求。电力电缆标识以"电压＋电力电缆通道请勿挖掘＋国家电网＋95598"进行设计。

2）水泥路面及青砖路面标识。

① 编号规格。字体采用黑体字，字体大小力求适中，版面排列要协调美观、清晰工整。标识版面尺寸：直径为85mm，高度为30mm、宽度为1mm，不锈钢304A材料，如图3-11所示。

图3-10　彩砖路面标识　　　　　图3-11　水泥路面及青砖路面标识

② 安装位置。标识牌安装在直埋电力电缆正上方路面上，字体朝向电力电缆终端，每隔10m安装一个，使巡线人员一目了然。

③ 标识要求。电力电缆标识以"电力电缆＋禁止开挖＋95598"进行设计。

3）土路面及空旷地带标志，如图3-12所示。

① 编号规格。字体采用黑体字，字体大小力求适中，版面排列要协调美观、清晰工整。标识版面尺寸：立方柱长度为200mm，宽度为200mm、高度为700mm，钢筋水泥材料。

② 安装位置。立方柱标识牌安装在有绿化带的直埋电力电缆正上方路面上，字体朝向路面侧，每隔30m安装一个。

③ 标识要求。立方柱标识牌以"电压＋电力电缆通道请勿挖掘＋国家电网＋95598"进行设计。

（2）根据安装在地下分类。

1）三维信号器标志，如图3-13所示。

(a)

(b)

(c)

图3-12 土路面及空旷地带

① 编号规格。信标器的设计尺寸是球形直径138 mm，三维信标器有三个正交的调谐回路，内置三维线圈，无须保持特定方向，无源式信标器，使用寿命长，当受到信标探测仪器激发时，这些无源回路在各个方向上产生出三维的球形磁场，可被信标探测仪自动扫描探测到，其外观为树脂材料。

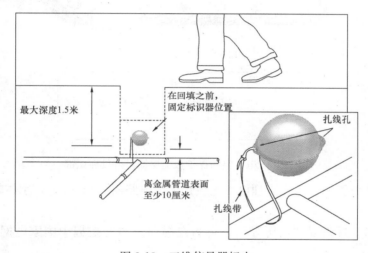

图3-13 三维信号器标志

② 安装位置。三维信标器主要安装在中低压电力电缆地埋线路上，敷设电力电缆时在某些重要位置（如中间接头、T型分支、管线交越、道路交越、河流交越、铁路交越、深度变化处、转弯弧线路径等）埋设信标器对日后的线路探测和可靠定位非常有三维信号器益，能够最大限度降低挖掘破坏电力电缆的风险，同时因为信标器存在，解决了由于城市发展规划的不断更改变化，电力电缆路径的批复路由越来越紧张，已经发生新敷设电力电缆周围建筑物拆迁，造成老路径图的参照物消失的难题。三维信标器技术应用，即使周围的参照物拆迁，仍然可以使用信标与缆线探测仪将三维信标器找到，从而间接地找到了电力电缆的平面位置，安装位置如图3-14所示。

③ 标识要求。球心与被标识电力电缆点线最小间距为100mm。遇到管线埋设深度超过1.5m时，将信标器安装在被标识点竖直向上的工井或土壤里。采用配套的扎线带，穿过信标器两侧的扎线孔，将信标器与被标识物体或地下管线捆扎在一起。

2）电力电缆保护板上层铺设醒目标识带，如图3-15所示。

① 编号规格。字体采用黑体字，字体大小力求适中，版面排列要协调美观、清晰工整。标识带尺寸：长度不限、宽度为200mm，塑料编织袋材料。

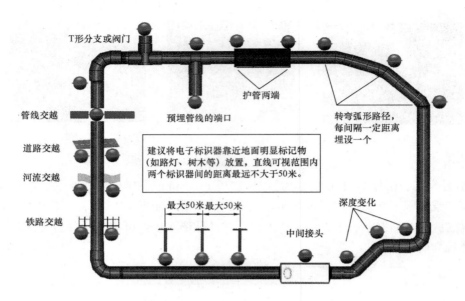

图 3-14　电子标识器安装位置

```
××kV 电压
电力电缆通道　请勿挖掘
国家电网
抢修电话：95598
```

图 3-15　电力电缆保护板上层铺设醒目标识带

② 安装位置。安装在直埋电力电缆正上方离路面 300mm 上，字体朝上，直埋电力电缆全线安装。

③ 标识要求。标识以"电压等级＋电力电缆通道请勿挖掘＋国家电网＋95598"进行设计。

（3）根据安装在电缆终端分类。

1）户内终端标志牌。

① 编号规格。字体采用黑体字，字体大小力求适中，版面排列要协调美观、清晰工整，电力电缆挂牌为 PVC 材料。编号版面尺寸：长度为 80mm、宽度为 45mm、厚度为 1mm，颜色瓷白。尼龙扎带为白色，长度为 200mm、宽度为 4mm、厚度为 1mm。

② 安装位置。电力电缆挂牌悬挂（粘贴）在电力电缆终端头三支套上或套下，挂牌位置面向操作者，使操作者一目了然。

③ 标识要求。电力电缆挂牌编号以"型号＋起点＋终点＋制作人＋安装时间"进行编号，起点（或终点）以"线路名称＋道路名称＋序号＋分接箱或环网柜"进行编号，序号按从东到西、从南到北的方向依次编号，采用"01♯""02♯"等表示，如图 3-16 所示。

2）户外终端。

① 编号规格。字体采用黑体字，字体大小力求适中，版面排列要协调美观、清晰工整。编号版面尺寸：长度为 15cm、宽度为 10cm。

② 安装位置。设备编号牌悬挂（粘贴）或涂刷在距离地面 2.5～2.7m 的电力电缆金属

护管上，以及面向顺线路侧，面向操作者，使操作者一目了然。

③ 编号要求。电力电缆挂牌编号以"型号＋起始终点＋制作人＋安装时间"进行编号，起点以"线路名称＋道路名称＋序号＋分接箱或环网柜"进行编号，序号从东到西、从南到北的方向依次编号，采用"01＃""02＃"等表示。如终点在五6线长安路五6柱102＃杆（北侧）终端电力电缆标识牌，如图 3-17 所示。

<table>
<tr><td colspan="2">××供电公司
型号：YJLV₂₂-3×400-560M
起点：侯18线府前路02#环网柜出现侧
终点：侯18线府前路02#分接箱进线侧
制作人：
安装时间：2010-9-23
抢修电话：　95598</td></tr>
</table>

图 3-16　府前路侯18线02＃分支箱户内进线侧电力电缆终端标志牌

××供电公司
型号：YJLV₂₂-3×400-580M
起点：五6线北京路05#分接箱出现侧
终点：五6线长安路五6柱102#杆（北侧）
制作人：
安装时间：2010-9-23
　　　抢修电话：　95598

图 3-17　终点在五6线长安路五6柱102＃杆（北侧）终端电力电缆标识牌

四、电力电缆设备变更

1. 一般要求

电力电缆设备变更本由施工单位填写，施工前由施工单位、调控中心保存，竣工后由检修部、安监部、调控中心、设备管理单位、施工单位档案室保存。

2. 填写内容

统一的典型符号标识、设备名称、设备型号、生产厂家、生产日期、出厂编号、备注等相关信息，举例如表 3-6 所示。

表 3-6　　　　　　　　　　　　　　　统一的设备相关信息

设备符号	设备名称	设备型号	生产厂家	生产日期	出厂编号	电缆长度	备　注
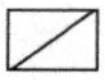	分支箱	DFW-12kV DF-12 kV					
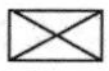	环网柜	RVAC-20					
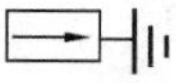	避雷器	HY₅WS-17/50					
	电力电缆	YJV₂₂-8.7/15kV/3×70 （钢铠铜缆） YJV-8.7/15kV/3×70 （无铠铜缆）					

五、电力电缆资料管理

1. 图纸资料管理

（1）图纸资料管理意义。电力电缆图纸资料管理是电力电缆线路技术管理工作的一个重要组成部分，是提高运行电力电缆管理水平和提高供电可靠性的重要指标，必须十分重视。电力电缆图纸资料主要包括单线图、网络图、分接箱内部接线图、环网柜内部接线图、电力电缆竣工走径图。

（2）图纸资料管理组织。

1）检修部负责对公司所属 10kV 配电网图纸的审核、监督、考核。

2）配电服务中心负责本单位所管辖配网图纸的维护、更新、出图和报审工作，对图纸的正确性和规范性负责。

3）客户服务中心负责辖区内用户变压器（含专板专线）用户内部配电线路图纸资料的收集、归档，对其正确性和规范性负责，并向配电服务中心及时提供新装、增容、减容、销户等专变信息资料，参加配网图纸会审工作。

4）各配电施工单位负责及时提供详细的"设备变更单"、"新设备投运单"。

（3）图纸的印制出版。

1）各配电运行单位主管运行的负责人是其辖区内图纸管理的第一责任人，负责组织、协调其辖区图纸资料的编制与核实，对图纸资料与现场的一致性负责。

2）电子图纸每月及时发布，半年出版一次纸质图纸（单线图、网络图）。如有特殊情况，按照要求进行出版。

3）图纸会签流程：配电运行单位绘制→配电运行单位主管运行负责人审核签字→客户服务中心负责人会审签字→检修部运行专责、主管配电负责人审核签字→公司总工程师或营销副总工程师签字批准。

2. 电力电缆连接设备资料管理

（1）开关站、开闭所、分支箱、环网柜施工资料。

1）设计图。

2）规划部门的批复文件。

3）设计变更的证明文件。

4）竣工图。

5）安装技术记录（包括隐蔽工程记录）。

（2）开关站、开闭所、分支箱、环网柜设备资料。

1）图纸（包括一次图、二次图、布置图）。

2）产品说明书。

3）出厂合格证、检验报告。

4）继电保护、远动及自动装置原理和展开图。

（3）开关站、开闭所、分支箱、环网柜的交接和预防性试验资料。

1）试验记录。

2）试验报告。

（4）开关站、开闭所、分支箱、环网柜运行资料。

1）台账。

2）巡视记录。

3）缺陷记录。

4）操作记录。

5）设备一次接线图。

6）设备二次接线图。

7）直流系统及继电保护定值记录。

8）设备命名通知单。

六、典型的电力电缆设备及其操作

负荷开关柜及负荷开关熔断器组合柜、断路器柜在配网中可以实现故障检测、故障隔离及恢复供电的功能。

1. 负荷开关柜及负荷开关熔断器组合柜、断路器柜的类型

（1）负荷开关柜及负荷开关熔断器组合柜、断路器柜的分类。针对变压器保护的需要，LXHG24 提供了两种选择，即负荷开关熔断器组合电器和安装有继电保护的断路器。

（2）型号。

LXHG24 系列表示意义如图 3-18 所示。

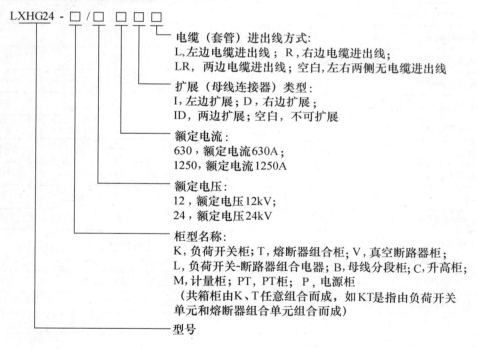

图 3-18　LXHG24 系列环网柜型号表示意义

例如：LXHG24-K-12/630DL 表示负荷开关柜，额定电压为 12kV，额定电流为 630A，右边扩展，左边电力电缆进出线方式。LXHG24-KT-12/630IR 表示共箱柜，由负荷开关单元和熔断器组合单元组合而成，额定电压为 12kV，额定电流为 630A，左边扩展，右边电力电缆进出线方式。

（3）12kV 技术参数，如表 3-7 所示。

表 3-7   12kV 技术参数

项目		单位	负荷开关柜 K	熔断器组合柜 T	负荷开关-断路器组合电器 L	真空断路器柜 V	母线分段柜 B
额定电压		kV	12	12	12	12	12
工频耐受电压	相间、相地及真空断口	kV	42	42	42	42	42
	隔离断口	kV	48	48	48	48	48
雷电冲击耐受电压	相间、相地及真空断口	kV	75	75	75	75	75
	隔离断口	kV	85	85	85	85	85
额定频率		Hz	50/60	50/60	50/60	50/60	50/60
额定电流		A	630	①	630	630，1250	630
额定短路开断电流		kA		②	20	20，25	
额定短时耐受电流 3s		kA	20		20	20，25	20
额定峰值耐受电流		kA	50		50	50，63	50
额定短路关合电流（峰值）		kA	50	②	50	50，63	50
额定转移电流		A		1800			
额定有功负荷开断电流		A	630				630
额定闭环开断电流		A	630				630
5%额定有功负荷开断电流		A	31.5				31.5
额定操作顺序						③	
整柜质量		kg	160	180	200	200	160
机械寿命		次	5000	5000	5000	10000	5000
电寿命		次	E2			E2	E2
气箱不锈钢厚度		mm	3.0				
SF₆ 额定压力		kPa	30（在 20℃、101.3kPa）				
年泄漏率			<0.02%				
浸水试验			12kV 24h（水下施加 30 kPa 的压力）				
内部燃弧试验			20kA 1s				
防护等级	气箱		IP 67				
	熔断器仓		IP 67				
	环网柜		IP 3X				

注 1. 熔断器组合柜额定电流受熔断器限制，且不大于 100A。

   2. 受限于高压熔断器。

   3. O-0.3s-CO-180s-CO（O 代表分闸，C 代表合闸，CO 代表合分操作，分闸后 0.3s 可以迅速分合一次，主要是为了考虑重合闸合到短路线路后能够迅速断开，180s 为断路器储能时间，表示断路器在前一段操作后，弹簧被释放，必须要重新储能后才能继续执行下一个分合操作）。

（4）典型的熔断器组合柜。

1）LXHG24-T 熔断器组合柜结构如图 3-19 所示。

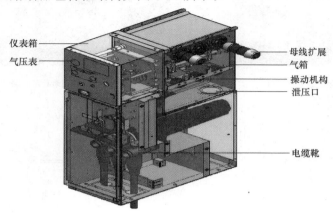

图 3-19　LXHG24-T 熔断器组合柜结构

2）标准配置如图 3-20 所示。

① 630A 的母线。

② 三工位负荷开关，熔断器首端与末端的接地开关为机械联动。

③ 三工位单弹簧操动机构，有独立的负荷开关和接地开关操作轴。

④ 负荷开关和接地开关位置指示。

⑤ 三相一体式熔断器仓（不含熔芯）。

⑥ 熔断器熔断指示牌。

⑦ 水平布置的 630A 带传感器功能的出线套管。

⑧ 带电显示器。

⑨ 对于所有的开关功能，面板上有方便的加装挂锁装置。

⑩ SF₆ 气体压力表（采用共箱型式时，每一共箱配一个气体压力表）。

⑪ 接地母排。

⑫ 接地开关与前下门的联锁及前下门与操作轴的联锁。

⑬ 负荷开关电动操动机构。

⑭ 跳闸线圈。

⑮ 短路及接地故障指示器。

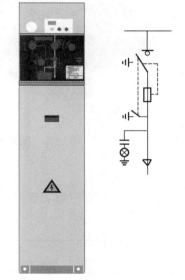

图 3-20　标准配置

（5）三工位负荷开关。负荷开关具有三个工作位置：合闸状态、分闸状态、接地状态，如图 3-21 所示。通过手柄可对开关进行各种操作，可避免接地时合闸。触头的动作速度与力度由操动机构弹簧来确定，不会因操作者的不同而发生改变。当开关由合闸打到分闸时，依靠触头的动作速度和灭弧件来熄灭电弧，并立刻切断电弧电流。对于母线分段柜型，开关只有两个工位，即合闸和分闸。

（6）操动机构。操动机构具有独立的负荷开关操作轴和接地开关操作轴，且两轴之间有

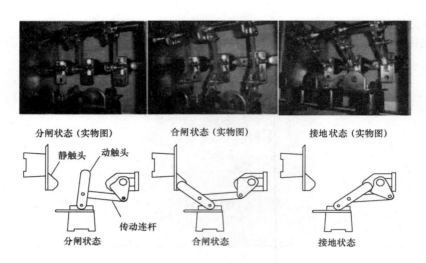

分闸状态（实物图）　　　合闸状态（实物图）　　　接地状态（实物图）

静触头　动触头

传动连杆

分闸状态　　　　　　　合闸状态　　　　　　　接地状态

图 3-21　负荷开关工作位置（实物图与机械图）

可靠的互锁机构，可防止负荷开关分闸时直接旋转至接地位置。机械寿命高达 5000 次。具

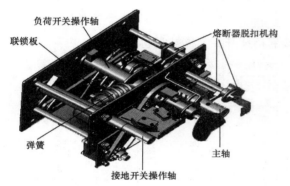

负荷开关操作轴

联锁板

熔断器脱扣机构

弹簧

主轴

接地开关操作轴

图 3-22　操动机构

有负荷开关分闸脱扣功能：在熔断器组合柜中，当任一相熔断器熔断后，其撞击器使负荷开关可靠分闸，此时既不能对负荷开关进行合闸操作，也不能使其保持在合闸位置。查明原因，更换熔断器，恢复操作功能。电动操动机构在原手动操动机构的基础上加装一套电动机及附件，电动操作时请勿把操作手柄插入操作孔中，否则将无法实现电动操作（有相关的联锁存在）。接地开关只能手动操作，无电动操作方式，操动机构如图 3-22 所示。

（7）熔断器室。安装熔断器、负荷开关脱扣器驱动装置、密封设施和连接端子。其中，熔断器保护与变压器容量配合选型可参考表 3-8。图 3-23 所示为熔断器结构尺寸图。

表 3-8　　　　　　　　　　　熔断器保护与变压器容量配合选型参考

系统额定电压（kV）	变压器的额定容量（kVA）												
	50	100	160	200	250	315	400	500	630	800	1000	1250	1600
6～7.2	16	25	32	40	50	63	100	100	100				
10～12	10	16	20	25	32	40	50	63	80	80	100	100	
13.8	6	10	16	20	25	32	32	50	50	50	63	80	
15～17.5	6	10	16	20	25	25	32	40	50	50	63	80	
20～24	6	10	10	16	16	20	25	32	40	40	40	50	80

注　熔断器适应环境温度为 $-25℃～40℃$，执行标准为 GB/T 15166.2，熔芯长度为 12kV $L=442mm$、24kV $L=442mm$。

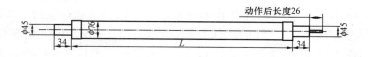

图 3-23 熔断器结构尺寸图

（8）继电保护系统装置（与断路器配合）。专门设计用于 LXHG24 断路器柜的继电保护装置，具有外接电源和无源两种使用情况。该装置具有过电流、速断和接地保护，同时与变压器上的热传感器配合，利用其外接输入信号，也可以提供变压器的过热保护和瓦斯保护等。

2. 负荷开关柜及负荷开关熔断器组合柜、断路器柜的操作

（1）负荷开关柜及负荷开关熔断器组合柜、断路器柜的操作说明。

1）负荷开关柜及负荷开关熔断器组合柜、断路器柜的操作面板说明，如图 3-24 所示。

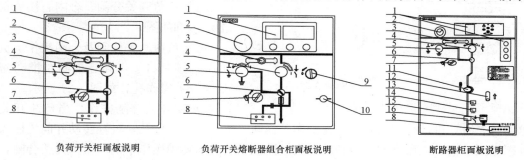

负荷开关柜面板说明　　　　负荷开关熔断器组合柜面板说明　　　　断路器柜面板说明

图 3-24 操作面板说明

1—二次控制室；2—气压表；3—操作孔挡板拨把；4—负荷（隔离）开关操作孔；
5—接地开关操作孔；6—开关状态指示牌；7—下门解锁旋钮；8—带电指示器；
9—负荷开关分闸旋钮；10—熔芯状态指示；11—储能操作孔；12—联锁操作把；
13—分闸按钮；14—合闸按钮；15—储能状态指示；16—断路器状态指示

2）操作孔挡板使用方法，如图 3-25 所示。在每种带负荷开关（或隔离开关）的柜型中，其操作面板上均有一套带锁的操作孔挡板联锁装置，可起锁住负荷开关操作孔及接地开

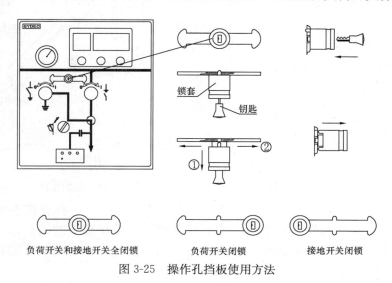

负荷开关和接地开关全闭锁　　　　负荷开关闭锁　　　　接地开关闭锁

图 3-25 操作孔挡板使用方法

关操作孔的作用，禁止非经授权的操作开关设备，同时也可禁止在负荷开关操作孔及接地开关操作孔同时插入操作手柄。开锁的操作方法：将钥匙插入锁孔内（钥匙齿朝上）（注意：插入钥匙后不可旋转钥匙，否则会扭坏锁），用手套往外拔出约 3～4mm，此时就可以抓住锁套将向左（或向右）移动。如果需要操作负荷开关合闸或分闸，则可以抓住锁套将其向左移动到头，露出负荷开关操作孔，闭锁接地开关操作孔。同样如果需要操作接地开关合闸或分闸，则可以抓住锁套将其向右移动到头，露出接地开关操作孔，闭锁负荷开关操作孔。如果需要锁上操作孔挡板，将挡板移至中间位置，此时面板上的操作孔挡板移动到槽中间缺口处露且出挡板的两个小圆孔，将锁套往里推，拔出钥匙即可。

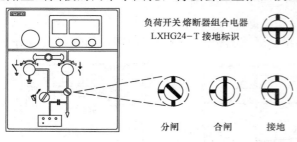

图 3-26 负荷开关分闸、合闸接地状态指示

（2）负荷开关柜操作（LXHG24-K 型）。

1）负荷开关分闸、合闸、接地状态指示示例如图 3-26 所示。

2）负荷开关分闸及合闸操作。负荷开关开锁时将操作孔挡板向左推动露出负荷开关操作孔，如图 3-27 所示。

负荷开关合闸操作：当负荷开关处于分闸状态时，可进行合闸操作。将操作手柄插入负荷开关操作孔，轻轻转动并向里插入手柄，感觉到手柄卡入操作轴上的销后，用力往顺时针方向转动操作手柄，负荷开关合闸，拔出操作手柄，如图 3-28 所示。开关状态指示牌处于合闸位置。

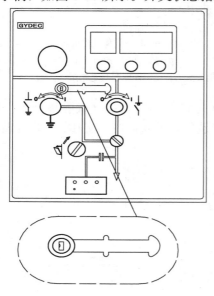

图 3-27 负荷开关开锁

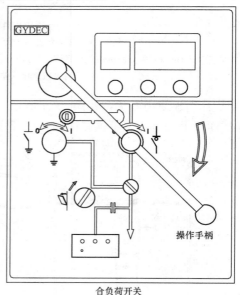

图 3-28 合闸操作

分闸操作：当负荷开关处于合闸状态时，可进行分闸操作。将操作手柄插入负荷开关操作孔，轻轻转动并向里插入手柄，感觉到手柄卡入操作轴上的销后，用力往逆时针方向转动操作手柄，负荷开关分闸，拔出操作手柄，如图 3-29 所示。开关状态指示牌处于分闸位置。

3）接地开关合闸及分闸操作。接地开关开锁时将操作孔挡板向右推动露出接地开关操作孔，如图 3-30 所示。

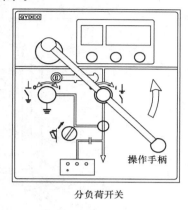

图 3-29　分闸操作　　　　图 3-30　接地开关开锁

接地开关合闸操作：当负荷开关处于分闸状态时，可进行接地合闸操作。将操作手柄插入接地开关操作孔，轻轻转动并向里插入手柄，感觉到手柄卡入操作轴上的销后，用力往顺时针方向转动操作手柄，接地开关合闸，拔出操作手柄，如图 3-31 所示。开关状态指示牌处于接地位置。

接地开关分闸操作：当接地开关处于合闸状态时，可进行分闸操作。将操作手柄插入接地开关操作孔，轻轻转动并向里插入手柄，感觉到手柄卡入操作轴上的销后，用力往逆时针方向转动操作手柄，接地开关分闸，拔出操作手柄，如图 3-32 所示。开关状态指示牌处于分闸位置。

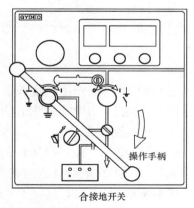
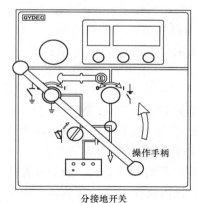

图 3-31　接地开关合闸操作　　　　　　　图 3-32　接地开关分闸操作

4）下柜门的操作。

① 打开下柜门：由于联锁要求，只有在三工位负荷开关处于接地状态下才可以打开下柜门。

首先确认三工位负荷开关处于接地状态，左手逆时针方向旋转面板上的下门解锁旋钮，如图 3-33 所示。右手抓住下门板的把手孔，用力上提后再向外拉即可打开柜门。如图 3-34 所示。打开下柜门后联锁禁止分接地开关。

② 关下柜门：将下柜门的底边插入柜内，向内推柜门卡入后再向下推即可。

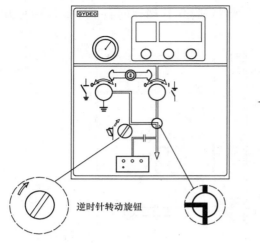

图 3-33　打开下柜门解锁　　　　　　　图 3-34　打开下柜门

5）送电操作步骤如下所述。

① 检修后，关下柜门，如果下柜门未打开，可以省略本步操作。

② 开锁并将操作孔挡板向右推动露出接地开关操作孔，将操作手柄插入接地开关操作孔，轻轻转动并向里插手柄，感觉到手柄卡入操作轴上的销后，用力往逆时针方向转动操作手柄，分接地开关，拔出操作手柄，开关状态指示牌处于分闸位置。如果负荷开关已处于分闸状态，可以省略本步操作。

③ 将操作孔挡板向左推动露出负荷开关操作孔，将操作手柄插入负荷开关操作孔，轻轻转动并向里插手柄，感觉到手柄卡入操作轴上的销后，用力往顺时针方向转动操作手柄，合负荷开关，拔出操作手柄，开关状态指示牌处于合闸位置。

④ 将操作孔挡板移至中间位置，此时面板上的挡板移动槽中间缺口处应露出挡板的两个小圆孔，将锁套往里推，拔出钥匙，锁住操作孔挡板即可。

6）停电检修操作步骤（负荷开关处于合闸状态时）。

① 开锁并将操作孔挡板向左推动露出负荷开关操作孔，将操作手柄插入负荷开关操作孔，轻轻转动并向里插手柄，感觉到手柄卡入操作轴上的销后，用力往逆时针方向转动操作手柄，分负荷开关，拔出操作手柄，开关状态指示牌处于分闸位置。

② 将操作孔挡板向右推动露出接地开关操作孔，将操作手柄插入接地开关操作孔，轻轻转动并向里插手柄，感觉到手柄卡入操作轴上的销后，用力往顺时针方向转动操作手柄，合接地开关，拔出操作手柄，开关状态指示牌处于接地位置。

③ 将操作孔挡板移至中间位置，此时面板上的挡板移动槽中间缺口处且露出挡板的两个小圆孔，将锁套往里推，拔出钥匙，锁住操作孔挡板即可。

④ 如需打开下柜门，左手逆时针旋转面板上的下门解锁旋钮，右手抓住下门板的把孔，用力上提后再向外拉即可打开柜门。

7）负荷开关柜电动操作（LXHG24-K 型加电动机构）。由于电动操作仅提供负荷开关的合闸和分闸操作，接地开关的合闸分和闸操作需手动操作。

① 将钥匙插入二次控制室面板上最左边的带锁旋钮并转至合闸位置，接通控制电源。

② 如果负荷开关处于分闸状态，按下合闸按钮（绿色），负荷开关通过电动机储能并

合闸。

③ 如果负荷开关处于合闸状态，按下分闸按钮（红色），负荷开关通过电动机储能并分闸。

④ 操作后将带锁旋钮转至分闸位置，并取走钥匙。

（3）负荷开关熔断器组合柜的操作（LXHG24-T 型）。

1）负荷开关熔断器组合柜的分闸、合闸、接地状态指示与 LXHG24-K 型相似，请参考 LXHG24-K 的说明。

2）负荷开关熔断器组合柜的分闸及合闸操作。开锁时将操作孔挡板向左推动露出负荷开关操作孔，与 LXHG24-K 型一致，请参考 LXHG24-K 的说明。

负荷开关熔断器组合柜的合闸操作：当负荷开关处于分闸状态时，可进行合闸操作。将操作手柄插入负荷开关操作孔，轻轻转动并向里插入手柄，感觉到手柄卡入操作轴上的销后，用力往顺时针方向转动操作手柄，负荷开关合闸，负荷开关合闸后再用力逆时针转动操作手柄，操动机构反向储能并保持，拔出操作手柄（负荷开关合闸后如未反向储能，操作手柄不能拔出）如图 3-35 所示。开关状态指示牌处于合闸位置。

负荷开关熔断器组合柜的分闸操作：当负荷开关处于合闸已储能状态时，可进行分闸操作。逆时针转动负荷开关分闸旋钮，负荷开关跳闸。如图 3-36 所示。开关状态指示牌处于分闸位置。

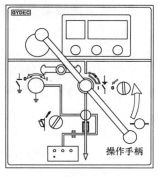 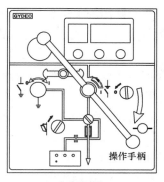 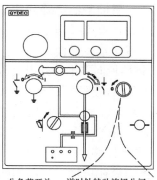

图 3-35　负荷开关合闸操作　　　　图 3-36　负荷开关分闸操作

3）负荷开关熔断器组合柜的接地开关合闸及分闸操作。LXHG24-T 型接地开关合闸和分闸操作与 LXHG24-K 型一致，请参考 LXHG24-K 的说明。

4）负荷开关熔断器组合柜的柜门的操作。LXHG24-T 型下柜门操作与 LXHG24-K 型一致，请参考 LXHG24-K 的说明。LXHG24-T 柜型（24kV）还有中柜门，要求按打开下柜门的方法先打开中柜门，再打开下柜门。关柜门时要求先关下柜门，再关中柜门。

5）负荷开关熔断器组合柜的熔断器组合柜熔芯安装及更换。当任一相熔断器熔断后，三相熔断器需要全部更换，更换时必须保证熔断器组合柜处于停电检修状态，安装及更换步骤如图 3-37 所示。

6）负荷开关熔断器组合柜的送电操作步骤。

① 如果已拔出熔断器，请先将熔仓上的顶片复位，并将熔断器装进熔仓。

② 关下柜门，并关中柜门。如果柜门未打开，可以省略本步操作。

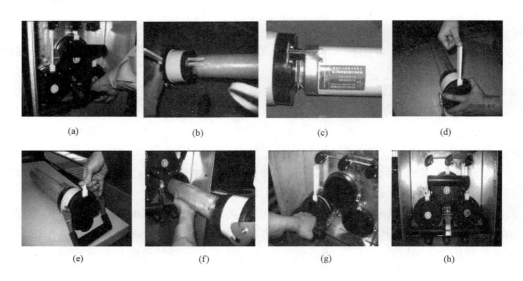

图 3-37　熔断器组合柜熔芯安装及更换
(a) 仓盖脱扣拉出；(b) 更换熔芯；(c) 注意撞针方向，熔芯撞针朝向仓盖；
(d) A、C 相顶杆复位；(e) B 相顶杆复位；(f) 推入熔仓；(g) 推入熔芯；(h) 扣接仓盖

③ 开锁并将挡板向右推动露出接地开关操作孔，将操作手柄插入接地开关操作孔，轻轻转动并向里插手柄，感觉到手柄卡入操作轴上的销后，用力往逆时针方向转动操作手柄，分接地开关，拔出操作手柄，开关状态指示牌处于分闸位置。如果负荷开关已处于分闸状态，可以省略本步操作。

④ 将挡板向左推动露出负荷开关操作孔，将操作手柄插入负荷开关操作孔，轻轻转动并向里插入手柄，感觉到手柄卡入操作轴上的销后，用力往顺时针转动操作手柄，负荷开关合闸，负荷开关合闸后再用力逆时针方向转动操作手柄，操动机构反向储能并保持，拔出操作手柄（负荷开关合闸后如未反向储能，操作手柄不能拔出）。开关状态指示牌处于合闸位置。

⑤ 将挡板移至中间位置，此时面板上的挡板移动到槽中间缺口处且露出挡板的两个小圆孔，将锁套往里推，拔出钥匙，锁住操作孔挡板即可。

7) 负荷开关熔断器组合柜的停电检修操作步骤（负荷开关处于合闸状态时）。

① 逆时针转动负荷开关分闸旋钮，负荷开关跳闸，开关状态指示牌处于分闸位置。

② 开锁并将挡板向右推动露出接地开关操作孔，将操作手柄插入接地开关操作孔，轻轻转动并向里插手柄，感觉到手柄卡入操作轴上的销后，用力往顺时针方向转动操作手柄，合接地开关，拔出操作手柄，开关状态指示牌处于接地位置。

③ 将挡板移至中间位置，此时面板上的挡板移动到槽中间缺口处且露出挡板的两个小圆孔，将锁套往里推，拔出钥匙，锁住操作孔挡板即可。

④ 如需打开柜门，左手逆时针旋转面板上的下门解锁旋钮，右手抓住中柜门的把手孔，用力上提后再向外拉即可打开中柜门，要求先打开中柜门后才可打开下柜门。

8) 负荷开关熔断器组合柜的电动操作（LXHG24-T 型加电动机构）。由于电动操作仅提供负荷开关合闸和分闸操作，接地开关的合闸/分闸操作需手动操作。

① 将钥匙插入二次控制室面板上最左边的带锁旋钮并转至合闸位置，接通控制电源。

② 如果负荷开关处于分闸状态，按下合闸按钮（绿色），负荷开关通过电动机储能并合

闸，随后自动反向储能。

③ 如果负荷开关处于合闸状态，按下分闸按钮（红色），分闸线圈通电动作并分闸。

④ 操作后将带锁旋钮转至分闸位置，并取走钥匙。

（4）断路器柜操作程序（LXHG24-V 型）。

1）隔离开关的操作。断路器柜隔离开关的操作与 LXHG24-K 负荷开关一致，唯一与其不同的是断路器柜联锁要求在断路器处于分闸状态下才能进行隔离开关的操作。因此，在操作隔离开关时，先将断路器分闸，开锁并将操作孔挡板向左（或右）推动露出操作孔，再向上提联锁操作把，方可插入操作手柄操作隔离开关，如图 3-38 所示。

其余隔离开关的合闸和分闸，接地开关的合闸和分闸与 LXHG24-K 负荷开关一致，请参考 LXHG24-K 负荷开关的操作说明。

2）断路器的储能、合闸及分闸手动操作。

① 储能操作：将储能操作手柄插入储能操作孔中，顺时针转动储能操作手柄，发出"卡"的一声后储能到位（注意：储能到位不能继续转动手柄），储能指示牌的箭头朝上，如图 3-39 所示。

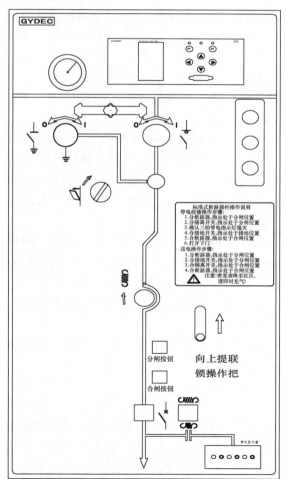

图 3-38　隔离开关

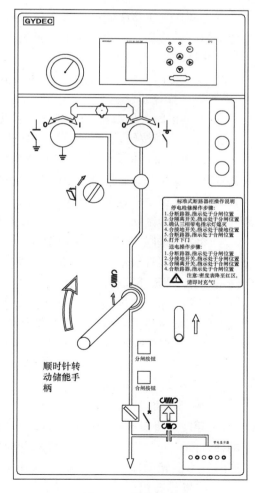

图 3-39　储能操作

② 合闸操作：储能后且断路器处于分闸状态时可按下合闸按钮，断路器合闸。

③ 分闸操作：断路器处于分闸状态时可按下分闸按钮，断路器分闸。

3）断路器的储能、合闸及分闸电动操作。由于电动操作仅提供断路器的储能、合闸和分闸操作，隔离开关的合闸、分闸及接地操作需手动操作。

① 将钥匙插入二次控制室面板上最上边的带锁旋钮并转至合闸位置，接通控制电源，如果机构处于未储能状态，电动机转动给机构储能。

② 如果断路器处于分闸状态，且已储能，按下合闸按钮（绿色），合闸线圈动作，断路器合闸，并再次储能。

③ 如果断路器处于合闸状态，按下分闸按钮（红色），分闸线圈通电动作，断路器分闸。

④ 操作后将带锁旋钮转至分闸位置，并取走钥匙。

4）下柜门的操作。

① 打开下柜门：由于联锁要求，只有在三工位隔离开关处于接地状态及断路器处于合闸状态才可以打开下柜门。

首先确认三工位隔离开关处于接地状态，且断路器处于合闸状态，左手逆时针旋转面板上的下门解锁旋钮，右手抓住下门板的把手孔，用力上提后再向外拉即可打开柜门。打开下柜门后联锁禁止分接地开关。

② 关下柜门：将下柜门的底边插入柜内，向内推柜门卡入后再向下推即可。

5）送电操作步骤。

① 关下柜门（如果柜门未打开，可以省略本步操作）。

② 按下分闸按钮，分断路器（如果处于分闸状态，可以省略本步操作）。

③ 开锁并将挡板向右推动露出接地开关操作孔，并向上提联锁操作把，将操作手柄插入接地开关操作孔，轻轻转动并向里插手柄，感觉到手柄卡入操作轴上的销后，用力往逆时针方向转动操作手柄，分接地开关，拔出操作手柄，开关状态指示牌处于分闸位置。如果隔离开关已处于分闸状态，可以省略本步操作。

④ 将挡板向左推动露出隔离开关操作孔，并向上提联锁操作把，将操作手柄插入隔离开关操作孔，轻轻转动并向里插入手柄，感觉到手柄卡入操作轴上的销后，用力往顺时针方向转动操作手柄，隔离开关合闸，拔出操作手柄，开关状态指示牌处于合闸位置。

⑤ 将挡板移至中间位置，此时面板上的挡板移动到槽中间缺口处且露出挡板的两个小圆孔，将锁套往里推，拔出钥匙，锁住操作孔挡板即可。

⑥ 将储能手柄插入储能孔中顺时针转动进行储能操作，储能后按下合闸按钮，断路器合闸。

6）停电检修操作步骤（断路器及隔离开关均处于合闸状态时）。

① 按下分闸按钮，断路器分闸。

② 开锁并将操作孔挡板向左推动露出隔离开关操作孔，并向上提联锁操作把，将操作手柄插入隔离开关操作孔，轻轻转动并向里插手柄，感觉到手柄卡入操作轴上的销后，用力往逆时针方向转动操作手柄，分隔离开关，拔出操作手柄，开关状态指示牌处于分闸位置。

③ 将操作孔挡板向右推动露出接地开关操作孔，并向上提联锁操作把，将操作手柄插入接地开关操作孔，轻轻转动并向里插手柄，感觉到手柄卡入操作轴上的销后，用力往顺时

针方向转动操作手柄，合接地开关，拔出操作手柄，开关状态指示牌处于接地位置。

④ 将操作孔挡板移至中间位置，此时面板上的挡板移动到槽中间缺口处且露出挡板的两个小圆孔，将锁套往里推，拔出钥匙，锁住操作孔挡板即可。

⑤ 将储能手柄插入储能孔中顺时针转动进行储能操作，储能后按下合闸按钮，断路器合闸。

⑥ 如需打开下柜门，左手逆时针旋转面板上的下门解锁旋钮，右手抓住下门板的把手孔，用力上提后再向外拉即可打开柜门。

3. 常见故障及其排除方法

故障现象及检查处理，如表 3-9 所示。

表 3-9　　　　　　　　　　　　　　故障现象及检查处理

故 障 现 象	检 查 处 理
各种类型的环网柜	
负荷开关合不上	检查开关是否在分闸状态； 将操作孔挡板往左移动露出负荷开关操作孔，逆时针方向转动操作把手
负荷开关不能分闸	检查开关是否在合闸状态； 将操作孔挡板往左移动露出负荷开关操作孔，顺时针方向转动操作把手
接地开关合不上	检查开关是否在分闸状态； 将操作孔挡板往右移动露出接地开关操作孔，顺时针方向转动操作把手
接地开关不能分闸	检查开关是否在接地状态； 将操作孔挡板往右移动露出接地开关操作孔，逆时针方向转动操作把手
电力电缆室门不能打开或关上	检查开关是否在接地状态；
电动操作的负荷开关柜	
负荷开关不能分合	检查开关是否在接地状态； 检查闭锁选择器是否处在位置 1； 检查辅助电源是否接通
负荷开关—熔断器组合柜	
负荷开关合不上	若开关在分闸状态说明熔丝已烧断，或电动操动机构在合闸操作之前转动轴槽口已向下； 检查看熔丝是否烧断
未经操作熔丝已断	检查熔丝安装是否正确，其断开指示栓应在朝上位置
断路器柜	
隔离开关不能分合闸	检查断路器是否处于分闸状态； 检查下柜门是否已关上，是否已提起联锁操作把
断路器不能合闸	检查断路器是否处于分闸状态； 检查是否已储能，检查隔离开关是否处于合闸（或接地）状态
下柜门不能打开	检查断路器是否处于合闸状态； 检查隔离开关均处于接地状态
仪用互感器	
互感器二次绕组不能测量	检查所有二次绕组的短接端子是否已断开； 检查二次回路接线

第二节 维 护 技 术

本节主要内容包括电缆线路的维护工作、电缆线路机械损伤的防止、电缆的防火、电力电缆线路及连接开关设备检测与维护、缺陷及隐患管理、配网美式避雷器带电插拔技术开展与应用、10kV 电力电缆中间接头单相接地故障抢修中绕包技术应用等七方面工作，现分述如下。

一、电力电缆线路的维护工作

1. 户内电力电缆终端头的维护

（1）清扫终端头，检查有无电晕放电痕迹及漏油现象。对漏油的终端头应找出原因，采取相应的措施消除漏油现象。

（2）检查终端头引出线接触是否良好。

（3）核对线路铭牌及相位颜色。

（4）对电力电缆支架及铠装涂刷油漆防腐。

（5）检查接地情况是否符合要求。

2. 户外电力电缆终端头的维护

（1）清扫终端头及瓷套管，检查电力电缆头及瓷套管有无裂纹，瓷套管表面有无放电痕迹。

（2）检查终端头引出线接触是否良好，特别是铜铝接头有无腐蚀现象。

（3）核对线路铭牌及相位颜色。

（4）修理保护管及油漆锈烂铠装，更换锈烂支架。

（5）检查铅包龟裂和铝包腐蚀情况。

（6）检查接地情况是否符合要求。

（7）检查终端头有无漏胶、漏油现象，盒内绝缘胶有无水分，绝缘胶不满应用同样绝缘胶予以补充。

3. 隧道、电力电缆沟、人井、排管的维护

（1）检查门锁是否开闭正常，门缝是否严密，各进出口、通风口防小动物进入的设施是否齐全，出入通道是否通畅。

（2）检查隧道、人井内有无渗水、积水，有积水要排除并将渗漏处修复。

（3）检查隧道、人井内电力电缆及接头情况，应特别注意电力电缆和接头有无漏油，接地是否良好。必要时应测量接地电阻和检查电力电缆的相位，防止电腐蚀。

（4）检查隧道、人井内电力电缆支架上有无割伤或蛇行擦伤，支架是否有脱落现象。

（5）清扫电力电缆沟和隧道，抽除井内积水，清除污泥。

（6）检查人井井盖和井内通风、隧道照明情况，井体有否沉降及有无裂缝。

（7）检查隧道内防水设备、通风设备是否完善正常，并记录室温。

（8）疏通备用排管，核对线路铭牌。

4. 桥上电力电缆及专用电力电缆桥的维护

（1）检查桥两端地面是否有沉降情况。

（2）检查桥两端电力电缆是否受拉力过大。

（3）桥两端电力电缆是否龟裂、漏油及腐蚀。

（4）通航部分是否曾受船舶冲撞或有无被篙杆撞伤情况。

（5）油漆支架及外露的铁管，铁槽。

（6）检查电力电缆铠装护层。

二、电力电缆线路机械损伤的防止

电力电缆线路的事故很大一部分是由于外力的机械损伤造成的。为了防止电力电缆的外力损伤，应做好以下几方面的工作。

1. 建立制度，加强宣传

电力电缆运行部门可报请当地政府批准颁发"保护地下电力电缆的规定"重点通知城市建设部门和各公用事业单位遵照执行。电力电缆运行部门应与这些单位建立经常的联系，及时了解各地区的挖土情况，并经常督促有关单位切实执行相关的电力线路防护规程或当地政府所颁布的有关保护地下管线的规定。电力电缆守护人员，应将各种挖土记录详细记入守护记录簿内，并签名。

2. 加强线路的巡查工作

电力电缆运行部门必须十分重视电力电缆线路的巡查工作。电力电缆线路的巡查应有专人负责，根据《电力电缆线路运行规程》（Q/GDW 512—2010）的规定，结合本单位的具体情况，制定电力电缆巡查周期和检查项目，较大的电力电缆网络可分区分块，配备充足的人员进行巡查与守护。穿越河道、铁路的电力电缆线路以及装置在杆塔上、桥梁上的电力电缆都较易受到外力的损伤，应特别注意。一些单位在电力电缆线路上面堆放重物，既容易压伤电力电缆，又妨碍紧急抢修，巡查人员应会同有关部门加以劝阻。

3. 加强电力电缆的防护和施工监护工作

在电力电缆线路附近进行机械挖掘土方工程时，必须采取有效的保护措施，或者先用人力将电力电缆挖出并加以保护后，再根据操作机械及人员的条件，在保证安全距离的条件下办理书面交底手续后进行施工，并加强监护。施工过程中，专业监护人员不得离开现场。对于被挖掘而全部露出的电力电缆，应加护罩并悬吊，同时在其附近设立警告标识，以提醒施工人员注意及防止外人误伤。悬吊间的距离应不大于1.5m，单芯电力电缆不允许用铁丝绑扎悬吊；多芯电力电缆用铁丝悬吊时，必须用托板衬护。松土地段的电力电缆线路临时通行重车时，除必须采取保护电力电缆措施外，应将该地段详细记入守护记录簿内。加大力度对现有地埋电力电缆走径标识的探测和安装。

三、电力电缆的防火

电力电缆火灾事故的频繁发生，不但直接烧毁和损坏了大量的电力电缆及设备，而且停电修复的时间很长，严重影响了工农业生产和人民生活用电。由于防火措施不完善，着火后蔓延很快，火势凶猛，难以扑灭，往往造成巨大损失。因此要采取措施，降低火灾发生率，减小火灾损失。

1. 电力电缆火灾事故原因

关于电力电缆火灾发生的原因，一般可归纳为以下两个方面：

（1）属于电力电缆本身的情况，如在过负荷及短路电流长时间的作用下，电力电缆绝缘老化着火、电力电缆接头接触不良局部发热导致着火等。

（2）属于外部因素的情况，如含油设备的漏油着火波及电力电缆，工程作业中的意外失火、电力电缆沟散热不良等。

2. 电力电缆防火的主要措施

实现电力电缆难燃的基本途径包括以下几个方面：

（1）使电力电缆构成材料中的可燃物质尽量减少。

（2）创造隔绝氧气、减少传导、遮断热辐射的条件。

（3）使电力电缆燃烧时形成厚的强固碳化层，以隔断可燃质与氧气的接触。

（4）增加燃烧过程中的冷制作用。

根据以上几种基本途径，目前电力电缆防火所采用的措施如下：

（1）耐火电力电缆和阻燃电力电缆。耐火电力电缆就是在燃烧条件下仍能在规定时间内保持通电的电力电缆。根据 GB L 2666.6 规定，耐火试验温度分为两类：A 类为 950～1000℃，考核时间为 90min，B 类为 750～800℃ 考核时间为 90min，即电缆在外部火源 750～800℃（或 950～1000℃）直接燃烧下，90min 内仍能通电，以满足万一发生火灾时通道的照明、应急广播、防火报警装置、自动消防设施及其他应急设备的正常使用，使人员及时疏散。在火灾发生期间，它还具备发烟量小、烟气毒性低等特点。该型电力电缆价格较贵，一般应用在高层建筑、电力、石油、化工、船舶等对防火安全条件要求较高的场合，是应急电源、消防泵、电梯、通信信号系统的必备电力电缆。耐火电力电缆的电压等级仅在 10 kV 及以下。

阻燃电力电缆主要特点就是阻燃产品比非阻燃产品能提供 15 倍以上的逃生时间；阻燃材料烧掉的材料仅为非阻燃材料的 1/2；阻燃材料的热释放率仅为非阻燃材料的 1/4；燃烧产品总的毒气气体量，如以一氧化碳的相当量表示，阻燃产品仅为非阻燃产品的 1/3，所以这类电力电缆适用于有高阻燃要求、防燃、防爆的场合。现在研制出了阻燃氯磺化聚乙烯橡皮护套电力电缆（电压等级为 6kV）、阻燃交联聚乙烯电力电缆、船用阻燃电力电缆，以及无卤低烟型系列电力电缆，这些电力电缆已被许多工程采用。阻燃电缆按 GB L 2666.5—90 标准分为 A、B、C 三类，在工程设计中宜选择 A 类阻燃电缆。

（2）防火涂料。许多厂家研制出了多种防火涂料，经国家鉴定合格的产品在实践中使用且证明效果良好。其中丙烯酸涂料适用于不良环境，改性氨基涂料适用于潮湿环境，这两种涂料在电力电缆上的用量如表 3-10 所示。

表 3-10　　　　丙烯酸涂料和改性氨基涂料在电力电缆上的用量

电力电缆型式	防火涂料	涂料厚度	相应涂刷次数
塑料绝缘及护套	丙烯酸涂料	2～2.5	4
	改性氨基涂料	0.6	3

另外，膨胀型过氯乙烯防火涂料于 1988 年通过由公安部组织的鉴定。该涂料的特点是遇火膨胀生成均匀致密的蜂窝状隔热层，有良好的隔热、耐水、耐油性。该涂料刷喷均可，但施工过程中必须隔绝火源，每隔 8h 涂刷一次，达到 400～500g/m² 即可，但这种刷涂型防火涂料，在电力电缆密度大、长度长、空间小等场合使用不方便。

（3）防火包带。国内生产的电力电缆防火包带，试验证明具有不低于日本同类产品的阻燃特性。以 1 mm 厚防火包带，采取往复各一次的绕包方式缠绕在电力电缆上，水平布置达到 7 层，经模型试验，显示出了有效的阻燃性能。这种材料用于局部防火要求高的地方，能达到较好的防火效果。

（4）防火堵料。防火堵料是一种理想的电力电缆贯穿孔洞和防火墙的封堵材料，它能有效地阻止电力电缆火灾蔓延。一般封堵厚度7～10 cm即可达到耐火阻燃要求。此材料在电力电缆进墙孔、端子箱孔等孔洞处大量使用，既方便、又效果好。

（5）阻火隔墙。用阻火隔墙将电力电缆隧道、沟道分成若干个阻火段，达到尽可能缩小事故范围、减少损失的目的。阻火隔墙一般采用软性材料构筑，如采用轻型块类岩棉块、泡沫石棉块、硅酸盐纤维毡或絮状类矿渣棉、硅酸纤维等，既便于在已敷好的电力电缆通道上堆砌封墙，又可在运行中轻易地更换电力电缆。经试验表明，240 mm左右厚度的阻火隔墙显示出了屏障般的有效阻火能力。

（6）耐火隔板。

1）Eg85—A、B、C型耐火隔板，用于封堵电力电缆贯穿孔洞，作为多层电力电缆层间分隔板和各层防火罩，具有优良的特性。

2）Eg85—A型耐火隔板与耐火材料构成的竖井封堵层，不仅满足耐火性，而且满足承载巡视人员的荷重，便于增添、更换电力电缆，该型耐火隔板用于承受较大外力的大孔洞封堵。

3）Eg85—C型耐火隔板主要用作电力电缆防火罩，也可用作多层电力电缆层间隔板，它具有质轻、形薄、强度高、切割打孔方便、耐腐蚀等特点。

4）Eg85—B型耐火隔板适用于形状各异的小孔洞封堵和多层电力电缆层间分隔，但在实际应用中，发现有强度不高、不能任意切割的缺点。

（7）封闭式难燃轻型槽盒。将部分紧靠高温管道的电力电缆及容易使电力电缆着火的部分置于封闭式难燃轻型槽盒内，以形成阻火段。封闭式难燃轻型槽盒具有较好地阻止电力电缆着火延燃的性能，在盒内添置冷却水管，联通外部引接的冷却系统装置，实现对盒内电力电缆的间接冷却，从而可提高电力电缆允许载流能力1.2～2倍。利用高新技术研制成的高效阻燃玻璃，可以在高温900℃情况下阻燃，在此基础上制成的新电力电缆槽合，价格便宜、强度高、阻燃性能好。

（8）阻燃桥架。电力电缆阻燃桥架具有优良的耐火、隔热、阻燃自熄、耐腐蚀等特点，并能与各类金属直型桥架配套。

（9）"1211"灭火弹。在电力电缆隧道内电力电缆交叉口及电力电缆密集段、电力电缆夹层以及有中间接头的部位悬挂"1211"灭火弹。

（10）埋砂敷设。埋砂敷设具有最佳的防火效果，但不适用于数量众多的中低压电力电缆敷设，这种方式主要应用在高压充油电力电缆线路上，由于此种防火方式比空气中明敷时电力电缆载流量要减少，且不便于运行维护，故一般较少采用。但在电力电缆着火时，采用埋砂灭火法，效果非常好。

（11）水喷雾灭火。在电力电缆廊道、电力电缆密集的地区采用一般的防火材料比较困难，宜采用水喷雾灭火方式。为使水喷雾灭火及时有效地发挥作用，需配置高灵敏度的监测及控制系统，另外还有一套水系统。由于成本较高，较少采用。但在大型建筑物内及电力电缆隧道中采用此法效果显著。

（12）合理布局。有些场合电力电缆着火后，很快便自己熄灭。经分析发现，这种情况与电力电缆布局合理有密切关系。在条件允许情况下，电力电缆不应布置过密，且一次、二次电力电缆应分别敷设在不同的电力电缆沟内，沟内通风、散热情况要良好，并远离高温物体。

四、电力电缆设备检查及其预防性试验

本部分讲述了电力电缆连接设备检查的项目及预防性试验要求，用以判断在运设备是否存在缺陷，从而预防设备发生故障或损坏，保障电缆设备安全运行。

（一）电力电缆设备检查

分支箱、环网柜、开闭所的检查，根据需要进行安排。

1. 通用项目检查

（1）所有二次部分箱体应无积水、凝露，如果有驱潮装置应运行正常。

（2）检查开关手动、电动分合闸操作是否正常。

（3）紧固件有无松动、脱落。

（4）检查电气连接部分（引线、二次接线、插接件等）应连接牢固，接触良好，无松动现象。

（5）检查各部件有无爬电、裂纹、破损、变形等现象。

（6）检查开关与柜门、其他开关的连锁闭锁机构是否正常。

（7）检查进线开关接地工位是否闭锁。

（8）电力电缆固定是否牢固。

（9）屏蔽型电力电缆附件的接地线是否接地良好。

2. 断路器保护装置的检查

检查断路器保护装置，可能时读取定值，检查是否与设定值相符，事件记录是否正常。

3. 负荷开关的检查

检查负荷开关及负荷开关组合电器、脱扣机构联动部件是否正常。

4. 熔断器的检查

（1）瓷件有无裂纹、闪络、破损及脏污。

（2）熔体是否已熔断及熔管是否破损、弯曲、变形。

（3）触头间接触是否良好，有无烧损、熔化现象。

（4）各部件的组装是否良好，有无松动。

5. 隔离开关的检查

对于与负荷开关一体的隔离开关，应按照负荷开关的项目进行检查。

对于独立的隔离开关，应检查：

（1）触头间接触是否良好，有无松动、锈蚀、烧损、熔化现象。

（2）母线连接处有无松动脱落现象。

（3）传动机构、联动闭锁功能是否正常。

6. 互感器的检查

（1）检查高低压熔断器是否完好。

（2）检查互感器及二次线各连接端子是否牢固可靠。

7. 避雷器的检查

（1）避雷器连接是否紧密。

（2）有无发热、变形现象。

（3）接地线是否完好。

8. 设备连接点的检查

（1）检查设备连接点的接触是否良好，外观是否有变形、变色现象。

（2）检查电力电缆头有无电晕放电痕迹、损坏、倾斜，连接有无松动等。

强烈建议删去拧开后盖紧固的检查，因为这样极可能带来更坏的结果。

9. 二次设备检查

主要检查控制装置、保护装置、通信设备等。

（1）检查电源是否正常，有无报警。

（2）二次接线是否牢固。

（3）工作灯、状态灯是否正常。

（4）功能设定是否正确。

（5）二次熔断器或保护微型断路器是否正常。

（二）电力电缆设备的预防性试验

（1）电缆分支箱、环网柜、开闭所进行试验预防性试验时，被试品温度一般不低于5℃，户外试验应在良好的天气进行，且空气相对湿度一般不高于80％。对不满足上述温度、湿度试验条件情况下，测得的试验数据应进行综合分析，以判断电气设备是否可以运行。

（2）分支箱、环网柜、开闭所的预防性试验周期。

分支箱、环网柜、开闭所预防性试验项目、周期及要求，如表 3-11 所示。

表 3-11　　　　　　　　　　　　开关型分支箱预防性试验项目、周期及要求

序号	项　目	周　期	要　求	说　明
1	辅助回路和控制回路绝缘电阻	（1）大修后。 （2）必要时	绝缘电阻不低于 2MΩ	采用 500V 绝缘电阻表
2	辅助回路和控制回路交流耐压试验	（1）大修后。 （2）必要时	试验电压为 2kV	耐压试验后的绝缘电阻值不应降低
3	主回路耐压试验	大修后	交流耐压或操作冲击耐压的试验电压为出厂试验耐压值。 　　注：若在裸露的套管上直接加试验电压时，由于套管根部（与箱体固定端）表面也是半导体，紧紧凭借套管端的爬距，一般加压在交流 28kV 便开始放电，现场环境较好时，也可以做到 30kV/1min。因此，在裸露的套管上试验电压 28kV/1min 即可	（1）试验在 SF_6 气体额定压力下进行 （2）对分支箱、环网柜、开闭所试验时不包括其中的电磁式电压互感器及避雷器，但在投运前应对它们进行试验电压值为 U_m 的 5min 耐压试验
4	导电回路电阻	（1）大修后。 （2）必要时	测量值满足制造厂的规定	用直流压降法测量，电流不小于 100A

序号	项 目	周 期	要 求	说 明
5	电流互感器： （1）绕组的绝缘电阻。 （2）交流耐压试验。 （3）各分接头的变比检查、极性检查。 （4）一次绕组直流电阻测量	（1）大修后。 （2）必要时	（1）绕组绝缘电阻与初始值及历次数据比较，不应有显著变化。 （2）一次绕组按出厂值的85％进行。出厂值不明的按下表电压进行试验；二次绕组之间对地为2kV。 电压等级（kV）：6、10 试验电压（kV）：21、30 （3）与铭牌标志相符。 （4）与初始值或出厂值比较，应无明显差别	采用2500V绝缘电阻表
6	电压互感器： （1）绝缘电阻。 （2）交流耐压试验。 （3）连接组别和极性及电压比	（1）大修后。 （2）必要时	（1）自行规定。 （2）一次绕组按出厂值的85％进行，出厂值不明的，按下表电压进行试验；二次绕组之间对地为2kV。 电压等级 kV：6、10 试验电压 kV：21、30 （3）与铭牌和端子标志相符	（1）一次绕组用2500V绝缘电阻表，二次绕组用1000V或2500V绝缘电阻表。 （2）工频耐压试验前后，应检查有否绝缘损伤
7	金属氧化物避雷器 （1）绝缘电阻。 （2）直流1mA电压（U_1mA）及0.75U_1mA下的泄漏电流。 （3）避雷器红外测温	（1）必要时。 （2）红外测温每半年一次	（1）不低于1000MΩ。 （2）不得低于GB 11032—2010《交流无间隙金属氧化物避雷器》规定值，U_1mA实测值与初始值或制造厂规定值比较，变化不应大于±5％、0.75U_1mA下的泄漏电流不应大于50μA。 （3）在负荷高峰期测量	（1）采用2500V及以上绝缘电阻表。 （2）要记录试验时的环境温度和相对湿度、测量电流的导线应使用屏蔽线、初始值系指交接试验或投产试验时的测量值。 （3）按照DL/T 664—2008《带电设备红外诊断应用规范》标准执行，新投运设备宜在一周内进行一次红外测温试验
8	保护的试验整定值	（1）四年。 （2）必要时	高、低定值，接地保护	利用二次电流端子施加电流，需要继电保护测试仪

五、缺陷管理

运行单位应制定缺陷及隐患管理流程，对缺陷及隐患的上报、定性、处理和验收等环节实行闭环管理。状态巡视、状态监测和状态检修试验发现的电缆线路缺陷及隐患应及时进行处理。

（一）电缆连接设备缺陷管理流程

电缆连接设备缺陷管理流程图如图3-40所示。

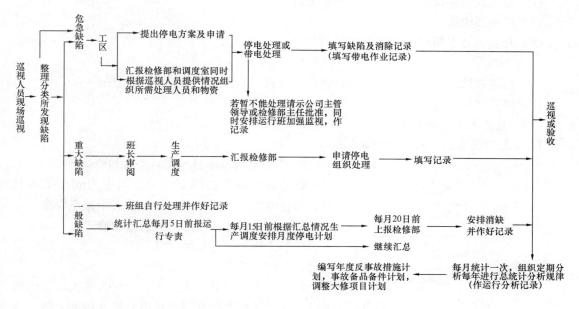

图 3-40 电缆连接设备缺陷管理流程图

（二）缺陷分类

（1）一类缺陷（危急缺陷）。电力电缆及连接设备的最高温度超过标准、规范规定的最高允许温度，随时可能导致事故发生或危及人身安全，应立即安排停电处理。

（2）二类缺陷（严重缺陷）。电力电缆及连接设备存在严重过热的现象，温差较大，但仍可在短期内安全运行，短期内应尽快安排处理并加强监视。

（3）三类缺陷（一般缺陷）。电力电缆及连接设备存在过热的现象，有一定温差，对电力电缆近期安全运行影响不大，可列入年、季检修计划或日常维护工作中消除。

（三）电缆连接设备的常见缺陷

1. 一类缺陷

（1）充气式（SF_6）开关型分支箱气压严重下降或泄漏。

（2）柜内有严重的放电声、焦糊味或冒烟。

（3）红外测温，相对温度大于 150℃。

（4）开关不能进行正常分合闸操作。

（5）开关型分支箱保护功能失效。

（6）电压互感器一次、二次熔断器熔断。

（7）受外力破坏后，防护等级降低，影响设备安全运行。

2. 二类缺陷

（1）红外测温，90℃≤温度＜150℃。

（2）开关操动机构卡涩。

（3）电动操动机构异常。

（4）分支箱下引线洞口未封堵好或封堵口损坏。

（5）设备标识模糊、不全或脱落，或开关标识号与图纸不符。

（6）充气及插接设备连接部分出现老化裂痕。

（7）接地线脱落。

（8）开关型分支箱指示仪表损坏

3. 三类缺陷

（1）箱体锈蚀、柜门变形，但不影响正常开启，不影响安全运行。

（2）红外测温，60℃≤温度＜90℃。

（四）电力电缆的事故处理

1. 电力电缆事故（异常）处理流程（见图 3-41）

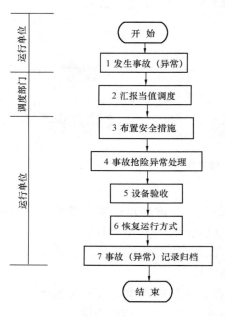

图 3-41　电力电缆事故（异常）处理流程

2. 电力电缆事故（异常）处理检修规定

（1）制订依据：国家电网公司电力安全工作规程、防止电力生产重大事故的二十五项重点要求。

（2）工作任务：电力电缆故障检修。

（3）工作条件：各种天气。

（4）设备类型：高压电力电缆。

（5）作业人员共 6 人，工作负责人 2 人，工作班成员 4 人，工作人员必须经培训合格，持证上岗。

（6）作业人员职责。

1）工作负责（监护）人职责：办理工作票，组织并合理分配工作，进行安全教育，督促、监护工作人员遵守安全规程，检查工作票所载安全措施是否正确完备，安全措施是否符合现场实际条件。一般情况下，工作前对工作人员交待安全事项，对整个工程的安全、技术等负责，工作结束后总结经验与不足之处，工作负责（监护）人不得兼做其他工作。

2）工作班成员职责：认真努力学习本作业指导书，严格遵守、执行安全规程和现场"安全措施卡"，互相关心施工安全。

（7）标准作业时间。当天完成，如遇特殊情况，可适当顺延。

（8）所需工具、材料：扳手、钳子、螺丝刀、电锯、手锯、脚爬、电动断线钳、发电机、电动压接钳、液化气罐、喷枪、电力电缆剥切专用刀、腰带、铁扎线、焊锡丝、焊锡膏、相色带、电源线、高压验电器、汽油、清洁纸、附件 1 套、无水乙醇、白布带。

（9）检修程序及质量要求及其监督检查。

检修程序及质量要求及其监督检查如表 3-12 所示。

3. 缺陷处理要求

（1）缺陷的定类要严格审核。

（2）缺陷处理应实行闭环管理，防止出现管理漏洞，造成缺陷漏处理，使缺陷加重或酿成事故。

（3）运行人员应将发现的缺陷详细记入缺陷记录内，并提出处理意见，一类缺陷应立即向负责人汇报。

表 3-12 检修程序及质量要求及其监督检查

序号	检修程序	质量要求及其监督检查
1	了解故障的性质和现状	
2	要求调度给故障电力电缆线路戒备做好安全措施	（1）上杆时应检查登杆工具是否良好，如脚扣、安全带、梯子等是否完整牢固，戴好安全帽，安全带应系在牢固的构架上，使用梯子时要有人扶持或绑牢。 （2）作业前必须重点强调邻近带电设备及作业线路名称，起止杆塔号。 （3）高处人员应防止掉东西，使用工具、材料应用绳索传递。 （4）必须经专门培训，由合格的专业技术人员操作。 （5）不熟悉电气工具和用具使用方法的人员不准上岗。 （6）风雨天气不易工作。 （7）布置作业前，必须核对图纸，勘察现场，彻底查明可能向作业地点反送电的所有电源，并应断开其开关。 （8）选派的工作班成员需能在工作负责任人的指导下安全、保质地完成所承担的工作任务。 （9）选派工作负责人应有较强的责任心和安全意识，并熟练地掌握所承担工作的检修项目和质量标准
3	做好故障处理前的准备工作	
4	工作负责人向工作班成员交待安全措施和注意事项	
5	需要本班组做安全措施的应该做到，停电、验电、装设接地线、接地一定要好	
6	有上杆工作的应检查脚爬、腰带是否符合安全要求	
7	然后对故障进行处理	
8	需要做试验的，参考试验作业指导书	
9	工作完毕后，清理现场	
10	人员撤离工作现场	
11	做好记录	
12	结束工作	
备注	具体处理方式根据故障发生部位，参考终端头和中间接头的作业指导书和相关的作业指导书	

六、配网美式避雷器带电插拔技术的发展与应用

10kV 配网美式避雷器带电插拔技术的发展与应用实践，对目前等电位、中间电位、低电位带电作业技术进行了相关研究，提出美式避雷器的带电插拔操作方法，实现了带电插拔操作方案的设计及工程应用，并产生了带电操作、延长设备运行寿命、增加配网的可靠性、节省人力物力、降低检修成本等积极效果。

（一）概述

随着国民经济持续高速发展，不间断供电方式已成为衡量供电部门供电可靠性的重要指标，为此对带电设备进行状态检修已在电力系统内迅速展开，如带电断、接引线及带电短接设备，检测绝缘子，清扫机械与带电投切架空线路氧化锌避雷器等技术应用，解决了检修、预试必须停电的技术难题，一定程度上缓解了电力的供需矛盾；在配网中对新的技术要求越来越多，也提出了更多要求。为此按照"依靠科技进步，运用科学技术手段，不断提高设备可靠性，降低设备损坏率，杜绝隐患"的工作思路，在实施带电插拔美式避雷器的操作中采用新工艺，不断提升配网的绝缘水平，并形成安全检修、预试的常态化、标准化。

（二）可行性分析

1. 必要性

带电插拔美式避雷器的检修方式，是以设备当前的实际带电运行为依据，在不中断供电的情况下，通过带电作业手段，对设备进行带电插拔，并通过检修、预试数据进行纵向（历史和现状）、横向（同类设备的运行状况）的比较分析，识别故障的早期征兆，并对故障部位、严重程度及发展趋势作出判断，以确保设备处在最佳运行状态．

对带电插拔美式避雷器的检修、预试与定期检修和事故检修相比具有以下优势：节省人力物力、延长避雷器的运行寿命、增加配网的可靠性、降低检修成本和检修难度、避免停电操作。

2. 可行性

（1）对于比较复杂、难度较大的带电作业新项目和研制的新工具，应进行科学试验，确认安全可靠，编制出操作工艺方案和安全措施，并经本单位分管生产领导批准后，方可进行和使用。参加带电作业的人员，应经专门培训，并经考试合格、单位书面批准后，方能参加相应的作业。带电作业工作票签发人和工作负责人、专责监护人应由具有带电作业资格、带电作业实践经验的人员担任。

进行直接接触 20kV 及以下电压等级带电设备的作业时，应使用合格的绝缘防护用具（绝缘服或绝缘披肩、绝缘手套、绝缘鞋）；使用的安全带、安全帽应有良好的绝缘性能，必要时戴护目镜。使用前应对绝缘防护用具进行外观检查。作业过程中禁止摘下绝缘防护用具。作业区域带电导线、绝缘子等应采取相间、相对地的绝缘隔离措施，绝缘隔离措施的范围应比作业人员活动范围增加 0.3m 以上。实施绝缘隔离措施时，应按先近后远、先下后上的顺序进行，拆除时顺序相反。装、拆绝缘隔离措施时应逐相进行。

（2）依据厂家的有关技术规范。

1）插接操作。作业区内不得有妨碍插接式避雷器工作的障碍物或污染物；用绝缘操作杆牢固地扣住拉环（操作孔）；将插接式避雷器放在套管上方，将导电杆的白色灭弧头插入套管约 63mm 直至感到轻微阻力时为止；立即快速、稳妥、笔直地将避雷器推到套管上，并用足够力量将避雷器锁定在套管上；用绝缘操作杆再次推紧避雷器，然后轻微拉动以确保牢固。

2）拔出操作。用绝缘操作杆牢固地扣住操作孔；在不施加任何拉力的情况下轻微地顺时针转动接头以克服避雷器与套管的表面摩擦；迅速、稳妥、笔直地从套管拔出接头，注意不要将接头放在接地面附近；按照辅助设备的操作说明将接头放在适当的辅助装置上（如壁挂）；用绝缘操作杆将绝缘保护帽（接地屏蔽线连在系统接地线上）套在所有裸露的带电套管上。

3）注意事项。已知线路上存在故障时不推荐插接操作；如果插接时线路上有故障，则避雷器和套管必须予以更换；无论何时操作避雷器，操作者都应始终使用个人保护装置（绝缘手套、绝缘操作杆和护目镜）；操作前、操作期间及操作刚结束，操作员在保持对避雷器完全控制的同时，应始终处于最佳操作位置，既要站得稳，又能牢牢抓住绝缘操作杆；如果在操作者的操作位置方面有问题，须在操作前切断避雷器的电源；在电路断开或接通的一瞬间，操作者不可直视接头。

通过以上必要性、可行性分析，说明开展带电插拔美式避雷器操作是可以实现的。

（三）带电插拔操作实施及步骤

1. 适用范围

本操作工艺适用于环网柜、分支箱、箱式变压器等设备上的 200A 美式单通（双通）套管上的采用灭弧头工艺导电杆的美式避雷器的带电更换操作。目前采用不带灭弧的美式避雷器不在此列。

2. 工作准备

（1）确定设备接线方式，保证箱体内具有进行带电更换操作的空间、接地端子等。避雷器所在双通套管无压板的，禁止操作。

（2）确认避雷器位置在操作人员腰部±200mm 范围内，过高或过低均不得操作。

（3）准备必要的安全工器具：安全帽、绝缘靴、绝缘手套、绝缘毯、绝缘操作杆、高压验电器，并经检验合格。

（4）操作人员必须穿戴安全帽、绝缘靴、绝缘手套，后续工作必须保证此状态。

（5）保证至少两人操作，一人监护。

3. 检查项目及必备的工作条件

（1）使用高压验电器验电，保证柜内各电缆附件外部绝缘良好，屏蔽接地完好，没有电压。

（2）确认待更换的避雷器地线已良好接地。

（3）确认待更换的避雷器具有足够的操作空间。

（4）确认有新避雷器接地线连接端子。

4. 操作次序

（1）拆除新避雷器包装，按避雷器说明书清洁连接面，涂抹指定的圆滑脂。

（2）将新避雷器接地线按照规定接地。

（3）带电拔出旧避雷器。

（4）插入新避雷器。

（5）解开旧避雷器的接地端子。

（6）外观检查无误，结束。

5. 带电更换避雷器的操作步骤

（1）用户确认操作开始。

（2）用红外测温仪检测避雷器及周边电缆附件温度，确认在正常范围。

（3）用高压验电器对柜内各电缆附件全面验电，确认无电压，屏蔽良好。

（4）用绝缘毯屏蔽环网柜内新避雷器待接地部位周边的电缆部件。

（5）将新避雷器按照规定接地。

（6）取下遮蔽用的绝缘毯。

（7）先操作中相避雷器，再操作边相避雷器，可按现场情况调整顺序，保证接拆地线方便。

（8）第一操作者用一根绝缘操作杆钩住新避雷器后部操作孔，站好位置（一般站在第二操作者左边），准备插入。

（9）第二操作者，看好地形，右侧有足够两步空间，用另一根绝缘操作杆钩住待更换避雷器后部操作孔，确认绝缘作杆已完全钩住后，迅速拔出，然后向右侧迈出一大步（给第一操作者留出操作空间）。

（10）第一操作者向右侧迈出一步，保证绝缘操作杆轴心与套管轴心相重合，迅速、坚定地插入新避雷器。

（11）如果右边没有空间，可以向相反方向，但要事先练习一次；操作者和监护者任何部位、避雷器插头以外部分不可靠近裸露套管周围。

（12）用高压验电器对新插入的避雷器进行验电，确认没有电压，屏蔽良好。

（13）按照上面的办法拔出另两相旧避雷器，插入新避雷器。

（14）用绝缘毯屏蔽环网柜内旧避雷器待拆除接地部位周边的电缆部件。

（15）拆除旧避雷器接地线，整理现场。

（16）取下遮蔽避雷器及电缆部件的绝缘毯。

（17）用高压验电器对柜内进行整体验电，无问题后整理现场。更换避雷器的操作完成。

6. 其他注意事项

（1）操作人员必须经过带电更换避雷器的操作培训并合格，并经过公司安全检察负责人管理备案。

（2）用户应予以足够配合。

（3）若空间受限，避雷器拔出后无法保证用绝缘操作杆对准和无法保证绝缘距离的，禁止操作。

（4）天气情况恶劣时，尤其有雷电时，必须立即停止操作。

（5）操作过程中发生弧光、强烈放电声、异响时，必须立即停止操作，所有人员迅速撤离至安全区域。

（6）操作失败时，必须立即通知停电，进行处理。

（四）结论

带电插拔美式避雷器状态检修、预试技术在实际中的应用，必将取代现有的停电检修、预试，便于运行人员随时进行处理并及时消除隐患，从而有效防止电力电缆设备故障的发生，保证电力系统的安全运行。

（五）10kV 电力电缆中间接头单相接地故障抢修中绕包技术应用

目前，对电力电缆中间接头单相接地故障的抢修方法是把电力电缆有故障点的中间接头三相锯除，然后重新再制作两套中间接头。据统计，整个抢修过程平均用时超过 14h，不仅影响了居民正常用电，而且减少了配网的供电量。绕包技术是以利用现有的高压电力电缆中间接头附件基础上，用绕包材料取代冷缩管为关键点，以着重解决传统方法（即冷缩法）对电力电缆单相接地故障抢修时间长的主要问题为切入点的一项技术。

（1）绕包材料的选定。

利用现有的高压电力电缆中间接头附件基础上进行选定，如表 3-13 所示。

表 3-13　　　　　　　　　　选 定 的 材 料

材料名称	主要用途	材料图
半导电自粘带	橡塑绝缘电力电缆终端、接头制作屏蔽层，也可用于其他设施所需的屏蔽结构	

材料名称	主要用途	材料图
绝缘自粘带	适用于 35kV 及以下，导体连续作业温度达 90℃、紧急过载温度 130℃、短路温度达 250℃ 的交联聚乙烯绝缘电力电缆终端及接头	
屏蔽网（电力电缆中间接头专用）	连接中间接头的铜屏蔽层	
过桥线	连接中间接头的电力电缆钢铠层	
防水绝缘胶带	自融性极佳粘力强，防水防潮绝缘密封，耐紫外线老化及臭氧，耐高低温－40℃～＋80℃，绕包方便成型性好，耐酸、耐化学腐蚀	
铠装聚氨酯玻璃纤维带	起到中间接头的防水和增加抗轧机械强度的作用	
无磁恒力弹簧	固定中间接头的铜屏蔽网	

（2）绕包技术在电力电缆中间接头接地故障抢修中的方法。

依据《供用电工人技能手册——电力电缆》等有关资料信息，实施对电力电缆单相接地故障抢修。

1）从电力电缆末端绝缘截取一定的绝缘长度，并剥落多余的半导电层。

2）保留半导电层。

3）保留原来的内衬层，钢铠留出尺寸。

4）用专用粗砂纸打磨电力电缆终端的绝缘表面，打磨干净后用细砂在打磨整个绝缘层表面，直到表面光滑为止，杜绝遗留半导电质。

5）用清洗纸把线芯绝缘体表面擦拭干净。

6）在原中间接头连接管上绕包半导电自粘带一层，包绕应采用半重叠绕包。

7）用绝缘自粘带半重叠绕包中间接头的连接管并两边搭接绝缘层。

8）用绝缘自粘带半重叠绕包，并两边搭接绝缘层。

9）用绝缘自粘带在绝缘部分至另端绝缘部分上半重叠法绕包，用半导电自粘带并两边搭接电力电缆外半导电层。

10）在中间接头上缠绕一层屏蔽网，并搭接铜屏蔽。

11）将三相电力电缆芯合拢后用PVC带一起扎紧，填平三芯分叉处。

12）用防水胶带缠绕整个中间接头，缠绕后用锉刀打毛铠装，将铜编织带用铜扎线扎紧在中间接头两侧的铠装上，用锡焊牢，然后用预浸渍可固化的聚氨酯玻璃纤维编织带绕包套个接头表面。

（3）结论。

绕包技术在电力电缆本体接地故障抢修中的采用，减少了电力电缆抢修时间，解决了电力电缆抢修过程中中间接头处理时间长的主要问题，不仅缩短了电力电缆抢修时间，而且提高了供电可靠性。通过实验结果证明，绕包技术可以达到应用的要求，目前应用绕包技术的中间接头，在配网中运行均良好。

第三节　状态检测技术及应用

全面开展配网状态检测技术是公司推进配网精益化管理的核心任务，是配网设备技术监督的重要过程，是强化生产环节资产全寿命周期管理的重要环节，是建立设备状态评价的常态机制，全面开展配网状态检测技术工作，不断提高配网供电可靠性，全面提升配网整体工作水平。由于我国目前设备状态诊断监测技术尚处于起步阶段，尤其是传感技术、数据传输系统和数据分析系统正处在科技攻关阶段，因而，系统绝缘缺陷已成为影响配网运行的主要障碍，重视和加强各类状态诊断监测技术的开发和应用，已成为保证配网持续安全的重要措施。本节将主要叙述状态检测技术方面的问题，涉及电力电缆负荷检测、电力电缆温度检测、氧化锌避雷器检测、局部放电检测、电力电缆路径的带电测试、电力电缆高压核相检测。

一、电力电缆负荷电流检测

电力电缆过负荷运行，将会使电力电缆温度超过规定，加速绝缘的老化，降低绝缘的抗电强度，造成导体接点的损坏，或是造成终端头外部接点的损坏。当电力电缆过负荷时，电力电缆内部热而膨胀，使内护层相对胀大。当负荷减轻，电力电缆温度下降时，内护层往往不能像电力电缆内部其他组成部分一样恢复到原来的体积，因此会在绝缘层与内护层之间形成空隙。空隙在电场作用下很容易发生游离，促使绝缘老化，结果使电力电缆耐压强度大大降低。因此，《电力电缆运行规程》规定，电力电缆原则上不允许过负荷，即使在处理事故时出现过负荷，也应迅速恢复其正常电流。运行部门必须经常测量和监视电力电缆的负荷电流，使之不超过规定的数值。

在特殊情况下，电缆允许短时间地过负荷，过负荷最大值与过负荷时间推荐值如下：

（1）3kV 以下，允许过负荷 10%，连续 2h。

（2）6~10kV，允许过负荷 15%，连续 2h。

（3）间断性的过负荷，必须在前一次过负荷的 10~24h 以后才允许再次过负荷。

电力电缆负荷电流可通过变电站出线柜电流表进行测量，也可通过线路型无线钳形电流表等测量。测量的时间及次数应按现场运行规程执行，一般应选择最有代表性的日期和负荷在最特殊的时间进行。电力电缆负荷测量由运行人员执行，并作记录，电缆实用负荷如超过运行连续最大负荷时，应立即向有关人员汇报，分析原因、采取必要的减负荷措施。

二、电力电缆及其连接设备温度检测

电力电缆线路在不同的运行和环境下，其发热状态是不同的，例如户外终端尾线接点、分接箱和环网柜及开闭所的电缆终端接点等，尤其是有铜铝过渡连接时，在长期负荷和故障电流的作用下，接点的接触电阻可能会增大，运行中会导致接点温度升高，甚是当故障电流通过时会将接点烧毁。对于多并电缆，由于各条电缆尾线接点接触电阻的差别，可引起电流不均匀分配和铠装发热等情况。监视接点温度有下列方式：①接触式。直接将温度传感器安装在可能温度升高的部位，通过有线或是无线方式将检测到的温度信息记录整理储存处理，完成相应的报警功能。②非接触式。非接触测温是利用红外温度传感器测量发热部位，检测到温度信号在通过有线或是无线方式将检测到的温度信息记录整理储存处理，完成相应的报警功能。③间接测温。间接测温一类是通过检测开关柜内的空气温度来反映开关柜内是否有故障点，是否存在过热点。还有一类是在接头表面涂有稳定挥发的涂料不同温度挥发浓度不同，再利用高灵敏传感器检测特种气体浓度反应电力电缆及电力电缆连接设备接头温度。④在接头粘贴测温蜡片。粘贴测温蜡片是室外接头常用的测温法，用在封闭柜内有很大局限性，大部分接头通过柜门的观察窗看不到，只能在开关停电检修时检查接头有无过热情况，对预防事故作用不大。⑤机械指示过热。机械指示过热装置是利用双金属片的脱扣原理设计，当温度到达设定温度时，机械部件动作，从而指示该点温度过高。通常外形为螺丝或螺杆型式，直接安装在接点处。因此，有效的对电缆线路进行温度监视，可确保它的正常运行。本节主要叙述非接触式红外热像检测。

1. 红外检测的原理和目的

红外热像检测是指运用现代红外辐射探测技术对电力工业发热的电力设备进行温度检测诊断，以保障设备安全运行的一种技术手段。下面是红外热像测试原理图，如图 3-42 所示。

红外辐射测温技术以普朗克定律、维恩位移定律和史蒂芬-玻尔兹曼定律为理论基础，

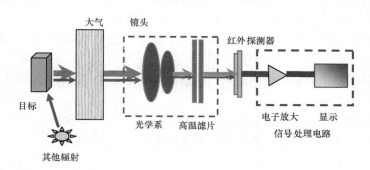

图 3-42　红外热像仪简单工作示意图

根据所有温度大于绝对零度（－273.15℃）的物体都向外以电磁波形式发射热辐射且与物体的表面温度成一定的函数关系，实现目标温度测量的非接触测温方法。物体的温度越高，所发出的红外辐射能量越强。红外探测器经汇聚的红外光照射后产生信号，该信号传到处理电路，处理电路对其进行处理并计算出物体的温度。在红外辐射测温技术上，人们主要研究热能波长在 $0.6\sim40\mu m$ 的红外线，这种射线又称为热射线，其传递过程称为辐射或红外辐射。

电力电缆及其连接设备的红外诊断是在线检测的一项行之有效的技术手段和重要内容，是状态检修的一个组成部分。它能及时而准确地发现和诊断运行电力电缆及其连接设备的事故隐患和故障先兆，以便采取合理、可靠的处理措施，降低因过热造成的能源损失和浪费，减少或避免因过热故障而引发的突发性事故，红外诊断适用于具有电流、电压致热效应或其他致热效应的电力电缆及电力电缆连接设备。

2. 红外检测的方法及要求

（1）红外检测的方法。

1）正确选择被测物体的发射率和距离，先进行内部温度校准，在图像稳定后即可开始检测。

2）红外检测一般先用红外热像仪对所测试电力电缆及其连接设备进行全面扫描，发现过热异常部位时，对异常部位进行准确检测。

3）响应时间要和被测目标的情况相适应。红外热像仪的测温量程宜设置在环境温度和相对温升之间。充分利用红外热像仪的有关功能达到最佳检测效果，如图像均衡、自动跟踪等。

4）红外热像仪在安全距离内满足检测精度的要求下尽量靠近被检测电力电缆及其连接设备，以提高红外热像仪对被检测表面细节的分辨能力及测温精度。必要时，可使用中、长焦距镜头，线路检测一般需使用长焦距镜头。

5）作同类比较时，要注意保持仪器与各对应测点的距离一致、方位一致。

6）应使用同一仪器测量电力电缆及其连接设备发热点、正常相的对应点与环境温度参照体的温度值。

7）应从不同方位进行检测，求出最热点的温度值。

（2）红外检测的要求。35kV 及以下电力电缆及其连接设备检测诊断周期。

1）一般情况下，应对全部电力电缆及其连接设备一年检测两次，分别在夏季和冬季的高峰负荷到来前完成，以便提早发现和处理电力电缆及其连接设备缺陷。

2）运行电气电力电缆及其连接设备的红外测温诊断周期，应根据电气电力电缆及其连接设备的重要性、电压等级、负荷率及环境条件等因素确定。

3）新建、改扩建或大修的电力电缆及其连接设备在正常投运后的一个月内应进行一次红外测温和诊断。

4）对红外测温发现的缺陷处理后，正常送电后的 48h 内，应进行一次红外测温和诊断，以检查处理效果。

5）当温度超过额定持续运行温度的 50% 时，每周进行一次测量。

6）在负荷高峰时，应对高负荷电力电缆及其连接设备进行检测。

3. 红外检测分析与判断

（1）红外检测分析。

1）电流致热型。电流流经导流体产生的发热，其原因一般为导体接触不良、电力电缆及其连接设备过电流、电力电缆及其连接设备倒流面积小、涡流发热。

2）电压致热型：电力电缆及其连接设备带有工作电压即产生的异常发热，其原因一般为电力电缆及其连接设备受潮、内外绝缘的损坏，如避雷器受潮、电力电缆及其连接设备介质损耗超标。

3）电力电缆及其连接设备异常热区域型。由于电力电缆及其连接设备存在缺陷，在其发出的红外图谱中存在异常区域，如瓷瓶存在裂缝等。

（2）红外检测判断。

1）表面温度（温升）判断法。根据测得的运行中电力电缆及其连接设备表面温度值进行诊断，诊断时应结合温度的超标程度、负荷大小的重要性等因素进行综合考虑。

2）同类比较法。同一电力电缆及其连接设备的电气回路中，当三相电流对称时，比较回路中相同部位对应的温升值，可判断其是否正常。不同回路中的相同部位也可进行比较，但应考虑负荷电流的影响。

3）测温标准。针对运行中电力电缆及其连接设备部分的发热，根据运行经验和有关标准做如下经验规定，进行判断时在前两项判断方法的基础上参照以下经验数据：

①温度≥150℃，为危急缺陷，应立即采取措施进行停电处理。

②110℃≤温度<150℃，为严重缺陷，最迟应在第二天进行处理。

③90℃≤温度<110℃，为严重缺陷，应抓紧时间安排处理。

④70℃≤温度<90℃，为一般缺陷，应安排计划进行处理。

⑤60℃≤温度≥70℃，为一般缺陷，应加强监视。

⑥一般要求，电缆运行时正常温度与环境平均温度之差等于电缆允许最高温度与环境平均温度之差的三分之一。

4. 红外热图分析报告样本

某地电网主干 10kV 电缆线路夏季的负荷超过额定载流能力，按照调度所公布的当日日负荷曲线，日负荷的第一个高峰在上午 11～12 点区间，经过现场考察，当地地表温度高达 61℃，通过区域测温和点、线测温手段，并对三组采集数据对比和分析，确认重载电缆线路的 01♯分接箱内电缆终端头高压 C 相温度高达 133.9℃，其余两相温度均在 80～90℃区间，初步判定为连接螺栓异常，当时的测温记录如图 3-43 所示。

通过运用先进的科技手段，避免带病运行设备进入停电抢修状态，使故障修复后采用临时方式运行的设备在度夏期结束后再恢复正常运行方式，大幅度减少配电网停电抢修的次数和时间，为确保打赢"迎峰度夏"战役提供有力支撑。

5. 红外检测的注意事项

（1）红外测温时环境温度不宜低于 5℃，空气湿度不宜大于 85％，不应在有雷、雨、雾、雪及风速超过 0.5m/s 的环境下进行检测。如果在超出以上条件的环境下进行红外检测时，必须做好相应的防护措施。

（2）室外检测应日落之后或阴天时进行。

（3）室内检测宜闭灯进行，被测物应避免灯光直射。

（4）被测电气电力电缆及其连接设备应为带电电力电缆及其连接设备。

（5）检测时在保证人身和电力电缆及其连接设备安全的前提下，应打开遮挡红外辐射的

红外热图分析报告样本

变电站	设备名称	设备线路	发热部位	检测者	检测日期
曾家110kV变电站	中山路01#分接箱	曾19线	高压C相		2010-08-05

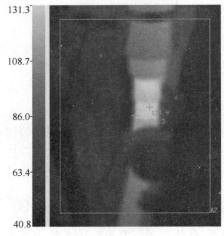

目录参数表

红外热图信息	数值
创建日期	2010-09-26
目标参数	数值
辐射系数	0.96
目标距离	1.50m
环境温度	32.1℃
相对湿度	0.60

分析结果表

标签	数值
C1：温度	121.3℃
C2：最大值	133.9℃

线温分布图

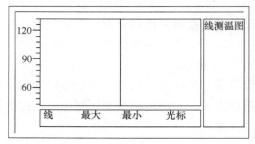

故障描述：C相测温在负荷最高峰时的温度，A、B相温度稍稍高于环境温度。

经过横向相间比较和纵向同相比较认定：C相过温为二类缺陷，在秋季期间应制定大修计划，在迎峰度冬前完成检修内容

图3-43　图谱分析图表

门或盖板。

（6）封闭式欧式带有五防的环网柜、分接箱、开闭所等柜式电缆设备，在运行中柜门是不能打开的，因此无法测量运行中柜内电缆连接点的实际温度。遇到这种情况可以通过在柜式外壳安装红外窗口解决无法测量温度的问题。可旋转式透视窗口采用多波段、宽光谱、高透过率的设计理念，在不停电、不接触、点点运行的条件下，通过红外成像检测对危险的区域（连接器、断路器）进行预防性温度检测。另外，也可用紫外成像检测电力电缆及其连接

设备内部局部放电。

6. 电力电缆及其连接设备红外检测测温卡及缺陷、异常记录

（1）电力电缆载流端子金属部件红外测温卡。

电力电缆载流端子金属部件红外测温卡如表 3-14 所示。

表 3-14　　　　　　　　　　　电力电缆载流端子金属部件红外测温卡

线路名称			作业地点		
测试时间			测量人员		
编号		仪器		湿度	风速
单元	测量部位	环境温度（℃）	相对温差（%）	热图号	缺陷性质
10kV ××线	××侧电力电缆载流端子 A 相				
	××侧电力电缆载流端子 B 相				
	××侧电力电缆载流端子 C 相				
	××侧电力电缆载流端子 A 相				
	××侧电力电缆载流端子 B 相				
	××侧电力电缆载流端子 C 相				

（2）电力电缆头根部红外测温卡。

电力电缆头根部红外测温卡如表 3-15 所示。

表 3-15　　　　　　　　　　　电力电缆头根部红外测温卡

线路名称			作业地点		
测试时间			测量人员		
编号		仪器		风速	
单元	测量部位	环境温度（℃）	相对温差（%）	热图号	缺陷性质
10kV ××线	××侧电力电缆头根部 A 相				
	××侧电力电缆头根部 B 相				
	××侧电力电缆头根部 C 相				
	××侧电力电缆头根部 A 相				
	××侧电力电缆头根部 B 相				
	××侧电力电缆头根部 C 相				

（3）电力电缆本体红外测温卡。

电力电缆本体红外测温卡如表 3-16 所示。

表 3-16　　　　　　　　　　　电力电缆本体红外测温卡

线路名称			作业地点		
测试时间			测量人员		
编号		仪器		编号	
单元	测量部位	环境温度（℃）	相对温差（%）	热图号	缺陷性质
10kV ×××线	电力电缆本体 A 相				
	电力电缆本体 B 相				
	电力电缆本体 C 相				

（4）缺陷及异常记录。

缺陷及异常记录如表 3-17 所示。

表 3-17 缺陷及异常记录

日期	天气	缺陷及异常情况	记录人	汇报	处理情况	消除人

三、带电氧化锌避雷器检测

10kV 电缆连接设备如分接箱、环网柜、开闭所等柜内的可触摸氧化性避雷器是电缆线路及其连接设备的重要过电压保护设施，如果避雷器在运行过程中由于老化、密封不严、受潮等情况，性能会下降或失效，此现象不易发现，有可能长时带病运行，可能会引起大型故障，造成电力设备损坏，电缆线路断电，而且处理故障要投入大量的人力、物力。但由于避雷器多数为带电不可插拔设备，传统的检测方法还要进行停电拆卸，将避雷器拿回实验室进行测试，耗时费工，效率低下。检修人员只好对重要线路的避雷器按规程检测，其余线路多数都靠目测其好坏，很难达到检修效果。为此，对运行状态下的电缆线路中的氧化锌避雷器不停电测试、无需爬杆及接线的在线检测技术在配网中得到较好应用。

1. 带电氧化锌避雷器检测原理和目的

在正常工作电压情况下，氧化锌避雷器等效于一个电阻和一个电容并联，氧化锌避雷器在施加工频交流电压时，产生泄漏电流。泄漏电流（全电流）含有容性成分和阻性成分（即容性电流和阻性电流），阻性电流约占全电流的 10％～20％；由于高压线路（6kV 以上线路）的供电电压失真度很小，容性电流和阻性电流的三次谐波很小（小于 5％）。

当氧化锌避雷器内部受潮或有污渍时，其等效电路相当于在原等效电路旁多并联了一个线性电阻，总泄漏电流会明显增大。而三次谐波电流变化很小。当避雷器老化后，避雷器的耐压值降低，在线路额定电压下，基波阻性电流增大；同时，避雷器的等效电阻进入非线性区，从而产生高次阻性电流谐波（含三次阻性电流谐波），其中三次阻性电流谐波增大幅度最明显。在氧化锌避雷器总泄漏电流的三次谐波中，含有容性电流三次谐波和阻性电流三次谐波。容性电流三次谐波是由电网电压的三次谐波成分引起的。通常，电网电压的三次谐波变化不大且有一定的波动范围。而当氧化锌避雷器发生老化时，则阻性三次谐波会比正常状况时明显增加，老化越严重，增加越大。

因此，测试总泄漏电流和三次谐波电流的变化情况，就可以及时判断氧化锌避雷器的工作状况，即是否有老化和受潮情况发生。即当总泄漏电流增大幅度明显而三次谐波电流变化不大时，有可能是避雷器潮湿或有污渍；当总泄漏电流变化不大时而三次谐波电流增大幅度明显是则说明避雷器老化。

2. 带电氧化锌避雷器检测的方法特点

带电氧化锌避雷器检测法由高压钳型电流传感器、绝缘操作杆和检测分析仪组成如图 3-44 所示。高压钳型电流传感器夹在避雷器高压端或低压端，将采集到的小电流信号放大调理，在微处理器控制下转化数字信号，并通过无线电信号，传输到检测分析仪。检测分析

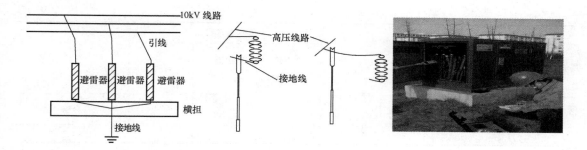

图 3-44　带电氧化锌避雷器检测法

仪收到高压钳型电流传感器的数字信号，经计算得到氧化锌避雷器漏电电流的总电流的峰值、有效值。同时，计算出泄漏电流的三次阻性谐波含量。通过三次阻性谐波含量可以判断避雷器的老化程度。

带电氧化锌避雷器检测的特点：

（1）安全性能够得到保证。

（2）不用停电的测量方式，减少了线路停电次数，保证了供用电双方的利益。

（3）无需额外电源，操作方便快捷提高工作效率。

（4）测试结果智能判断。

3. 带电氧化锌避雷器检测结果的判断与分析

（1）氧化锌避雷器带电测试数据没有统一的标准。只有根据和前一次测试结果比较作出判断，当测试结果增大一倍时避雷器应退出运行进行实验室试验以判断避雷器是否有问题。根据经验一般避雷器的全电流应小于 $500\mu A$，三次谐波应小于 $150\mu A$。当大于上述值时，应在大修时拆下避雷器在实验室试验查明原因。

（2）氧化锌避雷器检测报告。

利用检测仪对两套主干电力电缆分接箱、环网柜内氧化锌避雷器进行检测，合计 32 组待测项目如表 3-18 所示。

表 3-18　　　　　　　　　　　普测测量数据和上次对比结果

设　备　编　号		在线检测试验			结论
		全电流（μA）	三次谐波（μA）	结果	
××路 01# 环网柜进线侧	A	∞	∞	断裂	不合格
	B	216.3	20.5	通过	合格
	C	213.1	16.4	通过	合格
××路 01# 环网柜出线侧	A	226	8.13	通过	合格
	B	75.5	1.72	通过	合格
	C	133.2	39.1	通过	合格
××路 02# 环网柜出线侧	A	1242	31.9	未通过	潮湿或有污渍
	B	998.2	31.1	未通过	潮湿或有污渍
	C	1916	47.5	未通过	潮湿或有污渍

设 备 编 号		在线检测试验			结论
		全电流 （μA）	三次谐波 （μA）	结果	
××路 07♯分接箱进线侧	A	323.2	9.53	通过	合格
	B	369	39.2	通过	合格
	C	107.6	7.35	通过	合格
××路 04♯分接箱进线侧	A	326.4	27.6	通过	合格
	B	452.6	29.1	通过	合格
	C	253.6	6.32	通过	合格
××路 06♯分接箱进线侧	A	495	14.1	通过	合格
	B	466	19	通过	合格
	C	282	9.83	通过	合格

（3）氧化锌避雷器检测分析，如表 3-19 所示。

表 3-19　　　　　　　　　　　　氧化锌避雷器检测分析

数据异 常类型	全电流大 三次谐波小	全电流一般 三次谐波大	全电流大三次谐波大	无电流信号
可能原因	避雷器潮湿	避雷器轻微老化	避雷器高程度老化	避雷器因应力 已断裂已损坏
	有污渍		系统电压过高	避雷器引线接触不好

4. 氧化锌避雷器检测的注意事项

（1）绝缘杆是安全保证的重要器件，首次使用前应进行耐压试验并严格按测试周期定期检定。使用中要注意绝缘电压等级。

（2）高压钳型电流传感器可卡在避雷器的高压端或接地端，如能卡在接地端最好。

（3）数据要进行比较，每个避雷器要和自己的历史数据比较，也要对同一线路的三个避雷器数据横向比较，及时发现问题，准确预判，提早动手。

（4）对带电测试中发现有问题的避雷器，要停电或拆下重做一次，再最后下结论。

（5）在对配网 10kV 电力电缆分接箱、环网柜内氧化锌避雷器测试时，要充分考虑到周围环境的影响，比如湿度影响，在测试前最好预先通风，减少氧化锌避雷器表面泄漏电流的影响。

四、局部放电检测

国家电网公司适应新形势的需要，在公司系统内部推行配网 10kV 开关柜超声波及地电波局部放电带电检测工作技术。通过带电检手段和分析诊断技术，能够提前发现电力设备潜伏性隐患，针对性的采取措施，避免设备事故的发生，节省人力、物力，避免由于检修时间较长所造成的经济损失，从而取得良好的经济效益。

1. 技术原理

局部放电是不完整桥接的电极的电子放电。这种放电量级通常很小，但是它会造成绝缘进一步的损耗最终导致绝缘失效。局部放电分为绝缘材料内部放电、表面放电、导体尖端放电，常常会通过电磁、声音、气体三种方式放出能量。电磁方式通常通过无线电波，光和热的形式释放能量；声音方式通常以超声波的形式释放能量；气体方式通常通过分解产生臭氧、一氧化二氮的形式释放能量。

2. 测量模式

（1）地电位（TEV）测量模式。

带电状态测试，使用电容型传感器在传输地电位检测中高压（MV/HV）设备中绝缘设备的内部的局部放电信号，信号以电平 dB 为计量单位。对地瞬间放电即电磁放电活动过程，高压开关内所有的固体绝缘材料，由于各种因素绝缘内部、绝缘表面可能存在小空隙，或者杂质比如水分、微尘等，这些小空隙或者杂质、水分通常是非常微小的。在使用挂网运行中，绝缘体一端接地，一端接高压，使得小空隙或者杂质像小电容一样地充电，当充电到一定程度时，空隙或杂质发生放电，同时产生无线频率范围为 $3\sim100\mathrm{MHz}$ 的电磁波脉冲，电磁波脉冲大部分从高压开关内通过开放的金属外壳传输出去，少量的电磁波脉冲将在开关柜金属表层产生暂态电压，并通过接地的设备的金属外壳表面而传入大地，这种暂态对地电压（TEV）是几毫伏到几伏持续时间极短只有几纳秒的上升时间。局部放电检测仪能够通过电容性传感器，高速测取局放电磁波脉冲的变化，从而实现其内部电容变化，经专用电路调理后输出高可达 $2.510\mathrm{mV}$ 暂态电压。通过研究发现，这种暂态地电位信号直接与同一型号、在同一位置测量的设备的绝缘体的绝缘状况成正比。

（2）超声波测量模式。

空气中的超声波放电活动过程，在局部放电发生时，放电区域分子间会剧烈撞击，同时介质由于放电发热而瞬间体积发生改变，这些因素都会在宏观上产生脉冲压力波，当压力波活动放出的声音为 $60\mathrm{Hz}\sim10\mathrm{kHz}$ 声波频率范围时，声波的检测可依赖于个人的听力；当压力波放出的声音为 $20\sim200\mathrm{kHz}$ 超声波频率范围时，超声波检测可使用超声传感器非接触方式检测到 $0.45\sim2511\mu\mathrm{V}$ 声压级信号，由于声波能量的衰减严重，若要检查开关柜设备是否有局放，则应该将超声波传感器指向开关柜（尤其是断路器的端口、充气式电力电缆盒、电压互感器以及母排室）上的空气间隙，并通过耳机中发出的吱吱放电声（犹如煎锅中发出的声）来识别放电部位，因为仪器检测具有既可检测到声信号，又可保证操作人员与带电设备有足够的安全距离的优势，所以便于在现场的带电检测中推广。

3. 检测案例及原因分析

（1）检测案例。

采用地电位和超声波测量模式，于 2011 年前后两次对平中大街汪 5 线 02♯欧式 10kV户外型开关分支箱进行测量。开关分支箱内容为 SF_6 负荷开关、热缩型不可触摸电力电缆终端、氧化锌避雷器、绝缘支柱等组合设备。

1）第一次检测数据及结论，如表 3-20 所示。

表 3-20 第一次检测数据及结论

序号	设备运行编号	测量部位	背景噪声	测量模式		测量值	医院支开关柜
第一次检测	汪 5 线 02＃户外型开关分支箱	医院支开关柜	无	地电位（dBmV）	正常模式	3～5	 ① ② ③ 测量点 1. TEV：3～5dBmV 　　　　超声波：14dBμV 测量点 2. TEV：3～5dBmV 　　　　超声波：18dBμV 测量点 3. TEV：3～5dBmV 　　　　超声波：18dBμV
				超声波（dBμV）		14	
		南洋商场支开关柜	无	地电位（dBmV）	正常模式	3～5	
				超声波（dBμV）		18	

汪 5 线 02＃户外型开关分支箱，医院支开关柜地电位最大值为 5dBmV 为正常数值、超声波电平值最大值 14dBμV 为缺陷数值，南洋商场支开关柜地电位最大值为 5dBmV 为正常数值、超声波电平值最大值 18dBμV 为缺陷数值，且检测出该柜中有轻微放电声。

依据《电力电缆线路运行规程》（Q/GDW 512—2010）的缺陷和隐患管理要求、依据《配网设备状态检修试验规程》（Q/GDW 643—2011）要求，检测结论如下：

①缺陷类型确定：南洋商场支开关柜设备处于异常状态即严重缺陷，可能发展为事故，但设备仍可在一定时间内继续运行，通知设备运行负责班组陆续进行地电位和超声波跟踪检测，并制定检修决策达到合理的检修成本。②确定隐患级别，南洋商场支开关柜隐患级别为一般事故隐患，即可能造成人身重伤事故、一般电网和设备事故的事故隐患。③列入配网检修计划流程，即设备发现→评估→报告→治理（控制）→ 验收→销号"的缺陷流程闭环管理中。

2）第二次检测数据及结论，如表 3-21 所示。

汪 5 线 02＃户外型开关分支箱南洋商场支开关柜内超声波电平最大值为 39dB，检测出设备中有较大放电声，同时伴有臭氧气味。

表 3-21 第二次检测数据及结论

序号	设备运行编号	测量部位	背景噪声	测量模式		测量值	医院支开关柜 南洋商场支开关柜
第二次检测	汪 5 线 02＃户外型开关分支箱	医院支开关柜	无	地电位（dBmV）	正常模式	3～6	 ① ② ③ 测量点 1. TEV，3～6dBmV； 　　　　超声波，16dBμV 测量点 2. TEV，3～7dBmV； 　　　　超声波，36dBμV 测量点 3. TEV，3～7dBmV； 　　　　超声波，39dBμV
				超声波（dBμV）		21	
		南洋商场支开关柜	无	地电位（dBmV）	正常模式	3～7	
				超声波（dBμV）		39	

依据《配网设备状态检修导则》Q/GDW 644—2011）状态检修的类型要求，分析该设备状态检修决策达到 B 类检修（指局部性检修，对配网设备部分功能部件进行局部的分解、检查、修理、更换）级别，根据配网运行管理规定，实时向调度申请停电进行缺陷抢修，经巡检和例行试验，查出该户外型开关分支箱内安装的不可触摸电缆靴子的绝缘罩间及 SF_6 负荷开关母排绝缘支柱和 6 只高压绝缘子严重放电痕迹，如表 3-22 所示。

表 3-22　　　　　　　　　　　　　　　严重放电痕迹

序号	设备名称	数量	放电部位
1	SF_6 负荷开关母排绝缘支柱	1 台	
2	高压绝缘子	6 只	

（2）案例原因分析。

母排绝缘支柱和六只高压绝缘子放电的原因主要表现在：

1）受到外界恶劣环境影响，比如当地昼夜温差大。

2）受到设备结构缺陷（即家族性缺陷）的影响。信阳地区降雨丰沛，年均降雨量 900～1400mm，空气湿润，相对湿度年均 77％。夏季高温高湿气候明显，光照充足，降水量多，暴雨常现，降水量 400～600mm，占全年的 42％～46％，电缆连接设备故障多暴露在夏季湿度达到 95％以上的户外型开关分支箱、环网柜状态中内，并在柜内盖顶存在大量的 $0.5cm^3$ 的水珠，柜底长期潮湿，造成防护等级的 IP3X 的户外全封闭金属高压设备绝缘出现季节性局部放电，特别在夏季负荷高峰期且在晚上 7：00 左右出现绝缘部件瞬间闪络故障，使供电中断，这种故障一般不宜被巡视人员察觉，在数小时后由于查不到故障点，强制送电暂时成功，但不定期还会在这一季某一时段重复出现瞬间故障重复造成开关跳闸线路保护现象，经查找可靠的运行资料发现这一类闪络故障在同一季节中一般不超过四次，就会因绝缘部件永久故障跳闸被检测发现，经调查发现该类故障原因有两种，如表 3-23 所示。

表 3-23　　　　　　　　　　　　　　　故障原因调查

序号	故障原因	相关图片
1	防护等级为 IP3X 的该类设备绝缘件爬电距离不够，经测量该绝缘支柱爬电距离为 125mm，爬电比距≤11mm/kV	
2	设备没有进行有效的防水防火密实封堵措施，箱体内有大量水珠	

（3）案例缺陷解决方案。

1）提高 10kV 高压开关柜（户外型开关分支箱、环网柜）柜内有机绝缘支柱绝缘子参数标准。

户外电缆户外型开关分支箱采用爬电距离大于 240mm（即爬电比距≥20mm/kV）的防污型支柱绝缘子。

2）提高 10kV 高压开关柜防护等级标准。

户外全封闭金属高压设备防护等级采用 IP54 B（5 表示完全防止外物侵入，虽不能完全防止灰尘侵入，但灰尘的侵入量不会影响电器的正常运作；4 表示防止各个方向飞溅而来的水侵入电器而造成损坏；附加字母 B：防止手指接近危险部件）及以上要求的设备。

3）提高 10kV 高压开关柜内电缆插头标准。

在欧式户外型开关分支箱（环网柜）中采用全密封防水可触摸的欧式电缆头。

4）完善电力电缆的密封封堵。

依据《电力电缆施工及验收规范》要求，对穿越电气盘、柜的空洞要进行有效的防火防潮的密实封堵。

5）封闭式 10kV 开关型户外型开关分支箱及环网柜内高压绝缘部件发热事故的预防。

封闭式高压柜在运行中柜门禁止打开，因此运行值班人员无法测量运行中户外开关型分支箱内高压部件的实际温度。当户外柜内部件有局部放电时就会发热，可以采用在高压柜外壳安装工作波段为 $0.15\sim14\mu m$、高透过率（$12.5\mu m$ 时红外线透过率：≥92%）、密封级别为 IP67 红外窗口，运行人员可在不停电、不接触运行的条件下，测量运行中户外开关型分支箱内设备部件的实际温度。

6）加强配网设备状态评价。

依据《配网设备状态评价导则》（Q/GDW 645—2011）标准规定，根据配网设备缺陷和故障的历史数据，通过状态量的表述方式，综合运用运行巡视、停电试验、带电检测等手段获取的状态信息，对 10kV 配网设备的运行性能进行综合评价，为设备运行、维护和检修提供决策依据。

（4）局部放电超声波检测注意事项。

1）通过使用 TEV 检测设备快速地对高压室内的所有金属封闭开关柜进行测试，然后记录测试结果，若测试结果变化连续平缓，说明金属封闭开关柜不存在明显的放电现象，若在测试结果有突变现象，说明此金属封闭开关柜极有可能存在一定程度的放电现象，需用更高一级的设备进行精确检测及定位。

2）在每次测试过程中，通过同类型设备的测试结果进行比较，根据对同类型设备对应点的测试结果的差异来判断设备是否正常，若某一设备的测试结果在与同类型设备进行比较来得大，应推断此设备存在放电的可能性，从而做近一步的检测。

3）红外热成像不能准确检测局放缺陷，使用于检测各种原因引起的过热缺陷。在电力电缆及电力电缆连接设备缺陷检测中，红外热成像和超声波检测可以互为补充。

4）背景噪声影响，开关柜外部的一些干扰源发出的电磁信号也可能在开关柜的外部产生传输地电位。这些干扰源可以是架空线绝缘子、变压器进线套管、强的无线电信号甚至是附近的车流。这些干扰也可以在不连接到开关柜的金属体，如变电站房门或围栏等金属体上产生传输地电位信号。因此，在对开关柜进行检测之前，就应该测量这些表面上的背景噪声。测量不属于开关柜组成部分的金属体，如金属门、金属围栏等的背景噪声。记下三次连续的有关金属体的分贝值和计数，并取中间幅值的读数作为背景测量的读数。

通过开展全封闭金属设备的在线局放检测工作，在设备异常状态时发现了缺陷，通过采取一系列措施，较好地控制了电缆设备事故的发生，确保了配网电缆线路的安全运行。本次检测应用与分析活动不仅成功地控制了故障风险，而且达到了提醒运行部门不仅要加强设备的运行管理水平，如增加设备的巡检、例行试验、状态性评价试验，增加设备的在线检测技术的投入，而且要积极参与有关设备选型等工作，通过提高绝缘设计水平，达到有效控制设备事故发生的目的。

五、电力电缆路径的带电测试

城市中地下电力电缆线路与城市燃气、供水、排水、通信、供热、广播电视光缆等管线错综复杂，由于地埋电力电缆没有实现路径信息动态管理，随着时间的推移，资料逐步失去了现实性、信息老化、资料不全、不准，难以为地下开挖动工提供有效服务，因此很多电缆开挖后，特别是城市改造过程中，经常遇到电力电缆不知道来自何处、去向何方的问题，给城市地铁、轻轨建设、快速路立交桥施工、电缆迁移等工程带来很大困难。利用传统的管理模式已不能满足城市建设和管理飞速发展的需要，查明地下电力电缆路径现状，用信息化手段管理地埋电缆竣工资料，建立地埋电缆信息资料收集、更新、分发、服务统一管理的机制势在必行。实现对带电"地埋电力电缆快速定位"，是一种新的定位技术。

1. 技术原理

电力电缆路径的探测仪可在带电的状态下对电力电缆的路径和识别进行测量，如图3-45所示，探测仪由信号发射机和接收机组成，发射机通过卡钳卡住电力电缆一端接地线并输出一定的复合频率（500Hz、1kHz、8kHz、33kHz），卡钳耦合法发射信号的电路模型可以等效为变压器，卡钳的磁芯作为变压器磁芯，卡钳内部绕线为变压器的初级，电力电缆线路两端钢铠接地回路等

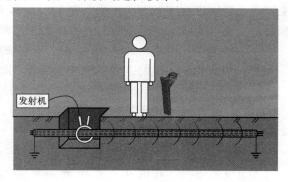

图 3-45　带电电缆路径探测

效为变压器的次级（单匝），发射机提供初级高频电流作用在卡钳内部绕线上，电力电缆线路两端钢铠接地回路耦合产生次级高频电流。耦合电流的大小与回路电阻（主要是两端的接地电阻）密切相关，耦合电流通过接收机鉴别出传输方向，达到检测带电电力电缆目的。卡钳耦合法是一种探测运行电力电缆较理想的方法，不需要电力电缆作任何改动即可测试，并且操作远离高压，非常安全，电力电缆全长上都有信号，没有距离限制。

2. 发射机与接收机使用接线与选择

（1）发射机卡钳耦合法发射模式及频率的选择。

1）选择两端钢铠接地的电力电缆线路。

2）卡钳一端与发射机相连，一端卡住被测电力电缆本体或者卡住电力电缆护套接地线，如图3-46所示。卡钳耦合法可选频率为500Hz、1kHz、8kHz、33kHz。

3）发射频率的选择：对于一般电力电缆的探测，均推荐使用1kHz频率。其频率较低、传播距离长、且不容易感应到其他管线上；再者接收机对1kHz信号的接收效果要强于

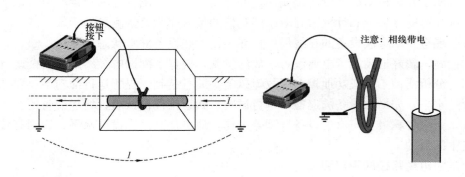

图 3-46　卡钳一端卡住被测电缆本体或者卡住电缆护层接地线

500Hz，抗干扰能力较强、较易分辨。对于长距离电力电缆（长于 2～3km），如果使用 1kHz 信号，在较长距离处会有较大衰减，信号不易接收，相位也会发生偏移。因此，探测长距离电力电缆推荐使用 500Hz 发射信号。

（2）接收机内置线圈接收模式及频率的选择。

1）智能宽峰/普通宽峰模式。在宽峰模式下，电缆线正上方的信号最强。优点为响应灵敏度高，响应范围大；缺点为响应曲线变化缓慢，不利于并行管线的区分。主动探测时为智能宽峰，能够进行左右方向指示。在 500Hz 和 1kHz 频率下，还能进行跟踪正误提示。被动探测时为普通宽峰，不能进行左右方向指示和跟踪正误提示。

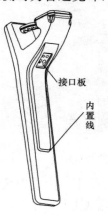

图 3-47　接收机外观

2）窄峰模式。与宽峰法类似，优点为响应曲线更陡，利于并行管线的区分；缺点为灵敏度降低。

3）音谷模式：管线正上方信号最弱，两侧信号变化迅速。优点为利于目标管线的精确定位；缺点为易受干扰，强干扰下可能会有错误响应。

4）接收频率选择。主动探测时由发射机主动向管线发射信号，接收机和发射机的频率必须一致。可选频率为 500Hz、1kHz、8kHz、33kHz，接收机外观如图 3-47 所示。

3. 电力电缆路径的带电测试注意事项

（1）电力电缆护层两端必须良好接地，否则耦合电流随接地电阻的增大而减小。

（2）两端未接地，或电力电缆护层中间断开，不能使用卡钳耦合法。

（3）电力电缆通过卡钳耦合得到的电流较小，为加强接收效果，可选择较大发射功率。

（4）卡钳卡住电力电缆本体注意不能卡接地线以上部分。

第四节　电力电缆电子保护设施

环网柜、分支箱、开关站等内的电力电缆进线、出线的保护是通过三相电子控制器来实现的。其工作原理：控制器对真空断路器 TA 的二次电流采样，当配电线路出现故障电流（或涌流）时，控制器将电流的采样值和内部电流整定值（通常情况下为 5A 或 1A）进行比较，当出现的故障电流（或涌流）时间大于控制器设定时限时，过流脱扣器动作，断路器时限瞬时快速分闸，有效地保护线路输电的安全。

实例分析：国产的上海 COOPER 公司生产的 RVAC 环网柜采用 PBC 型三相电子控制器及北京电研生产的环网柜采用 FDK-6A 型户外开关专用负荷控制器功能介绍。

（一）PBC 型三相电子控制器

1. PBC 型三相电子控制器的功能

PBC 型三相电子控制器，如图 3-48 所示。主板是采用美国 COOPER 公司原版图纸，经过了严格的试验和运行考验，其与 RVAC 型环网柜的断路器配合可以实现可靠的线路保护。

控制器电路板上拨码开关提供对控制器进行编程操作的手段。其设定包括：每一相的最小分闸电流值；瞬时分闸的设定；零序最小分闸电流的设定。

当某相的相电流超过预先设定的最小分闸电流值时，PBC 型控制器对 RVAC 型断路器发出一个分闸信号，使开关分闸。

由于开关采用的是三相联动机构，所以无论何相有故障，三相都同时开断。

PBC 型控制器通过其安装在断路器箱体内部的相保护 TA（1000∶1）来监测线

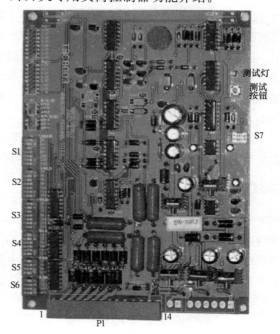

图 3-48　PBC 型三相电子控制器

路电流。如果检测到的电流高于预先设定的最小分闸电流值，那么控制器将启动反时限的保护程序（TCC），并在延时时间到达后，发出信号，使断路器分闸。

PBC 型控制器的能量是由系统电流通过保护 TA 来提供的。控制器不需要外部提供电流或后备电池，并且不受系统电压状态的影响（像瞬时过电压）。

三相控制器的配合和应用是与喷逐式熔丝一样，但同时它所提供的多个分闸值拓宽了配合的范围。

（1）A 最小分闸电流：每相的最小分闸电流值是通过拨码开关选择的，这就可以很方便地进行组合来满足特定的设备要求。在正常系统下，PBC 型控制器的保护程序没有被启动，但却在每个工作回路将负荷电流不断与控制器内部预先设定的最小分闸电流值进行比较，只有当检测到的电流大于设定的最小分闸电流值时，TCC 电路才被启动。TCC 电路启动后，该电路就依据电流值建立一个时间延时。时间延迟完成后，分闸电路向永磁脱扣器发出一个脉冲使断路器跳闸，将线路断开。

（2）B 时间延迟：PBC 型控制器的 TCC 曲线采用 COOPER 专门为环网柜断路器设计的 EF 型曲线。它决定了线路电流高于最小分闸电流值时的响应时间。分闸电路将时间延迟电路输出的电压与固定参考电压进行比较，一旦输出电压等于参考电压，那么分闸电路就会向永磁脱扣器发出一个脉冲，使开关装置分闸。

为了确保机构的可靠分闸，分闸电容没完全充满电之前，分闸抑制电路保证控制器不能向永磁脱扣器发出分闸脉冲。分闸电路的输出通过抑制电路保持直到分闸电容充电完全能对永磁脱扣器进行操作为止。甚至当开关合到故障上时，控制器也将在 TCC 所允许的范围内与正常运行中出现故障时有所延时，但这也同时可以满足防涌流的需要。

（3）C 瞬时分闸：瞬时分闸是 PBC 型控制器的一个标准功能，在大故障电流情况下，越过标准的时间延迟提供瞬时分闸。由于有了瞬时分闸功能，缩短了故障持续时间，扩大了与电源侧保护配合的范围，改善系统配合和选择范围。

控制电路板上的拨码开关，可以实现瞬时分闸功能和设定一个倍乘系数。每相设定的这个倍乘系数乘以该相的最小分闸值，就是该相的瞬时分闸设定值。当电流超过这个设定值，控制器就立即分闸，这样消除一些人为延时。对于低于设定值的故障，控制器的动作与标准 TCC 功能是一致的。

瞬时分闸电路时刻监测最小分闸电路的输出电压，并且与参考电压进行比较。当超过了参考电压，经过固定的时间延迟（25ms），瞬时分闸电路向永磁脱扣器发出一个脉冲，使开关装置动作。现在可得到最小分闸倍乘系数有 1、3、5、7、9、11、13、15。

说明：如果线路电流大于最小分闸电流，但小于设定的瞬时分闸电流值，那么 TCC 电路决定了控制器的响应时间，如果线路电流等于或大于所设定的瞬时分闸电流值，那么控制器响应时间是固定的 25ms。当反时限 TCC 曲线在大电流故障段时（图 3-49 中，＞15 倍的部分），25ms 的固定自延时被忽略（即瞬时分闸电路不启动，仍启动原 TCC 分闸电路）。在这个实例中，TCC 的作用要快于瞬时分闸功能。

2. PBC 型三相电子控制器的设置

（1）最小分闸设定（见图 3-50）：每相最小分闸电流值是由控制器电路板上的拨码开关位置决定的。三个最小分闸拨码部件上下排列，每相最小分闸值的设定是互相独立的。

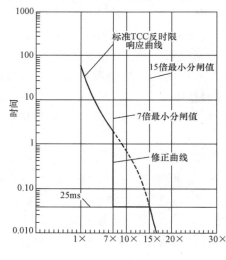

图 3-49　最小分闸倍数

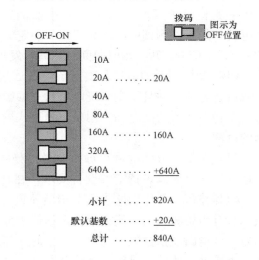

图 3-50　最小分闸设定

每相最小分闸电流拨码开关部件有七个开关，这些开关的位置决定了最小分闸电流值。每个开关代表一个增加的最小分闸电流值；将开关操作至"ON"位置，最小分闸电流值将增加；移到"OFF"位置，最小分闸电流值将减少。

每一个最小分闸电流拨码开关部件上的开关从上到下依次为 10A、20A、40A、80A、

160A、320A、640A。最小分闸电流值能设定为最小的20A（所有拨码开关均在"OFF"位置），一直到最大的1290A（所有拨码开关均在"ON"位置），增量为10A。每相是独立的。

从需要的最小分闸电流值中减去20A（所有拨码开关在"OFF"位置时，出厂设定值）所得到的电流值即为所有开关应设定的小计值；把所有开关移到"ON"位置；拨动开关至"OFF"位置直至在"ON"位置的所有开关对应的最小分闸值之和与所需要的小计值相等。

例如：需要的分闸值是840A（见图3-50）。

1）从需要的分闸电流值中减去20A得到小计值为

$$840-20A=820A$$

2）确定开关组合达到820A，即

$$640A+160A+20A=820A$$

3）移动所有开关至"ON"位置，移动10A、40A、80A和320A至"OFF"位置。

说明：如果断路器没有带电，改变最小分闸值时，就不需要把所有开关先移至"ON"位置，可直接移到设定位置。

（2）瞬时分闸设定（见图3-51）：瞬时分闸倍数是由安装在控制器电路板上的拨码开关的位置决定的（见图3-51）。拨码开关部件可以实现这个功能并且设定最小分闸倍数。

瞬时分闸拨码开关部件上的开关有2、4、8倍和"OFF-ON"位置，顺序为从上到下。最小分闸倍数能从最小的1倍（"OFF-ON"拨码开关到"ON"，其他拨至"OFF"）直到最大的15倍（所有拨码开关至"ON"位置）。

根据需要的瞬时分闸倍数来确定开关设定，简单地将开关拨至"ON"位置来获得所需要的倍数；可得到以下倍数：1（只有"OFF-ON"拨码

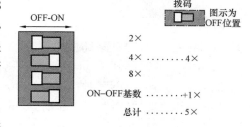

图 3-51　瞬时分闸设定

开关至"ON"位置）、3、5、7、9、11、13、15倍（所有拨码开关至"ON"位置）。

例如：要获得一个5倍系数，应将"OFF-ON"和4倍拨码开关设定至"ON"位置。

说明：每相的最小分闸设定值有可能不同，可是瞬时分闸倍数对于所有相都是相同的。瞬时分闸功能可以通过将"OFF-ON"拨码开关移至"OFF"位置使其失效。

（3）零序设定（见图3-52）：零序保护的设定方法和相保护最小分闸电流的设定操作类似，不同的是，零序最小分闸设置开关是6位拨码开关，设置范围是10～640A。

（二）FDK-6A型户外开关专用负荷控制器

1.FDK-6A型户外开关专用负荷控制器的功能

（1）合闸涌流延时：当线路出现涌流时，检测涌流通过的时间，并与设定时间参数比较，出现涌流的时间值超出设定时间范围时，真空断路器过流脱扣线圈动作，合闸涌流延时可有效地消除带负荷合闸引起的误动作。

（2）过流故障延时分闸：当线路出现瞬时过流性故障时，检测瞬时过流的时间，并与设定时间参数比较，出现过流的时间超出设定时间范围时，真空断路器过流脱扣线圈动作，过流故障延时分闸可有效地消除线路瞬时过流性故障和涌流引起的误动作。

（3）短路故障定值选择：当检测到线路出现大于速断设定值的短路电流时，复合控制器

将出现短路电流的时间和设定时间参数比较，当出现短路电流的时间超出设定时间范围时，真空断路器过流脱扣线圈动作，实现瞬时分闸。确保短路故障的快速分断，保障上级开关安全运行。

2. FDK-6A 型户外开关专用负荷控制器的设置（见图 3-53）

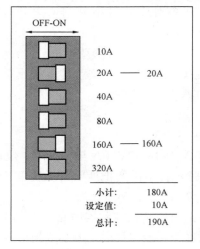

图 3-52 零序设定

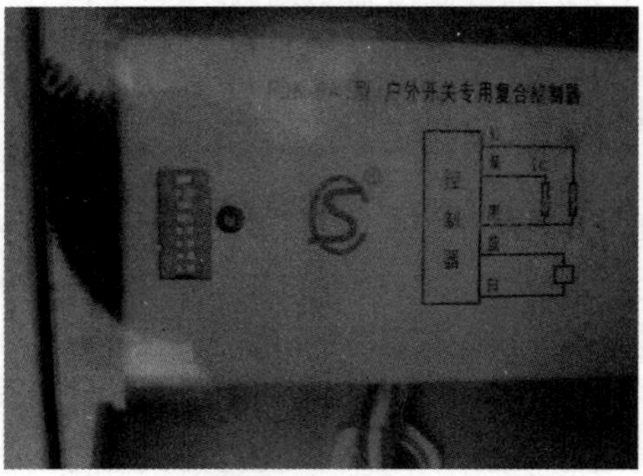

图 3-53 户外开关专用负荷控制器的设置

（1）涌流、过流故障延时时间。

5、6、7、8 拨码开关同时置"ON"时，延时 100ms；

5 拨码开关置"ON"时，延时 200ms；

6 拨码开关置"ON"时，延时 400ms；

7 拨码开关置"ON"时，延时 600ms；

8 拨码开关置"ON"时，延时 800ms；

5、6、7、8 拨码开关同时置"OFF"时，没有涌流、过流故障分闸功能。

（2）合闸涌流延时投退、合闸涌流延时时间选择（合闸时起作用）。

1 拨码开关置"ON"时，合闸涌流延时投入同时合闸涌流延时时间 800ms；

1、2 拨码开关置"ON"时，合闸涌流延时时间 600ms；

1、3 拨码开关置"ON"时，合闸涌流延时时间 400ms；

1、2、3 拨码开关置"ON"时，合闸涌流延时时间 350ms。

（3）速断定值选择。

4 拨码开关置"OFF"时，速断电流值 15A。

4 拨码开关置"ON"时，速断电流值 25A。

（4）过流定值：出厂值为 5A。

如若改变过流定值，可通过电流调节旋钮调整。

3. 带电显示器

带电显示器是一种直接安装在室内环网柜、分支箱、箱式变压器等高压电气设备上，直观显示出电气设备是否带有运行电压的提示性安全装置。当设备带有运行电压时，该显示器显示窗发出闪光，警示人们高压设备带电，无电时则无指示。

工作原理：高压带电显示装置由传感器、显示器两部分组成，传感器共三支，分别对准"A、B、C"三相带电体，如图3-54所示，与高压带电体无直接接触，并保持一定的安全距离，它接受高压带电体电场信号，并传送给显示器进行比较判断；当被测设备或网络带电时，"A、B、C"三相指示灯亮，当被测设备或网络不带电时，"A、B、C"三相指示灯都熄灭，带电显示器绝大部分使用的是LED作为主要显示器件的带电显示器，其最大的好处就是LED的使用寿命长、发光效率高，而氖灯则寿命相对而言比较短，所以使用氖灯的带电显示器通常都会在母线长期有电的时候将其关闭显示（短接掉）。但值得注意的是带电显示装置仅仅是一种判断是否带电的"辅助装置"，并不能说带电显示灯不亮就表示母线没电了，应该按照相关规程检验母线的真实带电情况后才能进入带电间隔的。

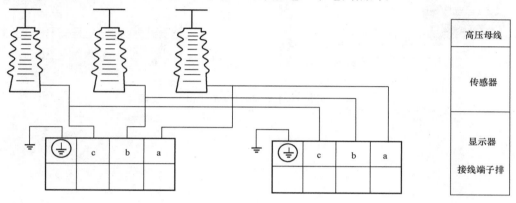

图3-54 高压带电显示闭锁装置

4. 短路和接地故障指示器

短路及接地故障指示器是用来检测短路及接地故障的设备。在环网配电系统中，特别是大量使用环网负荷开关的系统中，如果下一级配电网络系统中发生了短路故障或接地故障，上一级的供电系统必须在规定的时间内进行分断，以防止发生重大事故。通过使用本产品，可以标出发生故障的部分。维修人员可以根据此指示器的报警信号迅速找到发生故障的区段，分断开故障区段，从而及时恢复无故障区段的供电，可节约大量的工作时间，减少停电时间和停电范围。

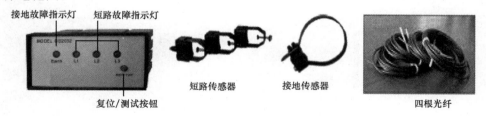

图3-55 短路及接地故障指示器组成

工作原理。该指示器由主机、三个短路故障传感器、一个接地故障传感器及光缆组成如图3-55所示，指示器的主机装在环网柜的面板上，三个短路故障传感器分别装在电力电缆的A、B、C三相上。接地故障传感器装在电力电缆的三岔口下端，其磁轭应该将三相包围起来。短路故障传感器通过光纤和主机连接，接地故障传感器通过两芯电力电缆线和主机连接，如图3-56所示。当传感器检测到短路故障电流和接地故障电流，电流脉冲高于预设值，或电力电缆出现单相接地，而导致三相电流矢量总和不为零时，传感器内部故障触发点将监测到的有故障信号通过光纤或电力电缆传输给主机，并由主机 CPU 判断故障脉冲宽度（即故障延迟时间），同时主机上相应的 LED 指示灯就会闪烁以示故障，显示器也可以采用附加电源供电，内附有可充电锂电池，当发生故障失电后，能保证正常发送信号 20h 以上，并可调节短路脉冲电流的相应时间，以避免启动时的浪涌电流峰值引起指示器的误报警。

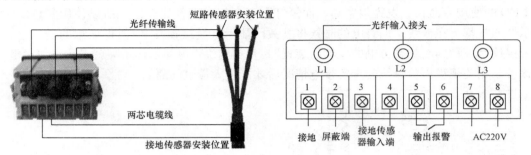

图 3-56 短路故障传感器通过光纤和主机连接

第四章　XLPE 绝缘电力电缆的试验

第一节　电力电缆导电线芯及铜屏蔽层直流电阻试验

电力电缆导体是电力电缆最主要的组成部分，包括导体芯线、金属屏蔽层、金属铠装护套，实际中最关心的是导体芯线和金属屏蔽层，DL/T 596—2006《电力设备预防性试验规程》规定，要对塑料电力电缆的铜屏蔽层电阻和导体芯线电阻进行测量，以下介绍电力电缆线芯直流电阻的测试方法。

一、试验原理和目的

1. 试验原理

测量系统由双臂电桥组成，其测量范围为 11Ω 及以下，电桥精度应不低于 0.2 级。检流计灵敏度，当电桥平衡时，改变桥臂电阻值的 0.5％时，检流计的偏转应不小于 1 格。标准电阻的准确度应不低于 0.1 级。双臂电桥的电位引接线的总电阻应不大于 0.02Ω；标准电阻与被测电阻间的连接线电阻应不大于标准电阻。双臂电桥如图 4-1 所示。

2. 试验目的

检查电力电缆多股线芯是否有断股情况，电力电缆铜屏蔽层有无断裂，电力电缆导体的直流电阻是在交接和大修后必不可少的试验项目，也是故障后的重要检查项目。

二、试验准备

（1）从被试电力电缆上去除导电线芯外表面的绝缘、护套或其他覆盖物，去除表面的绝缘时应小心进行，防止损伤金属导体。

（2）若为成盘电力电缆，可直接进行同相两端测量；若电力电缆已敷设，则通过有效短接一端三个芯线，另端测量方式也可。

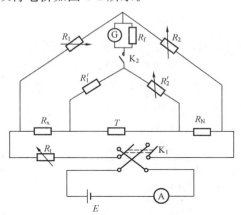

图 4-1　双臂电桥

E—直流电源；R_N—标准电阻；R_t—变阻器；
R_x—被测电阻；R_f—分流器；K_2—检流计开关；
K_1—直流电源开关；T—跨线电阻；
R_1、R_1'、R_2、R_2'—电桥桥臂电阻；A—电流表

（3）导电线芯在接入测量系统前，应先清洁其连接部位的导体表面，去除附着物、污秽和油垢，连接处表面的氧化层应尽可能除尽。

（4）被试电力电缆在测试中，环境温度的变化应不超过±1℃。

测量环境温度时，温度计应离地面至少 1m，离试样应不超过 1m，且两者应大致在同一高度。

（5）用四根截面相同、长度相等的相同导线作为测量引线，否则会引起一定的测量误差。

（6）在电力电缆敷设后对其采用双臂电桥测量时，两个电压端子应在内侧，两个电流端

子在外侧，电力电缆另一端三相和地一定要用铜质出短线可靠连接。

三、试验接线和试验步骤

（1）用双臂电桥测量时，用四个夹头连接被测电力电缆。电压、电流夹头分别分开使用。

（2）电力电缆每一端的电压夹头和电流夹头间的距离应不小于电力电缆截面周长的1.5 倍。

（3）电力电缆线芯应可靠接地，和测量系统的电流夹头相连接。

（4）测量时应先接通电流回路，后接通检流计，平衡电桥，读取读数，记录至少四位有效数字。

（5）测量完毕，应先断开检流计，后切断电源。

四、试验结果及计算、判断

（1）用双臂电桥测量时电力电缆导电线芯和铜屏蔽层的电阻 R_x 的计算式为

$$R_x = R_N \cdot \frac{R_1}{R_2} \quad \Omega \tag{4-1}$$

式中　R_N——标准电阻值，Ω；

　R_1、R_2——电桥平衡时的桥臂电阻值，Ω。

（2）为了与出厂及历次测量的数值比较，应将不同温度下测量的直流电阻，换算到同一温度，即

$$R_x = R_a \frac{T + t_X}{T + t_a} \tag{4-2}$$

式中　R_a——温度为 t_a 时测的电阻，Ω；

　R_x——换算至温度为 t_x 时的电阻，Ω；

　T——系数，铜线为 235，铝线为 225。

（3）若电力电缆已敷设，则通过有效短接一端三个芯线，另端测量方式的电阻换算方法，如图 4-2 所示。

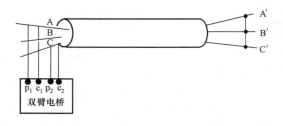

图 4-2　电力电缆异体芯线直流电阻测试法

在一端分别测量的线电阻为 R_{AB}、R_{AC}、R_{BC}，当需要换算成相电阻时，可以按以下式进行计算，即

$$R_A = (R_{AB} + R_{AC} - R_{BC})/2$$
$$R_B = (R_{AB} + f R_{BC} - R_{AC})/2 \tag{4-3}$$
$$R_C = (R_{BC} + R_{AC} - R_{AB})/2$$

（4）通过测量和计算在相同温度下的铜屏蔽层和导体的直流电阻后，当前者与后者之比与投运前相比增加时，表明铜屏蔽层的直流电阻增大，铜屏蔽层有可能被腐蚀；当该比值与投运前相比减小时，表明附件中的导体连接点的接触电阻有增大的可能。

（5）温度对导体电阻的测量结果影响较大，因此要在同等条件下与出厂报告数值进行对比。

（6）作为交接原始记录保存，以便为运行提供依据。

五、测量电力电缆导体电阻的意义

在实际抢修工作中会发现个别厂家使用镀铜的铁皮取代铜屏蔽层和铜屏蔽层的破损及不

连续的现象，这样在电力电缆运行中破损不连续地点，将会产生局部放电现象，长时间运行后会形成电力电缆故障。同样电力电缆中间接头处的导体芯线接触不良，也会在接头产生电位差，并产生较大的热量，使电力电缆局部的温度升高而形成各种故障。

当测量的三相电阻不平衡率超过2%时，应查明原因，特别是在两条电力电缆并联时，如其中某相导体与母排连接发生异常，则接触电阻可能达到或超过某相导体电阻，那么流过与之并联的另两个导体的电流将成倍增加，从而导致热击穿。

第二节 绝 缘 电 阻 试 验

绝缘电阻是在绝缘体的临界电压以下，施加的直流电压U_-与其所含的离子沿电场方向移动形成的电导电流I_g，应用欧姆定律确定的比值，即

$$R = \frac{U_-}{I_g} \tag{4-4}$$

一、试验的原理和目的

1. 试验的原理

绝缘体在直流电压作用下所通过的电流i是随加压时间的延长而减小，当加压时间足够长（$t \rightarrow \infty$），它的值就趋于恒定的泄漏电流（电导电流）i_3；绝缘电阻随加压时间的延长而增大，并最后趋于恒定。直流电压作用下通过绝缘体的电流如图4-3中所示。

将加压时间足够长时（稳态时）的绝缘电阻R_∞。与加压时间开始时（起始时）的绝缘电阻R_0的比值称为绝缘的吸收比，用k表示，即

$$k = \frac{R_\infty}{R_0} = \frac{i_0}{i_\infty} = \frac{i_1 + i_2 + i_3}{i_3} = \frac{i_1 + i_2}{i_3} + 1$$

当绝缘体受潮程度增加时，由于离子数剧增，泄漏电流i_3增长得很快，而充电电流（几何电流）i_1和吸收电流i_2的起始值变化不大，由式可知，吸收比k将明显下降，其极限为1。因此，根据吸收比的大小，可以进一步地判断绝缘的状况。

2. 试验的目的

绝缘电阻的测量是检查电缆绝缘状态最简便的

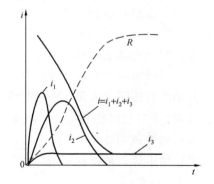

图4-3 直流电压作用下通过绝缘的电流
i_1—几何电流；i_2—吸收电流；
i_3—电导电流；i—总电流；R—绝缘电阻

辅助方法，它可有效地发现电力电缆绝缘局部或整体受潮和脏污、绝缘严重劣化、绝缘击穿和严重热老化等缺陷。

二、试验接线和试验步骤

1. 试验接线

绝缘电阻通常用绝缘电阻表进行测量，其接线如图4-4所示（被试物为电力电缆绝缘）。一般绝缘电阻表有三个接线端子，分别为线路（L）端子、地（E）端子及屏蔽（G）端子。测量时，将线路端子（L）和地端子（E）分别接于被试绝缘的两端。图4-4（a）用于测量电力电缆线芯对地的绝缘电阻，端子L接电力电缆线芯，端子E接电力电缆金属外皮（即

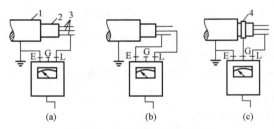

图 4-4 测量绝缘电阻接线

(a) 测量电缆线芯对地的绝缘电阻；

(b) 测量电缆两线芯间的绝缘电阻；(c) 加装保护环

1—电缆金属外皮；2—电缆绝缘；3—电缆线芯；4—保护环

接地）；图 4-4（b）用于测电力电缆两线芯间的绝缘电阻，端子 L 和 E 分别接于电力电缆两线芯上。为避免表面泄漏电流对测量造成误差，还应加装保护环，并接到绝缘电阻表屏蔽端子（G）上，以使表面泄漏电流短路，如图 4-4（c）所示。

2. 试验步骤

（1）选择绝缘电阻表。

通常绝缘电阻表按其额定电压分为 500、1000、2500、5000V 几种，应根据被试设备的额定电压来选择绝缘电阻表。

（2）检查绝缘电阻表。

使用前应检查绝缘电阻表是否完好。检查的方法是：先将绝缘电阻表的接线端子间开路，按绝缘电阻表额定转速（约 120r/min）摇动绝缘电阻表手柄，观察表计指针，应该指"∞"；然后将线路和地端子短路，摇动手柄，指针应该指"0"。

（3）对被试设备断电和放电。

对运行中的设备进行试验前，应确认该设备已断电，并且应对地充分放电。对电容量较大的被试设备（如发电机、电力电缆、大中型变压器、电容器等），放电时间不少于 2min。

（4）接线。

接线中由绝缘电阻表到被试物的连线应尽量短，线路与地端子的连线间应相互绝缘良好。

（5）测量绝缘电阻和吸收比。

保持绝缘电阻表额定转速，均匀摇转其手柄，观察绝缘电阻表指针的指示，同时记录时间。分别读取摇转 15s 和 60s 时的绝缘电阻 R_{15} 和 R_{60}，R_{60}/R_{15} 的比值即为被试物的吸收比。通常以 R_{60} 作为被试物的绝缘电阻值。

（6）对被试物放电。

测量结束后，被试物对地应进行充分放电，对电容量较大的被试设备，其放电时间同样不应少于 2min。

（7）记录。

记录的内容包括被试设备的名称、编号、铭牌规范、运行位置，试验现场的湿度，以及测量被试设备所得的绝缘电阻值和吸收比值等。

三、对试验结果的判断

1. 绝缘电阻和吸收比的数值

绝缘电阻和吸收比的数值不应小于一般允许值。若低于一般允许值，应进一步分析，查明原因。

2. 试验数值的相互比较

将所测得的绝缘电阻和吸收比的数值与该电力电缆历次试验的相应数值进行比较（包括大修前后相应数值比较），与其他同类电力电缆比较，同一电力电缆各相间比较，并用不平衡系数表示，即

$$K = \frac{R_{\max}}{I_{\min}} \qquad\qquad (4-5)$$

若 $K > 2$ 则表示电力电缆绝缘存在某种缺陷，但如果电力电缆三相绝缘电阻与历史数据相比变化不大，且满足电力电缆的绝缘电阻规范值，可不考虑不平衡系数。

第三节　电力电缆相序的检测

电力电缆相序的检测是检测电力电缆两端的同一相具有导通性能，并且判定该相两端为同一根电力电缆的有效试验。

一、试验原理及目的

1. 试验原理

将电力电缆的一端被测相的电缆线芯与该电缆终端的直径为 $25mm^2$ 的接地编织带连接，在电力电缆的另一端被测相上用直流电阻表或万用表的直流电阻挡测量，如有相应的直流电阻表指示为零或最接近零，则导电线芯为被测相，依次按此方法对其他两相检验。

2. 试验目的

电力电缆敷设完毕在制作电力电缆终端头前，应进行相位核对，终端头制作后应进行相位标志。这项工作对于单个用电设备关系不大，但对于输电网络、双电源系统和有备用电源的重要用户，以及有关联的电力电缆运行系统有重要意义，相位不可有错。

二、试验接线和试验步骤

1. 试验接线

核对三相电力电缆相位的万用表和绝缘电阻表法接线如图 4-5 所示。

2. 试验步骤

采用数字万用表法核对相位时，电力电缆两端三相全部悬空，对电力电缆要进行充分放电。在电力电缆的一端，将 A' 与电力电缆 $25mm^2$ 接地编织带连接，在电力电缆的另一端用电阻挡的万用表红表笔（＋）接在 A 相上，黑表笔（－）接在接地编织带上，当万用表显示电阻为零或接近零时，即检验为同相。反之，电阻为百欧姆或无穷时为异相。

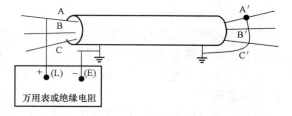

图 4-5　万用表和绝缘电阻表法接线图

采用绝缘电阻表核对相位时，电力电缆两端三相全部悬空，对电力电缆要进行充分放电。在电力电缆的一端，将 A' 与电力电缆 $25mm^2$ 接地编织带连接，在电力电缆的另一端用绝缘电阻表的 E 端与接地编织带连接，L 端与 A 相连接，当绝缘电阻表显示为零或接近零时，即检验为同相。反之，电阻为百兆欧姆或无穷时为异相。

三、测试中注意事项

（1）试验前后必须对被测电力电缆充分放电。

（2）在核对相序后要及时贴上相序标记。

第四节　直流耐压试验和泄漏电流测量

直流耐压试验是电力电缆工程交接试验的最基本试验，也是判断电力电缆线路能否投入运行的最基本手段。在进行直流耐压试验的同时，要测量泄漏电流。

一、试验原理及目的

1. 试验原理

直流耐压试验时，电力电缆导线应接负极性。测量泄漏电流的原理与测量绝缘电阻原理相同。测量泄漏电流的接线主要有两种：微安表在低压侧和微安表在高压侧。两种方式各有优缺点，可根据情况选择，微安表在高压侧的接线方式如图 4-6 所示。

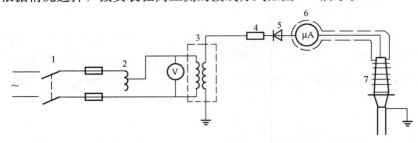

图 4-6　微安表在高压侧的接线方式

1—开关；2—调压器；3—高压试验变压器；
4—保护电阻；5—硅整流堆；6—微安表；7—被试电力电缆

这种接线的优点是不受杂散电流的影响，测出的泄漏电流准确；缺点是微安表对地要绝缘并屏蔽，在试验过程中调整微安表要使用绝缘棒，操作不方便。

2. 试验目的

直流耐压试验是运行部门检查电力电缆抗电强度的常用方法，直流耐压试验不仅电压高，而且较易发现交流耐压试验时不易发现的局部缺陷，这是因为在直流耐压下，绝缘中电压按电阻分布，当电力电缆有缺陷时，电压将主要加在与缺陷部分串联的未损坏部分上，使缺陷更易暴露。

测量泄漏电流的目的是要观察每个阶段电压下电流随时间的下降情况，以及电流随电压逐段升高的增长情况，良好的绝缘电力电缆，每当电压刚升至一个阶段，由于电容充电，电流将剧烈上升，然后随时间延长而下降，直至 1min 时的读数约为起始读数的 10%～20%。而且，随着电压的逐段升高，泄漏电流基本上成比例地增大。电力电缆缺陷主要表现为泄漏电流在电压分段停留时几乎不随时间延长而下降，甚至反而增大，或者是电压上升时，电流不成比例地急剧上升。

一般地说，直流耐压试验对检查绝缘中的气泡、机械损伤等局部缺陷比较有效，泄漏电流对反映绝缘老化、受潮比较灵敏。

二、直流耐压试验试验接线及步骤

（1）现场准备。直流耐压试验属于高压工作，要根据有关规定做好安全工作。在试验地点周围采取安全措施，防止与试验无关的人员或动物靠近。

（2）折算到低压侧的试验电压：直流耐压试验时，在低压侧用自耦变压器加电压，要先计算出自耦变压器应输出的电压值。例如，对 10kV 的橡塑绝缘电力电缆进行 3.5 倍额定电压的直流耐压试验时，假定试验变压器的变比为 220V/30kV，由于试验变压器电源为正弦波，需将高压侧电压的有效值乘以 $\sqrt{2}$，变为直流高压值，此时低压侧自耦变压器输出电压应为

$$10\,000 \times 3.5 / (30\,000 \times \sqrt{2} / 220) = 181.5V$$

再计算出分 5 个阶段的加压值，作好记录，准备试验。

（3）根据所确定的接线方式接线，并检查接线是否正确：接地线要可靠；自耦变压器输出置于零位；微安表置于最大量程位置。如果采用微安表在低压侧的接线，先将微安表短路刀闸闭合（每次读数时拉开，读完数闭合）。

（4）合上电源总开关，然后合上自耦变压器电源开关。

（5）先空载升压到试验电压值，记录试验设备及接线的泄漏电流值，同时检查各部分有无异常现象，一切都正常无误后，降回电压，用绝缘棒放电后，准备正式试验。

（6）正式试验时，按所计算的 5 个阶段电压值缓慢加电压，升压速度控制在 1~2kV/s，在各个阶段停 1min，再继续升压，记录各个电压阶段和达到标准试验电压值时及以后 15s、60s、3min、5min、10min、15min 各时刻的泄漏电流值（试验时间为 15min 时）。

从正式试验时测得的泄漏电流值减去空载升压时的泄漏电流值，即可得到被试电力电缆实际泄漏电流值，也同时得出吸收比值。

（7）在每个阶段读取泄漏电流值时，应在电流值平稳后读取。升压过程中如果发现微安表指示过大，要查明原因并处理后再继续试验。

（8）每次试验后，先将自耦变压器调回到零位，切断自耦变压器电源开关，再切断总电源开关。检查电源确实切断后，用绝缘棒经过电阻放电。

（9）下次试验前，要先检查接地放电棒是否已从高压线路上拿开。

三、对试验结果的判断

泄漏电流只能用作判断绝缘情况的参考：电力电缆泄漏电流具有下列情况之一者，说明电力电缆绝缘有缺陷，应找出缺陷部位，并进行处理。

（1）泄漏电流很不稳定。

（2）泄漏电流随时间有上升现象。

（3）泄漏电流随试验电压升高急剧上升。

四、直流耐压试验标准（见表 4-1 和表 4-2）

表 4-1　　　　　　　　　　交接试验标准

电缆类型	额定电压（kV）	试验电压	试验时间（min）
油浸纸绝缘电缆	3~10 15~35	6U 5U	10
不滴流油浸纸绝缘电缆	6 10 35	5U 3.5U 2.5U	5
橡塑电缆	6 10 35 66 110	35kV 87.5kV 144kV 192kV	15

表 4-2   橡塑绝缘电力电缆线路的试验项目、周期和要求

序号	项目	周期	要求	说明
1	电缆主绝缘绝缘电阻	(1) 重要电缆：1年。 (2) 一般电缆： 1) 3.6/6kV 及以上 3 年； 2) 3.6/6kV 以下 5 年	自行规定	0.6/1kV 电缆用 1000V 绝缘电阻表； 0.6/1kV 以上电缆用 2500V 绝缘电阻表（6/6kV 及以上电缆也可用 5000V 绝缘电阻表）
2	电缆外护套绝缘电阻	(1) 重要电缆：1年。 (2) 一般电缆： 1) 3.6/6kV 及以上 3 年； 2) 3.6/6kV 以下 5 年	每千米绝缘电阻值不应低于 0.5MΩ	采用 500V 绝缘电阻表。当每千米的绝缘电阻低于 0.5MΩ 时应采用"注一"中叙述的方法判断外护套是否进水； 本项试验只适用于三芯电缆的外护套；单芯电缆外护套试验按本表第 6 项
3	电缆内衬层绝缘电阻	(1) 重要电缆：1年。 (2) 一般电缆： 1) 3.6/6kV 及以上 3 年； 2) 3.6/6kV 以下 5 年	每千米绝缘电阻值不应低于 0.5MΩ	采用 500V 绝缘电阻表。当每千米的绝缘电阻低于 0.5MΩ 时应采用"注一"中叙述的方法判断内衬层是否进水
4	铜屏蔽层电阻和导体电阻比	(1) 投运前。 (2) 重作终端或接头后。 (3) 内衬层破损进水后。	对照投运前测量数据自行规定	
5	电缆主绝缘直流耐压试验	新作终端或接头后	(1) 试验电压值按表 4-1 规定，加压时间 5min，不击穿。 (2) 耐压 5min 时的泄漏电流不应大于耐压 1min 时的泄漏电流	
6	交叉互联系统	2～3 年		

五、直流耐压试验注意事项

（1）整流电路不同，硅整流堆所受的反向工作电压不尽相同，采用半波整流电路时，使用的反向工作电压不要超过硅整流堆的反向峰值电压的一半。

（2）硅整流堆串联运用时应采取均压措施。如果没有采取均压措施，则应降低硅整流堆的使用电压。

（3）试验时可分 5 个阶段均匀升压，升压速度一般保持 1～2kV/s，每个阶段停留 1min，并读取泄漏电流值。

（4）所有试验用器具及接线应放置稳固，并保证有足够的绝缘安全距离。

（5）电力电缆直流耐压试验后进行放电：通常先让电力电缆通过自身绝缘电阻放电，然后通过 100kΩ 左右的电阻放电，最后再直接接地放电。当电力电缆线路较长、试验电压较高时，可以采用几根水电阻串联放电。放电棒端部要渐渐接近微安表的金属扎线，反复放电几次，待不再有火花产生时，再用连接有接地线的放电棒直接接地。

第五节　串联谐振交流耐压试验

对于电容量较大的电力电缆进行交流耐压试验，需要较大容量的试验设备和电源，现场往往难以办到，在此情况下，可根据具体的情况，采用串联谐振的方法解决试验设备容量不足的问题。

一、试验原理及目的

1. 试验原理

串联谐振就是电压谐振，谐振是在由 R、L、C 元件组成的串联电路中，在一定条件下发生的一种特殊现象，其电路如图 4-7 所示。回路中 R 为回路损耗电阻，L 为串联电感，C 为被试电力电缆，此时电路中电流为

$$I = \frac{U_s}{Z} = \frac{U_s}{\sqrt{R^2 + (X_L - X_C)^2}} \tag{4-6}$$

当 $X_L = X_C$ 时，即产生电压谐振，则

$$I = \frac{U_s}{R} \tag{4-7}$$

如果电路中 R 很小，则电流 I 很大，在电感和被试电缆上的电压降分别为

$$U_L = I\omega L \text{ 和 } U_C = I/\omega CX$$

被试电缆上的谐振电压取决于试验回路中电流的大小，其值可比试验变压器输出电压高许多倍。通过调频实现电压谐振，如图 4-8 所示。当 ω 从零开始向 ∞ 变化时，X 从 $-\infty$ 向 $+\infty$ 变化。$\omega < \omega_0$ 时、$X < 0$，电路为容性；$\omega > \omega_0$ 时，$X > 0$，电路为感性；$\omega = \omega_0$ 时，此时电路阻抗 $Z(\omega_0) = R$ 为纯电阻。电压和电流同相，我们将电路此时的工作状态称为谐振，因为这种谐振发生在 R、L、C 串联电路中，所以又称为串联谐振。

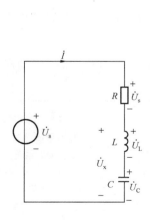

图 4-7　串联谐振电路

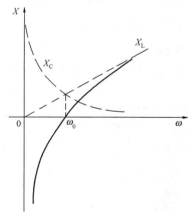

图 4-8　调频实现电压谐振

谐振频率为

$$f_0 = \frac{1}{2\pi \sqrt{LC}} \tag{4-8}$$

2. 试验目的

通过可调节频率（30～300Hz）串联谐振试验设备与电力电缆电容谐振产生数值都将远大于外施电压的交流试验电压，满足对电力电力电缆耐压试验值的需要。

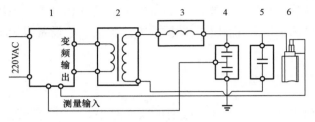

图 4-9 交流耐压试验接线图

1—变频电源；2—励磁变；3—电抗器；
4—分压器；5—补偿电容；6—试品电力电缆

二、试验接线及步骤

1. 试验试验接线（见图 4-9）

该耐压试验有两个特点：一是当电力电缆被击穿时，则谐振终止，高压消失；二是击穿后电流下降，不致造成电力电缆击穿点扩大。

2. 试验步骤

（1）进行试样的电力电力电缆绝缘线芯对金属套（屏蔽）和铠装之间的试验时，分别按表 4-3 所示接线，铠装接地端可靠连接。

表 4-3   接线方式选择

式样芯数	线芯结构示意	试样接线方式（高压端-接地端）
		有金属套、金属屏蔽、铠装
3		1−2+3+0
		2−1+3+0
		3−1+2+0

注 1. 其中 1、2、3 代表线芯导体编号。

　　2. 其中 0 代表金属护套、金属屏蔽、铠装或附加特殊电极。

　　3. 其中"+"代表相互电气连接。

　　4. 允许采用其他接线方法，但必须保证试样每一线芯都经受产品标准要求的工频交流电压试验。

（2）检查接线无误后，接通 220V 交流电源。

（3）参数设置及确认（如 BPXZ-H 系列变频谐振试验装置）如表 4-4 所示。

表 4-4   参数设置及确认

试验参数确认		
试验电压	＿＿＿＿＿kV	提示请确认参数是否设置正确，如果正确，请选择合适的测量方式进行测量，如果要改变设置，按"退出"重设
起始频率	35Hz 向上扫频	
加压时间	＿＿＿＿＿分	
过流保护	＿＿＿＿＿A	
过压整定	＿＿＿＿＿kV	
电感设置	＿＿＿＿＿H	
手动试验		自动试验
自动调谐　手动升压		手动调谐　自动升压

（4）手动调频。

寻找谐振点，根据电压的大小来判断。如果不是系统谐振点，电压很小，只有当频率接近谐振点时电压才会逐渐变化。如果超过谐振点频率，电压开始下降，如果低于谐振点频率，电压也变小，所以谐振点频率是使电压最大的频率点。

（5）试验时，电压应从较低值（不应超过产品标准所规定试验电压值的 40％）开始，缓慢平稳地升至所规定的试验电压值，并维持规定的时间后，降低电压，直至所规定的试验电压值的 40％，然后再切断电源。不允许在高电压下突然切断电源，以免出现过电压。

（6）试验完成后，进入如图 4-10 所示的波形显示或如图 4-11 所示的直方图，查看试验结果。波形显示显示的是谐振产生的电压波形，以查看波形的畸变率；直方图是用来查看谐振产生波形的谐波成分的。

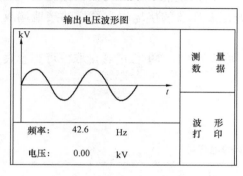

图 4-10　输出电压波形图

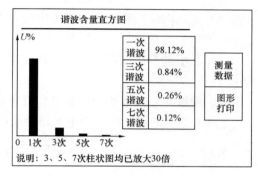

图 4-11　谐波含量直方图

三、对试验结果的判断

（1）试样在施加所规定的试验电压和持续时间内无任何击穿现象，则可以认为该试样通过耐受工频交流电压试验。

（2）如果在试验过程中，试样的端部或终端发生沿其表面闪络放电或内部击穿，允许另做终端，并重复进行试验。

（3）试验过程中因故停电后继续试验，除产品标准另有规定外，应重新计时。

四、试验标准

橡塑绝缘电力电缆 30～75Hz（45～65Hz）交流耐压的试验电压如表 4-5 所示。

表 4-5　　　橡塑绝缘电力电缆 30～75Hz（45～65Hz）交流耐压的试验电压

电力电缆额定电压	交接试验电压		预防性试验电压	
	倍数	电压值（kV）	倍数	电压值（kV）
1.8/3	$2U_0$	3.6	$1.6U_0$	3
3.6/6	$2U_0$	7.2	$1.6U_0$	6
6/6	$2U_0$	12	$1.6U_0$	10
6/10	$2U_0$	12	$1.6U_0$	10
8.7/10	$2U_0$	17.4	$1.6U_0$	14
12/20	$2U_0$	24	$1.6U_0$	19
21/35	$2U_0$	42	$1.6U_0$	34
36/35	$2U_0$	52	$1.6U_0$	42
64/110	$1.7U_0$	109	$1.36U_0$	87
127/220	$1.4U_0$	178	$1.15U_0$	146

五、试验注意事项

（1）试验时，试样的温度与周围环境温度之差应不超过±3℃。

（2）施加在试样上的试验电压值，在耐受电压时间内，电压偏差应不超过规定值的±3%。

（3）试验回路应有快速过电流保护装置，以保证当试样击穿或试样的端部或终端发生沿其他表面闪络放电或内部击穿时能迅速切除试验电源。

（4）试区周围应有金属接地栅栏、信号指示灯和"高电压危险"警告等安全措施。

（5）试区内应有接地极，接地电阻应小于4Ω，升压变压器的接地端和试样的接地端或附加电极均应与接地极可靠连接。

（6）在手动升压前，要初步计算谐振频率，谐振频率计算时，单位电容量取值可查看表4-6。

六、交联聚乙烯电力电缆单位长度电容量

表4-6为交联聚乙烯电力电缆单位长的电容量。

表 4-6   **交联聚乙烯电力电缆单位长的电容量**

电力电缆导体截面积（mm²）	电容量（μF/km）						
	YJV、YJLV	YJV、YJLV	YJV、YJLV	YJV、YJLV	YJV、YJLV	YJV、YJLV	YJV、YJLV
	6/6kV、6/10kV	8.7/6kV、8.7/10kV	12/35kV	21/35kV	26/35kV	64/110kV	128/220kV
1（3）＊35	0.212	0.173	0.152				
1（3）＊50	0.237	0.192	0.166	0.118	0.114		
1（3）＊70	0.270	0.217	0.187	0.131	0.125		
1（3）＊95	0.301	0.240	0.206	0.143	0.135		
1（3）＊120	0.327	0.261	0.223	0.153	0.143		
1（3）＊150	0.358	0.284	0.241	0.164	0.153		
1（3）＊185	0.388	0.307	0.267	0.180	0.163		
1（3）＊240	0.430	0.339	0.291	0.194	0.176	0.129	
1（3）＊300	0.472	0.370	0.319	0.211	0.190	0.139	
1（3）＊400	0.531	0.418	0.352	0.231	0.209	0.156	0.118
1（3）＊500	0.603	0.438	0.388	0.254	0.232	0.169	0.124
1（3）＊600	0.667	0.470	0.416	0.287	0.256		
3＊630						0.188	0.138
3＊800						0.214	0.155
3＊1000						0.231	0.172
3＊1200						0.242	0.179
3＊1400						0.259	0.190
3＊1600						0.273	0.198
3＊1800						0.284	0.297
3＊2000						0.296	0.215
3＊2200							0.221
3＊2500							0.232

七、电抗器（组）对应被试电力电缆长度表

电抗器（组）对应被试电力电缆长度参考表 4-7～表 4-9。

表 4-7 　　　　　　　　**单只 1A（90H）电抗器与被试电力电缆长度对应表**

电力电缆导体截面积（mm²）	YJV(22)、YJLV(22) 6/6kV、6/10kV			YJV(22)、YJLV(22) 8.7/10kV、8.7/15kV		
	单位电容量（μF/km）	试验电压	试验电力电缆长度（km）	单位电容量（μF/km）	试验电压	试验电力电缆长度（km）
35	0.212		1.47	0.173		1.28
50	0.237		1.31	0.192		1.16
70	0.270		1.14	0.217		1.02
95	0.301		1.03	0.240		0.92
120	0.327	12kV 及以下电压	0.95	0.261	17.4kV 及以下电压	0.84
150	0.358		0.87	0.284		0.78
185	0.388		0.8	0.307		0.72
240	0.430		0.72	0.339		0.64
300	0.472		0.66	0.370		0.6
400	0.531		0.58	0.418		0.52
500	0.603		0.51	0.448		0.49

注 当使用多只电抗器并联时，用所并联电抗器的电流总安培数乘以本表对应的长度即为被试电力电缆长度。

表 4-8 　　　　　　　　**两只 1A（90H）电抗器串联与被试电力电缆长度对应表**

电力电缆导体截面积（mm²）	YJV(22)、YJLV(22) 12/20kV			YJV(22)、YJLV(22) 21/35kV		
	单位电容量（μF/km）	试验电压	试验电力电缆长度（km）	单位电容量（μF/km）	试验电压	试验电力电缆长度（km）
35	0.152		1.02			
50	0.166		0.94	0.118		0.966
70	0.187		0.83	0.131		0.87
95	0.206		0.75	0.143		0.797
120	0.223	24kV 及以下电压	0.70	0.153	35.7kV 及以下电压	0.745
150	0.241		0.64	0.164		0.695
185	0.267		0.58	0.180		0.633
240	0.291		0.53	0.194		0.587
300	0.319		0.49	0.211		0.54
400	0.352		0.44	0.231		0.493

注 当使用多组电抗器并联时，用所并联电抗器的电流总安培数乘以本表对应的长度即为被试电力电缆长度。

表 4-9 　　　　　　三只 1A（90H）电抗器串联与被试电力电缆长度对应表

电力电缆导体截面积（mm²）	YJV(22)、YJLV(22) 21/35kV			YJV(22)、YJLV(22) 26/35kV		
	单位电容量（μF/km）	试验电压	试验电力电缆长度（km）	单位电容量（μF/km）	试验电压	试验电力电缆长度（km）
50	0.118	42kV 及以下电压	0.881	0.114	52kV 及以下电压	0.672
70	0.131		0.793	0.125		0.613
95	0.143		0.727	0.135		0.565
120	0.153		0.679	0.143		0.534
150	0.164		0.634	0.153		0.499
185	0.180		0.577	0.163		0.468
240	0.194		0.536	0.176		0.434
300	0.211		0.492	0.190		0.402
400	0.231		0.45	0.209		0.365

注　当使用多组电抗器并联时，用所并联电抗器的电流总安培数乘以本表对应的长度即为被试电力电缆长度。

第六节　超低频交流耐压试验

　　变频谐振试验装置虽然比直接应用工频耐压试验设备给电力电缆做耐压试验方便得多，但由于一套装置的配置仍然较多（最少四种设备）；不同长度、不同截面积及不同耐压等级的电力电缆所要求装置的容量差异较大；若规定一定的频率范围，则要求一组数台相匹配的串并联电抗器，因此现场使用仍感到不是很方便。为了更加方便现场使用，提出了电力电缆超低频耐压试验的方法。

一、超低频耐压试验原理

1. 超低频耐压试验装置的基本概念

　　所谓超低频是相对于工频 50Hz 而言的，指频率在几赫兹以下的交流信号，通常说的 0.1Hz 只是一种特指的超低频交流正（余）弦波信号，0.1Hz 正弦波信号如图 4-12 所示，其周期为 10s。有时超低频率可使用到 0.01Hz，其周期为 100s。把能够产生一定电压、电流（足够功率），频率在 0.1～0.01Hz 范围的正（余）弦波信号，用于电气设备绝缘耐压试验的一套装置称为超低频耐压试验装置，有时习惯上称为 0.1Hz 耐压试验装置。

　　根据电力电缆试验现场要求，试验设备应质量轻、体积小，因此必须降低试验设备的容量 P，而 $P = 2\pi f C U_s U_{0m} \times 10^{-3}$，由于 C 一定（电力电缆等效电容不会变）、试验电压 U_s 及电源输出最高电压 U_{0m} 一定，要达到上述要求，只能减小电源频率 f。相对于工频 50Hz，若试验装置的输出频率为 0.1Hz，在同等条件下，电力电缆试验所需的电源功率要小 500 倍；若试验装置的输出频率为 0.01Hz，在同等条件下，电力电缆试验所需的

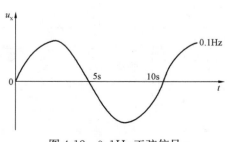

图 4-12　0.1Hz 正弦信号

电源功率要小 5000 倍，这将试验设备的体积和质量都大大减小，在现场使用非常方便。

2. 超低频试验装置的基本工作原理

从工作原理讲，目前有四种形式的超低频试验装置。

（1）机械式调幅整流 0.1Hz 超低频高压试验装置原理电路，如图 4-13 所示。

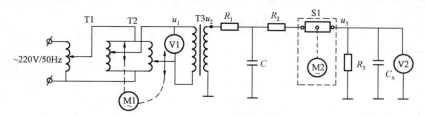

图 4-13　机械式调幅整流 0.1Hz 超低频高压试验装置原理电路

图 4-13 中，T1 为单相自耦调压器，用来调节 0.1Hz 高压的最高幅值，T2 为电动式调幅调压器，其转速设置为 6r/min，它把等幅的工频交流正弦波电压变为调制信号，频率为 0.1Hz，载波信号为工频 50Hz 的调幅电压波，调幅调压器的输出电压（u_1）的波形如图 4-14 所示。T3 为高压发生器，它将 u_1 电压升高到负载所需的电压，其输出波形与 u_1 相同。S1 为高压分频器，它由同步电动机 M2 驱动，确保在 50Hz 载波频率下通断 3000 次/min，且保证在调幅波 5s 之内每一个同极性峰值接通，每次持续 300 角度，以保证输出如图 4-15 所示的单边带正负 0.1Hz 交替变化的正弦电压波。

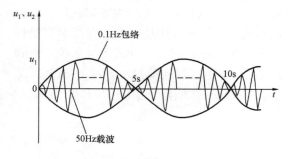

图 4-14　调幅调压器的输出电压波形

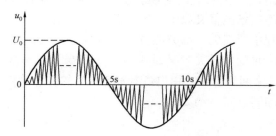

图 4-15　高压分频器的输出波形

图 4-13 中，R_1、C 是为改善高压分频器 S_1 电弧状况而设置的平滑阻容器件，R_2 为限流电阻、R_3 为泄放电阻、C_X 为被试品等效电容，同样起到高频滤波作用，最后在负载上的电压波形如图 4-12 所示。

（2）工频调幅型硅整流式超低频高压试验装置原理电路，如图 4-16 所示。

50Hz 载波调幅变换电路及超低频调制信号发生器通常有电子式和机械式两种，开关控制电路用来保证高压开关 S 在包络波的正半周接通高压硅堆 V1 和在包络波的负半周接通高压硅堆 V2，本装置可通过单片机 CPV 控制，使其超低频输出 0.1、

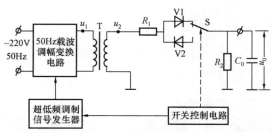

图 4-16　工频调幅型硅整流式超低频耐压试验
装置原理电路

0.05、0.02、0.01Hz 等不同频率。

（3）高频调幅式超低频试验装置原理电路，如图 4-17 所示。

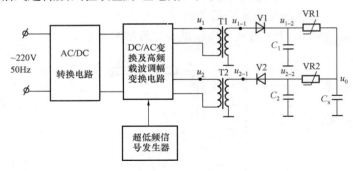

图 4-17 高频调幅式超低频高压试验装置原理电路

本电路中的载波不是 50Hz 工频，而是 AC/DC/AC 变换后的高频（几百赫兹至几千赫兹），两组高压发生器分别输出正极性高压 u_{1-2} 和负极性高压 u_{2-2}，波形如图 4-18 所示。VR1 及 VR2 为电压控制的压敏元件，起到类似图 4-13 中机械开关 S1 换向导通的作用，在负载端形成相似超低频正弦波，其频率也可在 0.01~0.1Hz 之间任意选择。

（4）0.1Hz 超低频余弦方波高压试验装置原理电路，如图 4-19 所示。其输出波形如图 4-20 所示，其工作过程为：在 t_0 时刻，开关 S 在①位，负极性直流电源给负载电容 C_0 充电至 $-u_0$。在 t_1 时刻，开关 S 在②位接通电感线圈 L，此时线圈 L 与负载电容 C_0 形成闭合回路，C_0 上形成的电场能量以磁场形式储存在电感线圈内，当 C_0 上的电压为零时，L 上储存的磁场能量又以电场形式储存在 C_0 上，C_0 上的电压极性与原极性相反。由于在能量交换过程中要损失一部分能量，C_0 上形成的正压要比 u_0 电压低。在 t_2 时刻，开关 S 在③位，直到 t_3 时刻，开关 S 又回到②位，C_0 与 L 又形成一次电能磁能电能的转换过程，在 t_4 时刻开关 S 又回到①位，由电源补充 L、C 的能量消耗，开始重复下一个周期，$|t_1-t_2|$ 及 $|t_3-t_4|$ 的间隔宽度约 2~6ms。

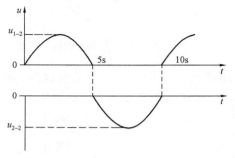

图 4-18 u_{1-2}/u_{2-2} 波形

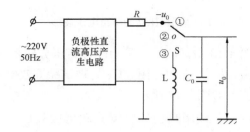

图 4-19 0.1Hz 超低频余弦方波高压
试验装置原理电路

二、试验方法

超低频高压耐压试验方法与工频耐压试验方法类同。

三、试验注意事项

（1）只有经过培训或者指导的人员才能进行此类试验。

（2）要严格按照试验装置的说明进行接线和操作。

（3）高压单元不能放在金属物品上，且要离周围金属物品半米以上。

（4）试验装置在试验完成后必须关闭电源，被测电力电缆接地，并且试验装置的接地线也要拆掉。

（5）操作单元在运输过程中上面必须要有上盖保护，在高压单元和操作单元分开后高压单元必须立刻接上短接装置。

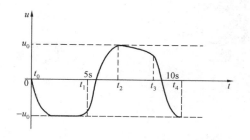

图 4-20 0.1Hz 余弦方波

（6）只能在系统关闭和被测电力电缆已经拆开的情况下，操作单元和高压单元才可以分开。

（7）被测电力电缆在试验结束后必须接地且短接以泄放其上的电荷和残余电压。

第七节 橡塑电力电缆内衬层和外护套破坏进水的确定

直埋橡塑电力电缆的外护套，特别是聚氯乙烯外护套，受地下水的长期浸泡吸水后，或者受到外力破坏而又未完全破损时，其绝缘电阻均有可能下降至规定值以下，因此不能仅根据绝缘电阻值降低来判断外护套破损进水。为此，提出了根据不同金属在电解质中形成原电池的原理进行判断的方法。

橡塑电力电缆的金属层、铠装层及其涂层用的材料有铜、铅、铁、锌和铝等。这些金属的电极电位如表 4-10 所示。

表 4-10   金属的电极电位

金属种类	铜 Cu	铅 Pb	铁 Fe	锌 Zn	铝 Al
电位 V	$+0.334$	-0.122	-0.44	-0.76	-1.33

当橡塑电力电缆的外护套破损并进水后，由于地下水是电解质，在铠装层的镀锌钢带上会产生对地 $-0.76V$ 的电位，如内衬层也破损进水后，在镀锌钢带与铜屏蔽层之间形成原电池，会产生 $0.334-（-0.76）\approx1.1V$ 的电位差，当进水很多时，测到的电位差会变小。在原电池中铜为"正"极，镀锌钢带为"负"极。

当外护套或内衬层破损进水后，用绝缘电阻表测量时，每千米绝缘电阻值低于 $0.5M\Omega$ 时，用万用表的"正"、"负"表笔轮换测量铠装层对地或铠装层对铜屏蔽层的绝缘电阻，此时在测量回路内由于形成的原电池与万用表内干电池相串联，当极性组合使电压相加时，测得的电阻值较小；反之，测得的电阻值较大。因此上述两次测得的绝缘电阻值相差较大时，表明已形成原电池，就可判断外护套和内衬层已破损进水。

外护套破损不一定要立即修理，但内衬层破损进水后，水分直接与电力电缆芯接触并可能会腐蚀铜屏蔽层，一般应尽快检修。

第五章 电力电缆故障探测

因电缆工程大多属隐蔽工程，在电缆发生故障后，不易被运行巡视人员发现，再加上故障电力电缆运行资料不全或遗失，将造成电缆故障查找困难，就如何快速、有效、安全地探测故障电力电缆，本节将叙述电缆故障产生的原因、电缆故障类型、电缆故障测试、故障电力电缆路径的探测、电缆故障的定点、电缆埋设深度的测量、电缆安全刺扎器的相关知识。

第一节 电缆故障产生的原因

故障产生的原因和故障表现形式是多方面的，有逐渐形成的，也有突然发生的；有单一故障，也有复合故障。电力电缆发生故障的原因主要有以下几种情况：

1. 外力损伤

很多电缆故障是由于电缆安装埋设过程中不注意或者电缆埋设完后附近有其他施工作业或长期受到车辆、重物等压力和冲击力作用所造成的永久性故障。有些电缆属于损伤潜伏性的故障，在带电运行几个月甚至几年的时间后被破坏损伤的部位发展为电缆铠装穿孔、水气侵入导致永久性的电缆故障，外力故障占全部故障的58%。

2. 接头故障

主要由于做接头时技术人员对接头工艺的把握上不严格或者接头材料不符合要求，在做接头时不考虑环境温湿度影响，封堵不严使水气进入接头，而造成故障。

3. 长期的超负荷运行

由于长期的超负荷运行，电缆的本体温度会随之升高，使电缆的本体绝缘下降，尤其在炎热的夏季，电缆的温度升高常常使电缆薄弱处和接头处首先被击穿。

4. 电缆本体故障

这类故障出现的几率很小，主要是由于有的电缆制造厂家的制造工艺和电缆绝缘老化所引起的。

5. 化学腐蚀

电缆路径通过有酸碱作业的地区，或者煤气站的苯蒸气往往造成电缆铠装或铅包大面积、长距离的腐蚀。

6. 地面下沉

此现象往往发生在电缆穿越公路、铁路及高大建筑物时，由于地面沉降而使电缆垂直受力变形，导致电缆铠装严重变形甚至折断而造成各种类型的故障。

7. 其他

拙劣的工艺、拙劣的接头与不按技术要求敷设电缆往往都是形成电缆故障的原因；有的时候在潮湿的气候条件下做接头，使接头的封装物内混入水蒸气而耐不住试验电压，往往形成闪络故障。

154

在对电缆故障发生的原因的分析中，要特别注意了解高压电缆敷设中的情况，若在电缆外表观察到可疑点，则应该查阅电缆安装敷设工作完成后的正确记录。这些记录应包括以下细节：①铜芯或铝芯导线的横截面积；②绝缘方式；③各个对接头的精确位置；④三通接头的精确位置；⑤电缆路径的走向；⑥在地下关系中，某一电缆到别的电缆或接头的情况以及两种不同截面积的电缆对接头的精确位置；有无反常的敷设深度或者特别的保护措施，如钢板、穿管和排管等；⑦电缆敷设中的技工和技术员的姓名；⑧历次发生故障的地点及排除过程。

欲快速定位故障，所有这些资料都是非常有价值的。由于制造缺陷而造成的电缆故障是不多的。因而，对于事故的其他原因分析，如果充分考虑到上述细节，将使电缆维修人员缩短查找时间。

第二节　电缆故障类型

目前，电力电缆故障主要有导体故障（芯线及金属屏蔽层）、主绝缘故障和护套故障。但由于电力电缆的种类较多，结构组成不尽一致，加上人们的工作属性和人们的目的要求不同等原因，使得电缆故障的分类方法较多，可归纳为以下几种情况。

1. 故障位置分类

故障电缆按故障位置分类如表 5-1 所示。

表 5-1　　　　　　　　　　　　　故障电缆按故障位置分类

序号	分　　类	
1	主绝缘故障	电缆的导体芯线与地或者金属屏蔽层之间由于绝缘受损形成的各种性质故障。一般来讲，35kV 以下等级电缆的绝大多数故障属于此故障
2	本体故障	电缆的本体出现的不同性质的故障，通常因为外力受损而出现故障
3	接头故障	通常电缆故障的相当一部分为接头故障，其表现性质各不相同，但通常以多相对地泄漏性高阻故障居多

2. 电缆的结构特性分类

电力电缆主要有三种结构：单芯电缆、三芯电缆、四（五）芯电缆（主要是低压电缆），电缆故障按电缆的结构特性分类如表 5-2 所示。

表 5-2　　　　　　　　　　　　电缆故障按电缆的结构特性分类

序号	分　　类	
1	单相接地故障	电缆的其中一相对地绝缘层特性变坏，形成泄漏性故障，即此相对地绝缘层形成了固定的电阻通道，其电阻值或大或小或零，这种故障的电缆导体芯线和相间绝缘良好
2	单相故障	电缆的其中一相对地绝缘层特性变坏或击穿特性变低，形成泄漏性故障或者闪络性故障，这种故障的电缆导体芯线和相间绝缘良好
3	相间故障	电缆中的两相间或三（四、五）相间绝缘变坏或击穿特性变低，形成泄漏性故障或者闪络性故障，这种故障的电缆导体芯线和相对地绝缘良好
4	开路故障	电缆的一芯或多芯导体或者金属屏蔽层完全断线或似断非断的情况，称为开路故障，这种故障情况的电缆相对地绝缘良好
5	混合性故障	电缆中同时存在两种以上故障的情况，称为混合性故障

3. 电缆损坏程度分类

电力电缆故障按电缆损坏程度分类如表 5-3 所示。

表 5-3　　　　　　　　　　　电力电缆故障按电缆损坏程度分类

序号		分　　　类
1	单点故障	电缆中的某一点上出现故障时，不管是单相对地、相间并对地还是混合性故障，实际上电缆故障多数为单点故障
2	多点故障	相对于单点故障，多点故障是指同一电缆上有多个距测试端不同距离的故障点，在实际中也常见到，多出现于低压电缆中
3	长距离故障	相对于电缆的故障点，长距离故障通常是指电缆中的某一段绝缘层损坏，如常见的电缆中的长距离受潮故障
4	质量问题	这一点本来不属于电缆故障的分类范围，但实际上常常发现有些用户电缆在使用很短的一段时间后，出现整条电缆的主绝缘层的电介强度下降，泄漏电流很大，表现为泄漏性故障的情况。用户在现场有时很难判别是故障点还是质量问题。典型的质量问题有绝缘层电介强度不够、绝缘层不均匀、钢铠质量差等

4. 按绝缘阻抗分类

电缆故障是由于电缆的绝缘损坏而引起的，一般故障的类型大体上分为低阻（短路）故障、断路故障、高阻泄漏故障和闪络性故障。电缆故障按绝缘阻抗分类如表 5-4 所示。

表 5-4　　　　　　　　　　　电缆故障按绝缘阻抗分类

序号		分　　　类
1	低阻（短路）故障	（1）凡是电缆故障点的绝缘电阻下降至该电缆的特性阻抗（铝芯 35～240mm² 电力电缆的特性阻抗参考值为 40～10Ω），甚至直流电阻为几百欧姆以下的故障均称为低阻故障或短路故障这类故障情况的发生概率比较低，占电缆故障的 10% 左右。 （2）如果电缆故障点的直流电阻值只有几欧姆，那么就能确定这故障可能是金属性接地故障。这类故障在检测时可先用低压脉冲测出故障距离，采用跨步电压法很容易查出故障位置
2	开路故障	凡是电缆绝缘电阻无穷大，或虽与正常电缆的绝缘电阻值相同但电压却不能反馈至用户端的故障均称为开路（断路）故障
3	高阻泄漏故障	这类故障的绝缘电阻值较高，但在做电缆高压绝缘试验时，泄漏电流随试验电压的增加而增加，当试验电压升高到额定值时（有时还远远达不到额定值），泄漏电流超过允许值。这类故障情况的发生概率比较高，占电缆故障的 80% 左右。对于这类故障，一般采用脉冲电流法，采用声磁同步法来精确定位
4	高阻闪络性故障	这类故障一般出现在运行电缆停运后做直流耐压试验时，试验电压升至某一值时，监视泄漏电流的电流表指示值突然升高，且表针呈闪络性摆动；电压稍下降时，此现象消失，但电缆绝缘仍有极高的阻值，这表明电缆存在故障。但这种故障点没有形成电阻通道，只有放电间隙或闪络表面的故障称为闪络性故障，这类故障不常见，出现的概率很小。对于该类故障，一般采用脉冲电流法的冲击闪络方式来测量故障距离，也可选用多次脉冲法来进行测试

第三节　电力电缆故障测试

在电力电缆运行中，故障是不可能杜绝的，但大多数电缆故障是因为电缆路径上的野蛮开挖造成的，这种已暴露的损坏位置，直接进行电缆修复工作即可。但对于隐蔽的故障类型，则需要电缆故障测试，通过测试人员选择合适的测试方法，按照一定的测试步骤来测定故障的位置，电缆故障测试一般分故障性质诊断、故障测距、电缆路径的探测、故障定点四个步骤。测试流程如图 5-1 所示。

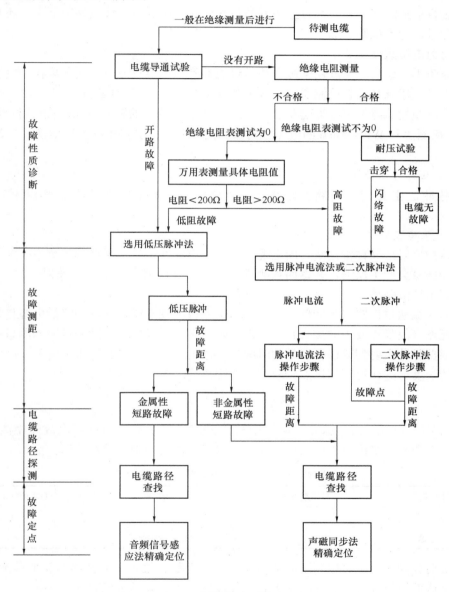

图 5-1　电缆故障测试流程

一、电力电缆故障性质诊断

电缆发生故障以后，必须首先确定故障的性质，然后才能确定用何种方法进行故障的测试，否则不但测不出故障点，而且会拖延抢修故障时间，甚至因测试方法不当而损坏测试仪器。

故障性质诊断就是指确定故障电阻是高阻还是低阻；是闪络还是封闭性故障，是接地、短路、断路，还是它们的组合，是单相、两相还是三相故障。通常可以根据故障发生时出现的现象，初步判断故障性质。例如，运行中的电缆发生故障时，若只给了接地信号，则有可能是单相接地故障；过流保护继电器动作，出现跳闸现象，则此时可能发生了电缆两相或三相短路或接地故障，或是发生了短路与接地混合故障，发生这些故障时，短路或接地电流烧断电缆线芯将形成断路故障。通过上述判断尚不能完全将故障的性质确定下来，还必须测量绝缘电阻和进行导通试验。

二、电力电缆故障测距

确定故障类型以后，要利用初测方法尽可能准确地测寻故障点，我国早在 20 世纪 60 年代初就产生了应用脉冲反射法测量电缆故障的探测仪，自 1970 年以来，又开发了既快捷又精确的定位电缆故障点的测寻方法和测量系统，其中最熟知的有 Graf 的三点探测法、Murray 的电桥探测法和 Wurmbach 的电流方向探测法，下面主要叙述脉冲反射法、电流方向探测法。

（一）低压脉冲法故障测距

低压脉冲法主要用于断路、短路、低阻故障（故障电阻在几百欧姆以下）电缆的测试。

1. 低压脉冲法测距原理及应用范围

低压脉冲反射法又称雷达法，向电缆中输入低压脉冲信号，当遇到阻抗不匹配的故障点时，该脉冲信号会产生反射，并返回到测量仪器。通过检测反射信号和发射信号的时间差，就可以测试出故障距离。

在电缆一端通过仪器将脉冲信号自测试端送入被测试电缆，该脉冲将沿电缆传播当遇到阻抗不匹配点（故障点或中间接头）时，由于阻抗突变形成反射，脉冲返回到测量端并被记录下来。根据脉冲入射到返回所经过的时间 ΔT 和电波在电缆中的传播速度 V，可以计算出传播路径的长度，进而得到测试点到故障点的距离 S，具体计算式为

$$S = \frac{1}{2} \times \Delta T \times V \tag{5-1}$$

由式（5-1）可以看出，脉冲在电缆中的传播速度对于准确地计算出故障距离很关键。脉冲在电力电缆常见绝缘材料中的传播速度（以经验值为基础）见表 5-5。

表 5-5　　　　　　　　　所列电力电缆常见绝缘材料的传播速度

绝缘材料	传播速度（m/μs）	绝缘材料	传播速度（m/μs）
油浸纸	156～170	聚乙烯	170～172
聚氯乙烯	175～190	交联聚乙烯	168～172

通过反射脉冲的极性可以判断故障的性质。对于断路故障发射脉冲与反射脉冲同极性，而对于短路或低阻故障发射脉冲与反射脉冲反极性。故障波形示意如图 5-2 所示。

低压脉冲法应用范围：主要用于测试电力电缆的断路（包括断线）、相间或相对地泄漏性低阻故障（包括短路），同轴线及两芯以上电力电缆的断路、低阻故障，测试已知绝缘介质的电缆全长；校准已知长度电缆的电波传输速度；判断电缆开路故障和短路故障的属性，测试电缆中间接头、T 型接头与终端头等的位置。

2. 低压脉冲法接线及故障测距波形

（1）低压脉冲法接线如图 5-3 所示。

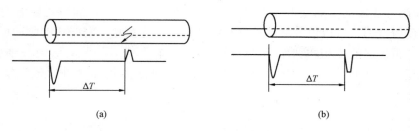

图 5-2 故障波形示意

（a）短路接地或低阻故障波形示意；（b）断路故障开路波形示意

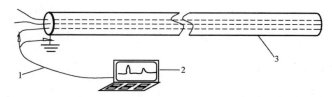

图 5-3 低压脉冲法接线

1—测试引线；2—低压脉冲测试仪；3—被测电缆

低压脉冲测试仪输出引线，一端连接被测电缆故障相，一端连接电缆钢铠接地，启动电脑、打开测试软件，选择低压反射工作方式，调整幅度旋钮，选择与被测电缆对应的介质速率和采样频率，在测试时，从测试端向电缆中输入一个低压脉冲信号，该脉冲信号沿着电缆传播，当遇到电缆中的断路或短路故障点时，测试界面的主显示区出现一个低压反射脉冲波形，当取得合适的波形时，暂停采样，判读波形，保存波形。

（2）故障测距波形。

在测试仪器的屏幕上有两个光标，一个是实光标，一般把它放在屏幕的最左边为测试零端；另一个是虚光标，把它放在阻抗不匹配点反射脉冲的起始点处，这样在屏幕的右上角，就会显示阻抗不匹配点距测试端的距离。

1）低压脉冲法实测断路故障波形。从图 5-4 中可以看出，全长 500m 的故障电缆反射脉冲与发射脉冲极性相同，说明电缆故障点已开路，当把实光标放在屏幕的最左边作为测试零端，虚光标移到一次反射波形的上升沿时即阻抗不匹配点反射脉冲的起始点处，即可测量出故障点的距离，实测为 70m。图 5-5 所示为低压脉冲法实测断路故障波形。

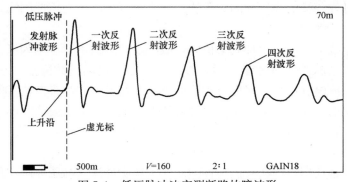

图 5-4 低压脉冲法实测断路故障波形

2）低压脉冲比较法实测低阻故障波形。在范围方式不变时，通过比较电缆故障相与完好相的脉冲反射波形，可以更容易地识别电缆故障点。先测量一完好相的脉冲反射波形，将其记忆下来，再测量故障相的脉冲反射波形，按"比较"键，将两波形同时显示在屏幕上，将光标移动至波形开始差异处，即为故障点。图 5-5 所示为低压脉冲比较法实测低阻故障波形。

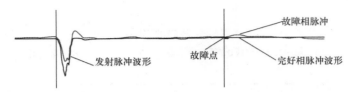

图 5-5　低压脉冲比较法实测低阻故障波形

3）关于波速度。即便电缆的绝缘介质相同，但不同厂家、不同批次的电缆，波速度也可能不完全相同，但如果知道电缆全长，根据 $S = \frac{1}{2} \times \Delta T \times V$，就可以推算出电缆的波速度。如图 5-6 所示，分别测量此电缆对端开路和短路的波形，调节波速度，使波形开始出现差异点的距离等于电缆的长度，此时的仪器显示的波速度值即为此类电缆的波速度值。值得注意的是，电缆中波速度只与电缆的绝缘介质性质有关，而与导体芯线的材料与截面积无关。见图 5-6 电缆终端开路与短路脉冲反射比较波形。

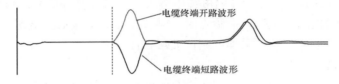

图 5-6　电缆终端开路与短路脉冲反射比较波形

（二）高压闪络法测距

高压闪络法包括高压冲闪法和高压直闪法。主要用于电缆高阻故障（故障电阻在几百欧姆以上）的测距，由于故障点等效电阻较大（大于 10 倍的电缆波阻抗），在使用低压脉冲时，反射系数（反射脉冲幅度小于 5%）几乎为零，因得不到反射脉冲而无法测量，为了得到故障点反射脉冲，高阻故障电缆需要用高压闪络促使故障点击穿变为低阻故障，基于这个物理机理产生了各种各样的高压冲闪测距法，如高压直闪法、高压冲闪法、二次脉冲法等。

1. 高压闪络法测距原理

当加到故障电缆上的电压增加到某值时，故障点突然被击穿产生闪络，产生向测量点运动的放电脉冲，放电脉冲通过测量点后，被电容反射，运动回故障点，在故障点再次被反射，返回测量点。放电脉冲不断在电容和故障点间进行反射，如果在电缆的测量点，把瞬时跃变电流及来回反射的波形记录下来，通过时标看出电波来回反射的时间，再根据电波在电缆中的传播速度，就可以算出故障点的距离。

2. 高压闪络接线方式及典型的波形分析

高压闪络法包括高压直闪法和高压冲闪法、二次脉冲法。高压冲闪法包括脉冲电流冲闪测距方法、脉冲电压冲闪测距方法。高压直闪法包括脉冲电流直闪测距方法、脉冲电压直闪测距方法，这里讲述的脉冲电流和脉冲电压是故障电缆闪络时，对闪络信号的取样方法，也叫脉冲电流取样法和脉冲电压取样法，脉冲电流取样法利用电磁感应原理（即交变电流产生交变的磁场，交变的磁场切割线圈时，在线圈中就要产生感应电动势），用高导磁材料的电流互感器拾取地线上的电流信号来获得电缆中的电波电流反射信号。与高压发生器、市电没有电气上的关系，所以特别安全，电流取样法所得波形周期多，反射波形特征拐点清晰，特别有利于故障距离分析和定位。脉冲电压取样法利用电阻分压测得电压信号来获得电缆中的电波电压反射信号，其安全性没有脉冲电流法强。

（1）脉冲电流直闪法测距接线方式及典型的波形分析。

脉冲电流直闪法用于测量故障点电阻极高，用高压试验设备把电压升到一定值时才产生闪络击穿的故障。

1）电流取样的直闪法测距方法接线如图5-7所示，T_1 为调压器、T_2 为高压试验变压器、T_1、T_2 容量在 $0.5\sim1.0$kVA，T_2 输出电压在 $30\sim60$kV；C 为高压储能电容器；L 为线性电流耦合器。调节 T_1 输出电压，直至电缆故障点被 T_2 输出高压击穿，电缆故障测试仪通过线性电流耦合器L采集到接地回路中的瞬间接地电流并进行分析，最终测量出故障点的距离。

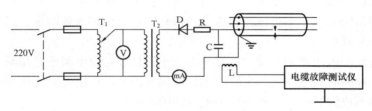

图 5-7　脉冲电流直闪法测距接线

典型的直闪测量及分析波形，如图5-8所示。

如图5-8所示，在图形上有两个光标：一个是实光标，一般把它放在图形的最左边（测试端），设定为零点；另一个是虚光标，把它放在阻抗不匹配点反射脉冲的起始点处，这样测试仪器就会自动显示出阻抗不匹配点距测试端的距离。

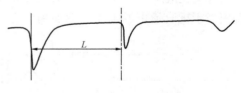

图 5-8　脉冲电流直闪波形

2）电压取样的脉冲电压直闪测距接线方式及典型的波形分析。见图5-9电压取样的脉冲电压直闪测距接线所示，T_1 为调压器、T_2 为高压试验变压器、T_1、T_2 容量在 $0.5\sim1.0$kVA，T_2 输出电压在 $30\sim60$kV；C 为高压储能电容器；R_1、R_2 为线性电阻取样器。调节 T_1 输出电压，直至电缆故障点被 T_2 输出高压击穿，电缆故障测试仪通过线性分压电阻 R_1、R_2 采集到接地回路中的瞬间接地电压并进行分

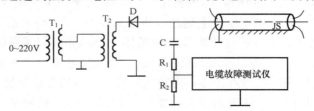

图 5-9　电压取样的脉冲电压直闪测距接线

析，最终测量出故障点的距离。

典型的电压取样的脉冲电压直闪波形，如图 5-10 所示。

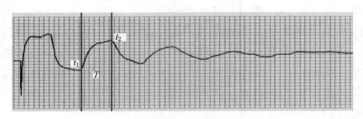

图 5-10　电压取样的脉冲电压直闪波形

从图 5-10 可以看出，在电缆故障点被击穿而形成的短路电弧使故障点电压瞬时突变到接近零，即产生一个与所知直流负高压极性相反的正突跳电压。这个正突跳电压沿着电缆向测试端传播，并于时间 t_1 到达测试端，这个正突跳电压波在测量端产生正反射（因测量电阻远大于电缆特性阻抗，相当于开路反射），这个反射波又沿电缆向故障点传播，在到达故障点时又会被短路电弧反射而产生一个负向突跳电压波（因故障点短路电弧的等效电阻远小于电缆的特性阻抗，相当于短路反射），并在时间 t_2 到达测量端。上述的反射过程将在测量端和故障点之间持续下去。不过振荡的幅度越来越小，边沿越来越圆滑，这主要是电波在电缆中传输损耗和失真所致。

（2）脉冲电流冲闪法测距。脉冲电流冲闪用于测量故障点电阻不是很高，但直流泄漏电流较大的故障，冲闪时高电压几乎全降到了高压试验设备的内阻上，作用在故障电缆上电压很小，故障点形不成闪络，必须使用脉冲电流冲闪测试法。

1）电流取样的脉冲电流冲闪法接法如图 5-11 所示，它与电流取样的脉冲电流直闪法接线基本相同，不同的是在储能电容 C 与电缆之间串入一球形间隙 G，通过调节调压升压器对电容 C 充电，当电容 C 上电压足够高时，球形间隙 G 击穿，电容 C 对电缆放电，这一过程相当于把直流电源电压突然加到电缆上去。

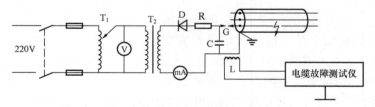

图 5-11　电流取样的脉冲电流冲闪法测距接线

典型的脉冲电流冲闪法波形，如图 5-12 所示。

在图 5-11 中，调节输入变压器 T_1 的输出电压，并加于高压变压 T_2，经 D 整流为负高压使储能电容 C 充电。该充电电压升上到足以使球间隙 G 在 t_0 瞬间击穿传到被测电缆故障相。在 t_0 时刻的负突变，通过耦合线圈 L 产生的感应电动势触发了电缆故障测试仪中的高速 A/D 转换器开始工作，电缆故障测试仪就开始记录被测电缆上的波形变化信息。在 t_0 开始这负高压脉冲沿电缆线向故障点传播，当其达到故障点时只要能量足够大，将故障点击穿放电，该放电脉冲就折回头来朝着测试电缆始端反射回来在 t_1 瞬间达到测试点。该折回的放电脉冲到测试点后又被反射，朝着故障点方向传播。这种来回不断反射的过程，直至能量

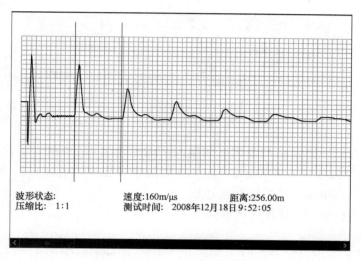

图 5-12　典型的脉冲电流冲闪法波形

逐渐减小到结束。电缆故障测试仪通过耦合线圈将这 t_0、t_1、t_2、t_3、$\cdots$、t_{n-1}、t_n 的全过程记录下来。知道了电波在电缆中传播的速度 v，电缆故障测试仪显示器显示出放电脉冲在电缆线上来回反射的时间 $t_1\sim t_2$；或者 $t_1\sim t_3$；故障点的距离 S 就等于

$$S = \frac{1}{2} \times \Delta t \times V \ (t = t_1 \sim t_2 \ \text{之间延续时间})$$

图 5-12 的波形，是当其耦合线圈 L 的上端（朝电容 C 方向）的引线与电缆故障测试仪输入的负端相接，而耦合线圈 L 的下端（朝着地线方向的引线）与电缆故障测试仪的输入正端相接时闪测仪记录下的波形。如果将耦合线圈的两条引出线，倒个方向与闪测仪输入端相接的话，所采集到的波形如图 5-13 所示；其原理和前面相同，由于线圈 L 的引出线，对闪测仪内部的输入端参考地电位不同，记录的波形方向就变成为负极性的波形。

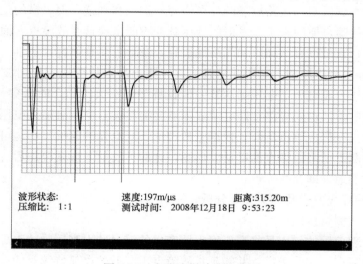

图 5-13　电流取样冲闪法波形

2）电压取样的脉冲电压冲闪法接线如图 5-14 所示，它与直闪法接线（见图 5-9）基本

163

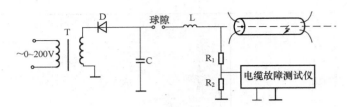

图 5-14　电压取样的脉冲电压冲闪法接线

相同，不同的是在储能电容 C 与电缆之间串入一球形间隙 G。首先，通过调节调压升压器对电容 C 充电，当电容 C 上电压足够高时，球形间隙 G 击穿，电容 C 对电缆放电，这一过程相当于把直流电源电压突然加到电缆上去。

典型的电压取样脉冲电压冲闪波形如图 5-15 所示。

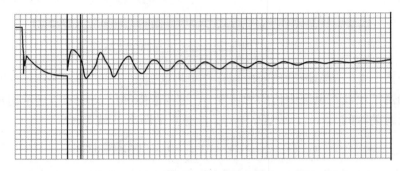

图 5-15　电压取样脉冲电压冲闪波形（波速，172m/s；故障距离，77.4m）

图 5-15 的波形，是全长在 100m 以内的远端中间接头故障波形，因起点 t_0 离终点 t_1 两拐点距离特别近，这时要特别注意判别后拐点，否则易造成错误判断。

（3）二次脉冲法测距。

低压脉冲法测试低阻和短路故障的波形最容易识别和判读，但可惜的是，它不能用来测试高阻和闪络性故障，原因在于它发射的低压脉冲不能击穿这类故障点，而二次脉冲法正好解决了这个问题，它可以测试高阻和闪络性故障，波形更简单，容易识别。

1）二次脉冲法测距原理。采用此法时，首先测出高阻故障线芯反射波形图，然后在故障电缆线芯加高压直流电压，电压到达某一值且场强足够大时，介质击穿，形成导电通道，故障点被强大的电子流瞬间短路，即电缆故障点会突然被击穿，故障点电压急剧降低几乎为零，电流突然增大，产生放电电弧。根据电弧理论，此电弧的阻抗很小，可认为是低阻或短路故障，此时再测出低阻故障点的反射波形图，这两种反射波形图叠加后进行分析计算，两条波形曲线分开的地方即为故障点。

2）二次脉冲接线方式及典型波形分析。

①二次脉冲法测试接线如图 5-16 所示。

二次脉冲处理单元的作用是将高压发生器产生的瞬时冲击高压脉冲引导到故障电缆的故障相上，保证故障点能充分击穿，并能延长故障点击穿后的电弧持续时间。同时，产生一个触发脉冲并启动二次脉冲自动触发装置和二次脉冲电缆故障测试仪。二次脉冲自动触发装置立即先后发出一个测试低压脉冲，经"高频高压数据处理器"传送到被测故障电缆上，利用

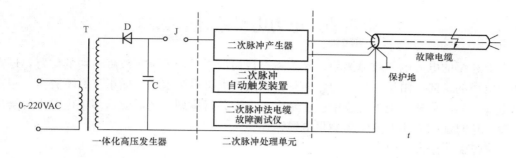

图 5-16　二次脉冲法测试接线

电缆击穿后的电流电压波形特征和电弧熄灭后的全长反射回波，将两次完全测量的不同反射脉冲记录在显示屏上。一个脉冲波形反映电缆的全长；另一个脉冲波形反映电缆的高阻（高压击穿后短路）故障距离。

②典型波形分析。在高压电弧产生的瞬间，向电缆发射一低压脉冲，记下此反射波形，由于电弧可认为是低阻或短路的故障，发射脉冲波形和反射脉冲波形极性相反，反射波形极性为负，波形向下。高压电弧反射波形如图 5-17 所示。

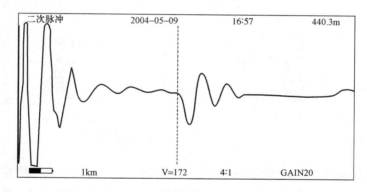

图 5-17　高压电弧反射波形

在升压前向电缆发射一低压脉冲，记录此反射波形，波形反映的是电缆末段开路（或全长波形）的脉冲波形。将两波形同时显示在屏幕上，由于两脉冲反射波形在故障点出现明显差异点，可很容易地判断故障点位置，如图 5-18 所示。

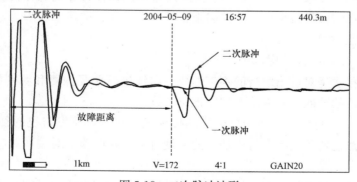

图 5-18　二次脉冲波形

第四节　电力电缆路径的探测

以上介绍的电力电缆故障测距只是故障查找初步测量，要确定故障电缆的位置，还需事先知道电缆的走向，由于一些电力电缆是直埋式或埋设在沟道里，图纸资料不齐全，很难识别出电缆走向，另外，地下管道中往往是多条电缆并行排列，还需要从多条电缆中分辨出故障电缆，这时就需要用专业仪器测量电缆路径。

1. 电缆路径探测原理

用信号发生器在被测电缆始端向电缆输入音频电流信号，利用磁性线圈接收线在地面上接收磁场信号，在线圈中产生出感应电动势，经放大后，通过耳机、电表指针或方向指示进行监视。随着接收线圈的移动，信号的大小会发生变化。路径探测仪一般使用耳机监听信号的幅值，根据探测时音响曲线的不同，可判断出电缆路径。探测方法有智能宽峰、窄峰、音谷法。音谷法测量时的音响曲线如图 5-19 所示。

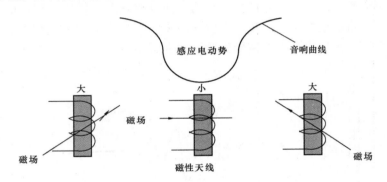

图 5-19　音谷法测量时的音响曲线

在进行路径探测时，使磁棒线圈轴线垂直于地面，慢慢移动，在线圈位于电缆正上方且垂直于电缆时，磁力线与线圈平面平行，没有磁力线穿过线圈，线圈内无感应电动势，耳机中听不到声响或声音最小。然后将磁棒线圈先后向两侧移动，在两侧就会有一部分磁力线穿过线圈，产生感应电动势，耳机中开始听到音频响声。随着磁性天线缓慢移动，声响逐步变大。当移动到某一距离时，响声最大，再往远处移动，响声又逐步减弱。在电缆附近，声响与其位置关系形成一马鞍形曲线，曲线谷点所对应的测试位置即电缆埋设的具体位置。在地面上将所有的谷点（声音最小点）连接起来就是电缆所埋设的路径。

2. 典型的接线方式

（1）芯线—大地接法，如图 5-20 所示。

芯线—大地接法是对退出运行的不带电故障电缆进行路径探测和鉴别的最佳接线方式，可以充分发挥仪器的功能，并能最大程度地抗干扰。

如图 5-20 所示，将电缆金属护层两端的接地线均解开，将发射机的红色鳄鱼夹夹在一条完好芯线上，黑色鳄鱼夹夹在打入地下的接地钎上。在电缆的对端，对应芯线接打入地下的接地钎。

注意：尽量使用接地钎，而不要直接用接地网。至少在电缆的对端必须用接地钎，接地

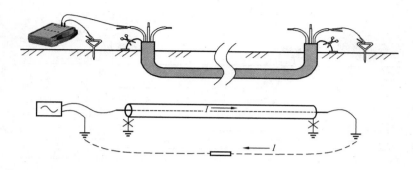

图 5-20　芯线—大地接法

钎还需要离接地网一段距离，否则会在其他电缆上造成地线回流，影响探测效果。

　　电流自发射机流经芯线，在电缆对端进入大地，流回电缆近端返回发射机。这种接法在地面探测时可以感应到很强的信号，而且在本条电缆上没有其他感应电流的影响，信号特性比较明确，可以充分利用仪器的电流方向测量功能；信号在绝缘良好的芯线上流过，不会流到邻近管线上，尤其不会流到交叉的金属管道上，最适于在复杂环境下进行路径查找。另外，由于电缆接地，流经电缆的信号电压很低，不容易对邻线产生电容耦合，减少干扰。

　　由于存在芯线和大地之间的分布电容，随距离的增加，电流会逐渐减小。但若接地良好，电容电流很小，可以不予考虑。

　　这种方法的缺点是需要将电缆两端的接地线全部解开，略显繁琐。

　　（2）护层（铠装及铜屏蔽层）—大地接法，如图 5-21 所示。

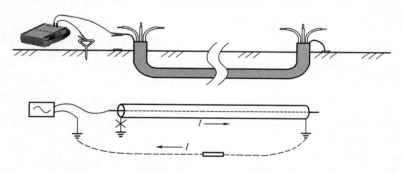

图 5-21　护层—大地接法

　　如图 5-21 所示，将电缆近端的铠装及铜屏蔽层护层接地线解开，对端的电缆铠装及铜屏蔽层护层保持接地，信号加在铠装及铜屏蔽层护层和接地钎之间（不可使用接地网），电缆相线保持悬空。电流自发射机流经护层，在电缆对端进入大地，流回电缆近端返回发射机。这种接法不存在屏蔽，因而在地面上产生的信号最强，信号特性也比较明确。同样，由于铠装及铜屏蔽层护层和大地之间分布电容的存在，信号会自近向远逐渐衰减。

　　潜在的问题：铠装及铜屏蔽层护层外部的绝缘层若有破损，部分电流将由破损点流入大地，造成破损点后的电流突然减小，减小幅度与破损点的接地电阻有关。

　　（3）相线—护层（铠装及铜屏蔽层）接法，如图 5-22 所示。

　　如图 5-21 所示，发射电流信号加在电缆一相和铠装及铜屏蔽层护层之间，对端相线和铠装及铜屏蔽层护层短路，铠装及铜屏蔽层护层两端保持接地。

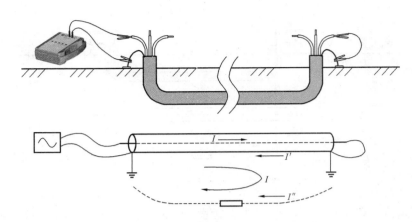

图 5-22 相线—护层接法

如果是单条电缆敷设，电流信号 I 自发射机流经芯线，再经铠装及铜屏蔽层护层电流 I' 和大地电流 I'' 两个回路返回。因为铠装及铜屏蔽层护层由连续金属组成，电阻很小；大地回路由于存在两端接地电阻，再加土壤电阻，总阻值较大，故大部分电流将通过护层电流 I' 返回，少部分电流通过大地电流 I'' 返回。由于芯线电流 I 和铠装及铜屏蔽层护层电流 I' 反向，能在外部一定距离产生磁场信号的有效电流为其差值，数值近似为通过大地返回的电阻电流 I''。另外，由于芯线—铠装及铜屏蔽层护层回路和铠装及铜屏蔽层护层—大地回路存在互感，通过电磁感应也能够在护层—大地回路产生感应电流，综合效果为有效电流等于大地回路的电阻电流和感应电流的矢量和（两者存在相位差）。根据现场情况的不同，有效电流可能会占总注入电流的百分之几到百分之十几。

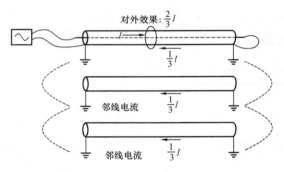

图 5-23 并行电缆的分流效果

如果存在同路径敷设（两端位置均相同）的其他电缆，则返回电流主要被其他电缆的铠装及铜屏蔽层护层分流。例如：三条电缆同路径，则三条电缆的铠装及铜屏蔽层护层返回电流各占注入值 I 的 1/3；有效电流与注入值 I 同向，占注入值 I 的 2/3；邻线电流反向，占注入值 I 的 1/3。并行邻线电缆的分流效果如图 5-23 所示。

相线—护层法的优点在于接线简单，不需要解开接地线；缺点是当多条电缆同路径敷设时，各条电缆信号相差不大，仅靠信号幅值有时难以区分；当单线敷设时，有效电流大幅减少，信号较弱，而且有效电流中含有感应电流成分，目标电缆和邻近管线的感应信号相位相同，在使用智能模式时，有可能无法根据电流方向排除邻线干扰。

（4）相间接法如图 5-24 所示。

如图 5-24 所示，发射信号加在电缆两相之间，电缆的对端两相短路。两相线在电缆内部扭绞，其电流值相同且方向相反。由于两相线虽相距很近，但仍有一定间隔，故两相线和接收机线圈之间的距离会有微小差异，两相线在此处产生的磁场方向相反，但强度因距离的差异而不会完全相同，虽大部分相互抵消，但仍有小部分残余，金属护层的屏蔽作用会将其

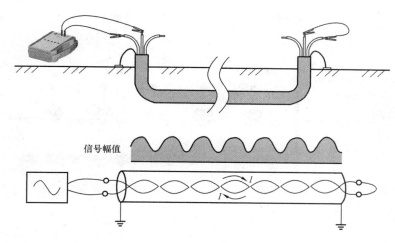

图 5-24　相间接法

进一步削弱，最后的剩余信号才能被接收。因为扭绞的原因，信号会沿电缆路径有周期性的幅值和方向的变化。

在一个扭绞周期内，对外辐射的磁通因方向连续变化 360°而相互抵消，故不会在护层—大地回路产生感应电流。

由于有效信号很小，使用高频信号将比低频信号更易于探测。相间接法无法使用接收机的电流方向测量功能排除邻线干扰。

第五节　电缆故障的定点

电缆故障的精确定点是在上述电缆故障距离粗测和路径查明后的一项工作，故障测距技术是整个电缆故障测试中的关键，但由于电缆敷设中的变化性（余缆、S 弯、盘园等原因），因此测距只是粗测，往往存在很大误差，要找到故障点的精确位置，就必须通过定点来确定。对于不同性质的故障，定点的方法也不同，以下将分别介绍声测法、声磁同步法、电磁波法（音频信号法）、跨步电压法的不同定点方法。

1. 声测法

故障点在高压作用下会产生放电，并产生回波、声波、电磁波等现象，利用故障点处的声波来判断故障点的方法就叫声测法。声测法示意图如图 5-25 所示。

声波在土壤中的衰减是比较快的，对于直埋电缆往往听到的故障的放电声波会在很小的范围内，故障点处的振动声音最大，离故障点越远，振动声音越小，而最终定位的故障点根据经验应在 0.5m 以内。

声测法优点是简单易理解，由于以声音大小为定点的依据，因此定点可信程度高；缺点是抗干扰能力差，由于测试中没有电磁波的指示，给捕捉放电声带来了困难。若周围有较大机械震动声，会给定点带来很大的困难。另外，此种定点方法不可判定金属性接地故障。

2. 声磁同步法

由于现在越来越多地使用交联电缆，而交联电缆的故障大部分为封闭故障，故障点的放

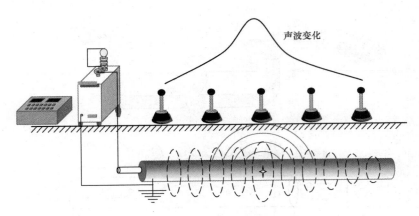

图 5-25　声测法示意图

电声往往在十几米甚至几十米都有几乎一样大的响声，这给定点带来了很大的困难，靠传统的听声法及机械表头摆动来判断故障点显然已满足不了测试要求。另外，在实际定点中，由于测试人远离测试端，当尚未听到由故障点传出的地震波时，心情往往会急躁起来，甚至会怀疑放电设备没有工作。有时在有脉冲声源的干扰背景中往往需要知道自己听到的声波是否与放电设备的放电周期同步，否则就无法做出最后的判断。智能定位仪可同时接收放电时产生的声波及电磁波，并通过信号处理计算出声波与电磁波的时间差，同时仪器还可将接收到的声波与电磁波以一定形式显示出来，根据上述所接收的信号可以比较容易地确定电缆故障点，此种方法叫声磁同步法。同声测法一样，声磁同步法可以测试除金属性短路或接地故障以外的所有加高压脉冲信号后故障点能发出放电声音的故障。使用这种方法必须有高压信号发生器配合。

（1）声磁同步路径探测原理。当施加在故障电缆上的高电压使故障点击穿时，强大的瞬间电流（正方形设为流入纸面）会在电缆周围（全长范围内）产生一个磁场信号（设为顺时针方向）和声音信号，电缆周围磁场信号如图 5-26 所示。

脉冲电流 I 在电缆两侧所产生的磁场的初始方向（极性）是相反的磁场，如图 5-27 所示，定点仪器在不同的位置采集磁场信号并将波形显示在智能定位仪液晶显示屏上，当判断初始方向发生变化时，说明仪器探头已移到电缆的另一侧，用此法反复探测即可确定电缆的路径。

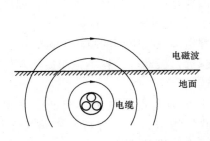

图 5-26　电缆周围磁场信号

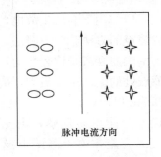

图 5-27　两侧磁场

电缆故障点击穿时产生声音信号，其波形显示在智能定位仪液晶显示屏上，并将声音通过耳机输出以供监听。当智能定位仪接收到故障点放电声音信号时，移动光标可以标定出声音与磁场信号到达探头的时间差（声磁延时值），由于磁场传播速度远远高于声音传播速度，因此磁场的传播时间可以忽略，声磁延时值即是声音信号从故障点到探头所需的传播时间。根据：距离＝时间×速度，即可判断故障点的远近（由于很难确定声音在不同介质中的传播速度，所以还不能根据声磁延时值精确地算出故障点的距离）。通过监听声音和判断声音波形幅值，还可以辨识声音的强度。声磁延时值最小并且声音强度最大的点就是故障点。

（2）声磁同步故障定点。根据故障测距结果，确定电缆路径故障点的大致范围，在这个范围内进行故障定点。

1）信号鉴别。将探头放在电缆上方，故障点击穿放电时，智能定位仪液晶显示屏显示采集到的磁场和声音信号波形。如果故障点发出的声音信号能够被仪器接收到，则其波形将明显不同于噪声波形：

①噪声波形。杂乱无章，没有规律，在同一测试点每次触发显示的波形均不一样。

②放电声音波形。规律性很强，在同一测试点，每次触发显示的波形在形状、幅值、起始位置等各方面均非常相似。

在对直埋电缆进行定点时，声音波形与正弦波有些相似。信号越强越相似，能分辨出的周期数越多；信号越弱，变形越严重，周期数越少典型的声音波形如图 5-28 所示。

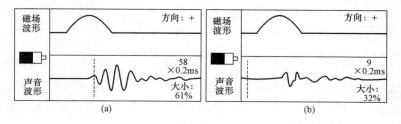

图 5-28　典型的声音波形
(a) 信号较强；(b) 信号较弱

在进行信号鉴别的时候，波形识别是主要手段，耳机监听是辅助手段，可以用来验证波形识别的结果。一般的，如果能监听到信号，则波形早已能够被正确识别；但反过来，由于听觉分辨力不如视觉，以及环境噪声、个人经验等原因，波形能够识别，监听并不一定能分辨出信号。更应该注意的是，由于放电磁场很强，不可避免地会对声音信号通道产生影响，有时在离故障点还比较远的地方，经过极力分辨也能监听到一个很小的声音信号，虽然不同于环境噪声，但是在不同的位置声音强度不变，波形无法识别，这时可以断定这种声音是干扰，而不是信号。

如果没有采到信号，说明探头的位置距离故障点还比较远，应沿电缆路径方向将探头移动 1～2m 的距离重新探测。

由于故障测距和地面测量都存在误差，尤其在故障点较远或地形复杂时，误差可能比较大，而且极有可能超出估计的误差范围，所以在首先确定的一二十米的小范围内没有采到信号时，应向更大范围内继续寻找。如果在较大范围内还没有采到信号，应首先检查故障测距的结果是否正确，如果不能十分确定，要再次进行测距；如果故障电阻偏低，造成放电信号过于微弱而不易探测，应尽量提高放电电压，或加大电容，再进行定点，移动探头时也要适当缩小每次移动的距离。

2）判断故障点远近。

仪器采集到放电信号后，可以利用声磁延时值来判断故障点的远近。

仪器一旦被磁场触发，就开始记录声音信号，声音波形零点就是磁场触发的时刻。刚开始，信号还没有传到探头，波形比较平直，或仅有微弱的不规则噪声波形；信号到来时，信号特征波形开始出现。平直波形的长度代表了声磁延时的长短。

采集到信号波形后，光标可能在零点，也可能在其他位置，这时显示的时间值没有意义，需要使用"＜"和"＞"键将光标移动到平直波形结束、放电声音波形开始出现的位置，相应显示的时间值就是声磁延时值，即放电声音信号从故障点传到探头需要的时间，时间越长，故障点距离越远，时间越短，距离越近。

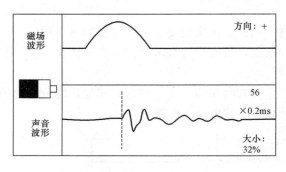

图 5-29　声磁延时的测量

为测量声磁延时，应将光标移到如图5-29所示的位置。

将探头沿电缆路径方向移动一段较小的距离，重新采样，如果测得的声磁延时值变小，说明这次比上次相比靠近了故障点，反之说明远离了故障点。

重复上述过程，直至找到一个声磁延时值最小的点，就是故障点。

如果保持声音增益不变，还能够利用声音的强度不同而辅助定点。可以观察表示声音幅值大小的百分数，还可以用耳机监听而人工分辨声音强弱，声音最强的点一般就是故障点，不过也有特殊情况。这是一种传统的定点方法，不易分辨、容易使人疲劳，而且精确度较低。

3. 电磁波法（音频信号法）

电磁波法是一种特定情况下的定点方式，测试过程不需加高压，此种方法特别适合开路故障及对地泄漏的短路故障，电磁波法测试方法如图5-30所示。将一定频率的信号（音频）加入故障相，由于信号电流在故障点处有泄漏（短路）或阻断（开路），则在故障点处的信号会发生变化，根据故障点的信号变化来确定故障点。将发射机信号加至电缆故障相，将接收机选至"波峰法"，沿电缆前行追踪，当信号有急剧减小或戛然消失（突跳点）地段时，即可确定为故障点位置。电磁波法有三种接线方式，下面分别讲述相间连接法、相地连接法、间接连接（直接耦合）法。

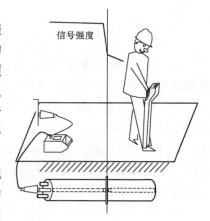

图 5-30　电磁波法测试方法

（1）相间连接法。将音频信号发生器的两条输出测试导引线接到待测电缆的两相之间，使用音频信号接收器探头进行探测。相间连接方式如图5-31所示。由于电缆外皮对电磁场的屏蔽作用，用此种方式接线，接收机能接收到的信号较弱，但在外界干扰较小的情况下，可以明显听到音谷方式中的音响骤减。因此，在外界环境较好时，宜于采用相间连接方式。

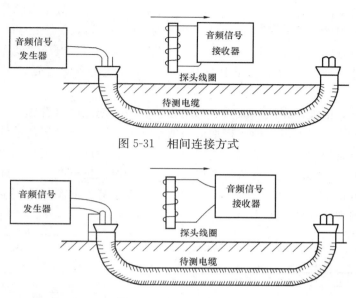

图 5-31　相间连接方式

图 5-32　相地连接方式

（2）相地连接法。将音频信号发生器的两条输出测试导引线接到待测电缆的一相和钢铠（钢铠接地）间，使用音频信号接收器的探头进行探测。相地连接方式如图 5-32 所示。此种接线方式，接收机能接收到较强的信号，但不易听出声响的明显变化。当电缆埋设较深，或外界干扰较大，用相间连接法声响太弱时，适于用相地连接法。

注意：使用以上两种接线法方式，当电缆较长、信号较强时，电缆对端可以开路，也可以短路；电缆很短或信号太弱时，可在对端将通电相之间短路，以减小电缆阻抗，提高输出功率。

（3）间接连接（直接耦合）法。将音频信号发生器的两条输出测试导引线短路并绕在待测电缆的铅皮周围，一般绕 5～7 圈。耦合线圈可视作一电感，产生感应电动势和感应电流，通过电缆向周围发射电磁波，使用音频信号接收器的探头进行探测。间接连接方式如图 5-33 所示。

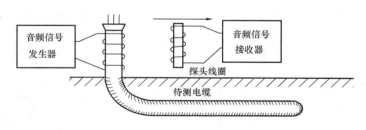

图 5-33　间接连接方式

间接连接方法，可以在不停电的情况下进行路径测试。当某些不允许停电的电缆需要测试路径时，可以使用这种方法。

4. 跨步电压法

跨步电压法特别适用于路灯电缆、直埋电缆、直埋通信电缆对地故障的快速准确定位。

尤其对直埋电缆的牢固接地故障十分有用，因为单相金属性接地故障点的放电能量与放电电流的平方和接地电阻的平方成正比，由于接地电阻很小，故故障点击穿间隙放电时声音较轻，用声测法及声磁同步法无法精确定点，甚至无法定点。跨步电压法使用简单，不用传统的高压设备，仪器一般不需市电，而由充电电池工作，使用方便可靠，一人即可完成全部操作。

（1）测试原理。电缆破损后，破损点与地相接，该接地点可以看成是一个深埋地下的球形接地体，同时由于电缆的电阻值比接地电阻值小得多，因此可以忽略不计，此时试验时加在电缆上的电压可近似地看成全部加在接地点上，在假设接地点一定范围内土壤的电阻率是均匀的，在离接地点越远的地方电流强度也越弱，因为可以把电缆金属接地点在故障范围内看成一个导体，电流呈辐射状向各个方向流散。接地点电势剖面图如图 5-34 所示。

接地点电势俯视图如图 5-35 所示。

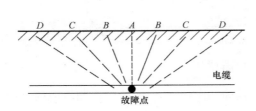

图 5-34　接地点电势剖面图

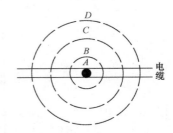

图 5-35　接地点电势俯视图

由图 5-34 和图 5-35 可以看出，A 点的场强度最大，越往外电场强度逐渐减小，在故障点前后跨步电压的极性是相反的，其电场强度 E 与距离 L 关系如图 5-36 所示。

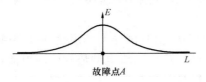

图 5-36　电场强度 E 与距离 L 关系

正是根据故障接地点的这种电位变化，才得以判断出故障点的准确位置。

具体方法如下：在电缆故障相上输入一定频率的电流信号，然后用定点仪中的两根金属探针沿电缆路径在故障点附近取地面跨步电压，探针将跨步电压信号传递给定点仪，当探针正好插在故障点两侧时，此时定点仪的强度信号指向"0"，两探针之间的中点即为故障点。跨步电压定点法如图 5-37 所示。

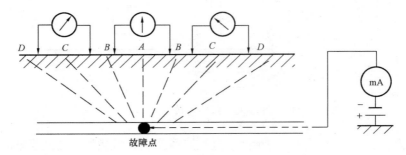

图 5-37　跨步电压定点法

（2）跨步电压法的应用技巧。

1) 当已知电缆的路径走向时，可用两指针沿电缆路径进行探测，从信号的大小及方向可定出故障点的粗略位置，然后用两指针逐点移动，最后定出故障点位置。

2) 当受电缆走廊地面情况限制不易于测量时，可以先定出故障点的粗略位置，再在电缆路径周围定出电位相等的两点，即 A 点和 B 点，作两点的垂直平分线，然后在附近再定出电位相等的两点，即 C 点和 D 点，作垂直平分线，两垂直平分线相交处即为故障点的位置，受电缆走廊限制的等电位垂直平分线相交法的故障定位如图 5-38 所示。

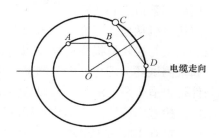

图 5-38　等电位垂直平分

3) 当在探针不能插入的路面上测量时，可将湿毛巾包住探针尖端放在路面上进行测试。

第六节　电缆埋设深度的测量

在对电缆故障判断和故障点开挖时，需要事前了解地埋电缆的深度，下面介绍的两种电缆埋设深度的测量方法。

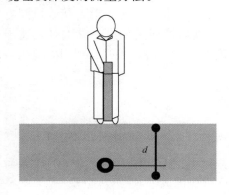

图 5-39　直读法

1. 直读法

按动接收机深度键能直接测试地下电缆深度。深度值显示在 LCD 液晶显示器上。深度测量在测试时能迅速测定电缆的深度，如图 5-39 所示。

测试步骤为：发射机采用直连法连接，接收机测定正确的管线路径，移动接收机到目标电缆线路的正上方。接收机的位置尽可能精确地位于电缆正上方。垂直拿着接收机不要晃动，按动深度键。接收机将测试的深度显示在液晶显示器上。不要在电缆线路的转弯附近进行深度测量。要获得高的精度，至少离开转弯 5m 处进行深度测量。

当有较大的干扰源或存在相邻电缆线路的感应信号干扰时，进行深度测量往往是得不到准确读数的。使用测量深度的功能时必须十分注意，因为干扰磁场和相邻电缆对于直读测深的影响非常大。读深度值时操作者应首先探测干扰磁场和相邻电缆的磁场，尽量在理想环境下测试深度。如直读法测深的精度不能满足要求，请使用 45°测试深度法。

直读测深的方法虽然简单，但要获取正确结果需要一定的条件，否则测量精度不高，甚至得到错误结果。应用直读测深的条件：

（1）此时的波峰值和波谷测得的路径要基本重合，否则误差会很大。

（2）直读的深度要经过校正才能达到较高的可靠性，校正的因素包含：电缆线路埋设土壤的湿度，以及探测信号的频率，一般土壤湿度越大、探测频率越高，校正的系数就应越小，一般在 0.8～0.95 之间。简单的办法是找一个深度已知且无干扰的电缆线路段，测出直读深度，与实际埋深相比较就能得到校正系数。

（3）直读法需要保证足够大的电流，一般请在发射机为直连法下使用。

测量埋深时要注意接收机的方向，应使接收机的线圈与管线走向垂直，可以通过轻微转动接收机，使面板上的显示读数达到最大值来判定。此外，还应注意：直读埋深值是接收机机身底部到管道中心的距离。

把接收机从地面提高5厘米重复进行深度测量检查可疑的深度测量值。如果测量到的深度增加的值与接收机提高的高度相同，则表示深度测量值是正确的。

如果测试环境理想，深度测量的精度应为电缆埋深的±5％。然而，有时可能不知道现场条件是否适合深度测量，所以应该采用以下的方法来检查测试深度值：

（1）检查深度测量点两边管线的走向间至少有5m是直的。

（2）检查10m范围内信号是否相对稳定，并且在初始深度测量点的两边进行深度测量。

（3）检查目标电缆线路附近3～4m范围之内是否有相邻的干扰电缆线路。这是造成深度测量误差最常见的原因，邻近电缆线路感应了很强的信号可能会造成50％的深度测量误差。

（4）稍微偏离管线的位置进行几次深度测量，深度最小的读数是最准确的，而且此处指示的位置也是最准确的。

2．45°法测试法

将接收机移到所需测试点，确定电缆的正确路径。用波谷法尽可能精确地标出电缆线路的路径。把接收机的底端放在地面上，使得接收机与地面成45°。移动接收机离开电缆线路路径，接收机移动的路径同电缆线路路径保持垂直，当接收信号指示为零值时，接收机同电缆线路路径的距离就是电缆线路的深度，如图5-40所示。在电缆线路的另一方重复上述步骤，测得的距离值应该相等。当电缆线路两侧测得的深度值不相等时，表明有别的电缆线路或金属物质。

图5-40　45°法测试法

第七节　电缆安全刺扎器

电缆安全刺扎器是在对同路径敷设的故障电缆鉴别后，出于安全的需要，在电缆故障处开锯前的安全遥控刺扎设备，仪器采用了非接触式控制（遥控、定时）刺扎，彻底解决了现场高压电缆的识别、带电与否的鉴别以及绝对安全的全自动试扎问题，避免出现扎错或锯错高压电缆而出现人身伤亡的重大安全事故。

1．电缆安全刺扎器的工作原理

电缆安全刺扎器由射击器和控制器两大部分组成，射击器为一种低速活塞式的特殊装置，为刺扎器提供动力；控制器为电子检测线路，实现人机对话与液晶显示同步。接线方式如图 5-41 所示。

2. 使用步骤

首先用 U 型卡槽和固定板压住被试电缆，然后用螺杆和碟型螺母卡住电缆并固定射钉器，用锁紧螺母将射钉器与固定板锁紧固牢，在前枪管中存放放射钉，用后枪管固定活塞杆，连接螺母用于枪管和枪膛的分合，在弹仓里安放射钉弹，用控制线连接头连接控制器，打开控制器电源，遥控指示灯在接收到遥控信号时灯亮，通过菜单键选择刺扎器，拉开枪栓拉环并调节枪栓力度，做好安全地线的连接。

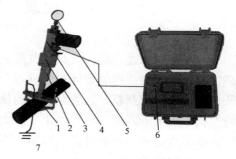

图 5-41 接线方式

1—U 型卡槽及固定板、螺杆、蝶型螺母、锁紧螺母；2—枪管；3—连接螺母；4—枪膛及弹仓；5—枪栓及枪栓拉环；6—控制线连接头；7—安全地线

3. 装置试验

（1）空试验（不装弹与钉）。

试扎前为了试验装置工作是否正常，可以进行一次空试扎即不装射钉及钢钉，由一人手持装置顶到硬地面或墙面或木板上，另一人操作遥控器进行空试扎试验，如成功感觉到镗内弹簧动作证明装置正常。如不能则应仔细检查，保证装置工作正常。

（2）实弹试验。

空试完成后，可以装好射钉和钢钉由一人持装置顶到硬地面或厚木板上，另一人操作遥控器进行试扎试验，这时由于不是对带电体，持装置人不会有危险，如成功射出钢钉证明装置正常，如不能则应先仔细检查，保证装置正常后才能在高压电缆上进行试扎。

附录　现场实测波形汇编

波形判别概述：低压或高压波形显示后，先不要急于进行距离的判别，应先将波形进行高比例压缩，对波形的整体趋势进行分析，对整体趋势有一定了解后，再将波形的压缩比调低，进行距离的判断，这就是所谓的从"宏观到微观"的判别方法。这就避免了干扰（如引线太长、阻抗不匹配、电缆使用年限太长、接头工艺不规范等）、高压法时故障点没有形成短路电弧等造成的原则性的误判断，不会造成大的误差。

具体内容按照低压脉冲测距、二次脉冲测距、高压脉冲测距进行详细阐述。

1. 低压脉冲测距（见附表 1～附表 13）

附表 1　　　　　　　低压脉冲测距（一）

电缆型号	XLPE	电压等级	10kV	测试时间	2005.7.5	低压脉冲实测波形
所属线路		中间头数量	无	测量人		
起点		档案全长	110m	现象	开路	
终点		测试全长	110m	故障性质	开路	
所用设备		FH-8636				

阻值测量（2500V）（MΩ）		万用表测量（Ω）			
A 对 BC 铠	2500	A 对铠	∞		
B 对 AC 铠	2500	B 对铠	∞		
C 对 AB 铠	2500	C 对铠	∞		

故障性质判断分析及确定测试方法

波形速度：172m/μs
采用方法：低压脉冲
长度选择：短距离
采样频率：24MHz
故障性质判断：开路

故障点距始端		故障点距终端	
96m		15m	

备注	

96m

展宽的短电缆开路全长实测波形

实测波形全貌

附表 2

低压脉冲测距 (二)

电缆型号	XLPE	电压等级	10kV	测试时间	2005.7.5
所属线路		中间头数量	无	测量人	
起点		档案全长	110m	现象	开路
终点		测试全长	110m	故障性质	开路
所用设备	FH-8636				
阻值测量 (2500V) (MΩ)			万用表测量 (Ω)		
A 对 BC 铠	2500		A 对铠		∞
B 对 AC 铠	2500		B 对铠		∞
C 对 AB 铠	2500		C 对铠		∞
故障性质判断分析及确定测试方法	波形速度：172m/μs 采用方法：低压脉冲 长度选择：短距离 采样频率：24MHz 故障性质判断：开路				
故障点距始端	96m		故障点距终端	15m	
备注					

低压脉冲测距（三）

附表 3

电缆型号	XLPE	电压等级	10kV	测试时间	2008.7.5
所属线路		中间头数量		测量人	
起点		档案全长	270m	现象	短路
终点		测试全长	270m	故障性质	短路接地
所用设备	FH-8636				

阻值测量（2500V）（MΩ）		万用表测量（Ω）	
A 对 BC 铠	0	A 对铠	100
B 对 AC 铠	0	B 对铠	100
C 对 AB 铠	0	C 对铠	100

定测试方法	波形速度：172m/μs 采用方法：低压脉冲 长度选择：短距离 采样频率：24MHz 故障性质判断：短路
故障性质判断分析及确	

	故障点距始端	故障点距终端
	147m	123m

备注	

低压脉冲实测波形

147m

展宽的短路故障实测波形

故障波形全貌

181

附表 4　　　　　　　　　　　　低压脉冲测距（四）

电缆型号	XLPE	电压等级	10kV	测试时间	2008.7.5	低压脉冲实测波形
所属线路		中间头数量		测量人		
起点		档案全长	180m	现象	开路	
终点		测试全长	180m	故障性质	开路	
所用设备	FH-8636					
阻值测量（2500V）（MΩ）		万用表测量（Ω）				
A 对 BC 铠	2500	A 对铠			∞	
B 对 AC 铠	2500	B 对铠			∞	
C 对 AB 铠	2500	C 对铠			∞	
故障性质判断分析及确定测试方法	波形速度：172m/μs 采用方法：低压脉冲 长度选择：短距离 采样频率：24MHz 故障性质判断：开路					
	故障点距始端			故障点距终端		
备注	100m			80m		

用宽脉冲测较短距离的
实测展宽波形

100m

实测开路波形全貌

附表 5

低压脉冲测距（五）

电缆型号	VLV22	电压等级	0.38kV	测试时间	2008.7.5	低压脉冲实测波形
所属线路		中间头数量		测量人		
起点		档案全长	130m	现象	开路	
终点		测试全长	130m	故障性质	开路	
所用设备	FCL-2000					
阻值测量（500V）（MΩ）				万用表测量（Ω）		
A 对 BC 铠	2500			A 对铠	∞	
B 对 AC 铠	2500			B 对铠	∞	
C 对 AB 铠	2500			C 对铠	∞	
零线对铠	2500			零线对铠	∞	
故障性质判断分析及确定测试方法	波形速度：172m/μs 采用方法：低压脉冲 采样频率：100MHz 故障性质判断：两相开路					
	故障点距始端			故障点距终端		
	98m			28m		
备注						

低压脉冲实测波形

183

附表 6

低压脉冲测距（六）

电缆型号	VLV22	电压等级	0.38kV	测试时间	2009.8.15	低压脉冲实测波形
所属线路		中间头数量		测量人		
起点		档案全长	280m	现象	短路	
终点		测试全长	280m	故障性质	短路接地	
所用设备	FCL-2000					

阻值测量（500V）（MΩ）		万用表测量（Ω）	
A对BC铠	0	A对铠	10
B对AC铠	0	B对铠	45
C对AB铠	25	C对铠	∞
零线对铠	2500	零线对铠	

故障性质判断分析及确定测试方法：

波形速度：172m/μs
采用方法：低压脉冲
采样频率：100MHz
故障性质判断：两相短路接地

故障点距始端	故障点距终端
56m	244m

备注

附表 7 低压脉冲测距（七）

电缆型号	XLPE	电压等级	10kV	测试时间	2006. 6. 5	低压脉冲实测波形
所属线路		中间头数量		测量人		
起点		档案全长	860m	现象	短路	
终点		测试全长	860m	故障性质	短路接地	
所用设备		FCL-2000				

阻值测量（2500V）（MΩ）			万用表测量（Ω）		
A 对 BC 铠	0		A 对铠	16	
B 对 AC 铠	400		B 对铠	∞	
C 对 AB 铠	0		C 对铠	32	

故障性质判断分析及 确定测试方法	波形速度：172m/μs 采用方法：低压脉冲 采样频率：100MHz 故障性质判断：两相短路接地

故障点距始端		故障点距终端	
453m		407m	

备注	

低压脉冲测试
完全压缩波形

附表8　　　　　　　　　　　　低压脉冲测距（八）

电缆型号	XLPE	电压等级	10kV	测试时间	2003.12.5
所属线路		中间头数量		测量人	
起点		档案全长	104m	现象	
终点		测试全长	104m	故障性质	测全长
所用设备	DMS				

阻值测量（2500V）（MΩ）		万用表测量（Ω）	
A对BC铠	2500	A对铠	∞
B对AC铠	2500	B对铠	∞
C对AB铠	2500	C对铠	∞

故障性质判断分析及确定测距方法	波形速度：172m/μs　采用方法：低压脉冲　采样频率：40MHz　故障性质判断：低压脉冲测试电缆全长

	故障点距始端	故障点距线端
	104m	0m

低压脉冲测试电缆全长

低压脉冲实测波形

备注	反射脉冲的二、三、四次反射波较明显，幅度逐渐衰减，且每两拐点间距离基本相等

附表 9　　低压脉冲测距（九）

电缆型号	XLPE	电压等级	10kV	测试时间	2004. 1. 15	低压脉冲实测波形
所属线路		中间头数量		测量人		
起点		档案全长	117. 53m	现象		
终点		测试全长	117. 53m	故障性质	测全长	
所用设备			DMS			

阻值测量（2500V）(MΩ)				万用表测量 (Ω)		
A 对 BC 铠	2500			A 对铠	∞	
B 对 AC 铠	2500			B 对铠	∞	
C 对 AB 铠	2500			C 对铠	∞	

故障性质判断分析及 确定测试方法	波形速度：172m/μs 采用方法：低压脉冲 采样频率：40MHz 故障性质判断：低压脉冲测试电缆全长	
	故障点距始端	故障点距终端
	117. 53m	0m
备注	反射波的多次反射不明显	

附表10 低压脉冲测距（十）

低压脉冲实测波形

低压脉冲测试电缆全长

电缆型号	XLPE	电压等级	10kV	测试时间	2004.1.15
所属线路		中间头数量		测量人	
起点		档案全长	309.6m	现象	
终点		测试全长	309.6m	故障性质	测全长
所用设备		DMS			

阻值测量（2500V）（MΩ）		万用表测量（Ω）	
A 对 BC 铠	2500	A 对铠	∞
B 对 AC 铠	2500	B 对铠	∞
C 对 AB 铠	2500	C 对铠	∞

波形速度：172m/μs
采用方法：低压脉冲
采样频率：40MHz
故障性质判断：低压脉冲测试电缆全长

故障性质判断分析及确定测试方法：低压脉冲测试电缆全长

故障点距始端	故障点距终端
309.6m	0m

备注	反射脉冲的二、三次反射波较明显，幅度逐渐衰减，且每两拐点间距离基本相等

附表 11

低压脉冲测距（十一）

电缆型号	XLPE	电压等级	10kV	测试时间	2004.1.15	低压脉冲实测波形
所属线路		中间头数量		测量人		
起点		档案全长	653.6m	现象		
终点		测试全长	653.6m	故障性质	测全长	
所用设备		DMS				

阻值测量 (2500V) (MΩ)		万用表测量 (Ω)	
A对BC铠	2500	A对铠	∞
B对AC铠	2500	B对铠	∞
C对AB铠	2500	C对铠	∞

故障性质判断分析及确定测试方法	波形速度：172m/μs 采用方法：低压脉冲 采样频率：40MHz 故障性质判断：低压脉冲测试电缆全长

故障点距始端	故障点距终端
653.6m	0m

备注	反射波的多次反射不明显

低压脉冲测试电缆全长

附表 12　　低压脉冲测距（十二）

电缆型号	XLPE	电压等级	10kV	测试时间	2005.4.18	低压脉冲实测波形
所属线路		中间头数量		测量人		
起点		档案全长	1616.8m	现象		
终点		测试全长	1616.8m	故障性质	测全长	
所用设备	DMS					

阻值测量（2500V）（MΩ）		万用表测量（Ω）	
A 对 BC 铠	2500	A 对铠	∞
B 对 AC 铠	2500	B 对铠	∞
C 对 AB 铠	2500	C 对铠	∞

波形速度：172m/μs
采用方法：低压脉冲
采样频率：40MHz
故障性质判断：低压脉冲测试电缆全长

故障性质判断分析及确定测试方法	低压脉冲测试电缆全长

故障点距始端	故障点距终端
1616.8m	0m

备注	反射脉冲的二次反射波较明显，幅度逐渐衰减，且每两拐点间距离基本相等

低压脉冲测试电缆全长

附表 13 低压脉冲测距（十三）

电缆型号	XLPE	电压等级	10kV	测试时间	2005. 4. 18	低压脉冲实测波形
所属线路		中间头数量		测量人		
起点		档案全长	1616. 8m	现象		
终点		测试全长	1616. 8m	故障性质	测全长	
所用设备		DMS				
阻值测量 (2500V) (MΩ)			万用表测量 (Ω)			
A 对 BC 铠	2500		A 对铠	∞		
B 对 AC 铠	2500		B 对铠	∞		
C 对 AB 铠	2500		C 对铠	∞		
故障性质判断分析及 确定测试方法		波形速度：172m/μs 采用方法：低压脉冲 采样频率：40MHz 故障性质判断：低压脉冲测试电缆全长				
	故障点距始端			故障点距终端		
	1616. 8m			0m		
备注	反射脉冲的二次反射波较明显，幅度逐渐衰减，且每两拐点同距 离基本相等					

2. 二次脉冲测距（见附表 14~附表 32）

附表 14

电缆型号	交联电缆	电压等级	10kV	测试时间	2005.8.2
所属线路		中间头数量	一个	测量人	
起点		档案全长	1125m	现象	短路接地
终点		测试全长	1110m	故障性质	高阻
所用设备	FH-8636				

阻值测量（2500V）(MΩ)		万用表测量 (MΩ)	
A 对 BC 铠	0	A 对铠	3
B 对 AC 铠	0	B 对铠	2
C 对 AB 铠	200	C 对铠	∞

故障性质判断分析及确定测试方法：

波形速度：172m/μs
采用方法：二次脉冲法
长度选择：短距离
采样频率：24MHz
故障性质判断：两相短路接地
故障位置：中间接头处

故障点距始端	故障点距终端	实际故障位置
632m	1110m	478m

备注	电缆终端有余缆

二次脉冲法实测波形

二次脉冲测距（一）

附表 15　二次脉冲测距（二）

电缆型号	XLPE	电压等级	10kV	测试时间	2005. 7. 5	二次脉冲法实测波形
所属线路		中间头数量	无	测量人		
起点		档案全长	1280m	现象	短路接地	
终点		测试全长	1280m	故障性质	高阻	
所用设备		FH-8636				

931m

故障点反射波

终端反射波
全长1280m

阻值测量（2500V）(MΩ)		万用表测量 (MΩ)	
A 对 BC 铠	0	A 对铠	1
B 对 AC 铠	0	B 对铠	13
C 对 AB 铠	100	C 对铠	∞

故障性质判断分析及确定测试方法

波形速度：172m/μs
采用方法：二次脉冲法
长度选择：短距离
采样频率：24MHz
故障性质判断：两相短路接地

故障点距始端	故障点距终端	实际故障位置
931m	340m	931m

备注　电缆终端有余缆

附表16

二次脉冲测距（三）

电缆型号	交联电缆	电压等级	10kV	测试时间	2005.8.2
所属线路		中间头数量	一个	测量人	
起点		档案全长	1125m	现象	短路接地
终点		测试全长	1110m	故障性质	高阻
所用设备	FH-8636				

阻值测量 (2500V) (MΩ)		万用表测量 (MΩ)		
A 对 BC 铠	0	A 对铠		3
B 对 AC 铠	0	B 对铠		2
C 对 AB 铠	200	C 对铠		∞

故障性质判断分析及确定测试方法

波形速度：172m/μs
采用方法：二次脉冲法
长度选择：短距离
采样频率：24MHz
故障性质判断：两相短路接地
故障位置：中间接头处

	故障点距始端	故障点距终端	实际故障位置
故障点距始端	632m	1110m	478m

二次脉冲法实测波形

电缆故障点二次脉冲反射波形

电缆终端开路脉冲反射波形

652m

备注　电缆终端有余缆

附表17　　　　二次脉冲测距（四）

电缆型号	交联电缆	电压等级	10kV	测试时间	2005.7.6		二次脉冲法实测波形
所属线路		中间头数量	无	测量人			
起点		档案全长	1298m	现象	短路接地		
终点		测试全长	1280m	故障性质	高阻		
所用设备			FH-8636				
阻值测量（2500V）（MΩ）				万用表测量（MΩ）			
A 对 BC 铠		200		A 对铠	∞		
B 对 AC 铠		300		B 对铠	∞		
C 对 AB 铠		10		C 对铠	16		
故障性质判断分析及确定测试方法		波形速度：168m/μs 采用方法：二次脉冲法 长度选择：短距离 采样频率：24MHz 故障性质判断：单相短路接地					
	故障点距始端			故障点距终端			
	659m			621m			
备注							

附表 18　　　二次脉冲测距（五）

电缆型号	交联电缆	电压等级	380V	测试时间	2004.12.5	二次脉冲法实测波形
所属线路		中间头数量	无	测量人		
起点		档案全长	167m	现象	短路接地	
终点		测试全长	166m	故障性质	高阻	
所用设备	FH-8636					

阻值测量 (500V) (MΩ)		万用表测量 (MΩ)		
A 对 BC 铠	5	A 对铠	∞	
B 对 AC 铠	2	B 对铠	1	
C 对 AB 铠	4	C 对铠	∞	
零线对铠	4	零线对铠	∞	

| 故障性质判断分析及确定测试方法 | 波形速度：172m/μs 采用方法：二次脉冲法 长度选择：短距离 采样频率：24MHz 故障性质判断：单相短路接地 | | | |

	故障点距始端		故障点距终端	
	117m		49m	

备注

二次脉冲测距（六）

附表 19

电缆型号	交联电缆	电压等级	10kV	测试时间	2010. 7. 3
所属线路		中间头数量	无	测量人	
起点		档案全长	864m	现象	短路接地
终点		测试全长	865m	故障性质	高阻
所用设备		FH-8636			

阻值测量（2500V）（MΩ）		万用表测量（MΩ）			
A 对 BC 铠	200	A 对铠			∞
B 对 AC 铠	0	B 对铠			12
C 对 AB 铠	200	C 对铠			∞

故障性质判断分析及确定测试方法：

波形速度：172m/μs
采用方法：二次脉冲法
长度选择：短距离
采样频率：24MHz
故障性质判断：单相短路接地

故障点距始端	故障点距终端
513m	352m

备注

二次脉冲法实测波形

659m

故障点反射波形

电缆终端开路反射波形

附表 20

二次脉冲测距（七）

电缆型号	交联电缆	电压等级	10kV	测试时间	2010.9.23
所属线路		中间头数量	无	测量人	
起点		档案全长	1033m	现象	短路接地
终点		测试全长	1033m	故障性质	高阻
所用设备			FH-8636		

阻值测量（2500V）（MΩ）		万用表测量（MΩ）	
A 对 BC 铠	0	A 对铠	5
B 对 AC 铠	178	B 对铠	∞
C 对 AB 铠	200	C 对铠	∞

故障性质判断分析及确定测试方法	波形速度：172m/μs 采用方法：二次脉冲法 长度波选择：短距离 采样频率：24MHz 故障性质判断：单相短路接地	
	故障点距始端	故障点距终端
	290m	734m

二次脉冲法实测波形

290m

开路波形
二次波形

备注

二次脉冲测距（八）

附表 21

电缆型号	XLPE	电压等级	10kV	测试时间	2010. 6. 3
所属线路		中间头数量	无	测量人	
起点		档案全长	126m	现象	短路接地
终点		测试全长	126m	故障性质	高阻
所用设备	FH-8636				

绝缘电阻测量（2500V）（MΩ）		万用表测量（MΩ）	
A 对 BC 铠	270	A 对铠	∞
B 对 AC 铠	0	B 对铠	2
C 对 AB 铠	200	C 对铠	∞

故障性质判断分析及确定测试方法	波形速度：172m/μs 采用方法：二次脉冲法 长度选择：短距离 采样频率：24MHz 故障性质判断：单相高阻

故障点距始端	故障点距终端
107m	21m

备注

二次脉冲法实测波形

107m

图例：开路波形 二次波形

附表22

二次脉冲测距（九）

电缆型号	XLPE	电压等级	10kV	测试时间	2010.9.28
所属线路		中间头数量	无	测量人	
起点		档案全长	57m	现象	短路接地
终点		测试全长	57m	故障性质	高阻
所用设备	FH-8636				

阻值测量（2500V）（MΩ）		万用表测量（MΩ）	
A对BC铠	240	A对铠	∞
B对AC铠	200	B对铠	∞
C对AB铠	0	C对铠	2
故障性质判断分析及确定测试方法	波形速度：172m/μs 采用方法：二次脉冲法 长度选择：短距离 采样频率：24MHz 故障性质判断：单相闪络接地		
故障点距始端	50m	故障点距终端	7m
备注			

二次脉冲法实测波形

开路波形
二次波形

附表 23　二次脉冲测距（十）

电缆型号	XLPE	电压等级	10kV	测试时间	2010. 8. 2	二次脉冲法实测波形
所属线路		中间头数量	无	测量人		
起点		档案全长	2480m	现象	短路接地	
终点		测试全长	2470m	故障性质	高阻	
所用设备			FH-8636			

阻值测量（2500V）（MΩ）		万用表测量（MΩ）	
A 对 BC 铠	240	A 对铠	∞
B 对 AC 铠	200	B 对铠	∞
C 对 AB 铠	0	C 对铠	6

故障性质判断分析及
确定测试方法

波形速度：172m/μs
采用方法：二次脉冲法
长度选择：短距离
采样频率：24MHz
故障性质判断：单相高阻接地

	故障点距始端	故障点距终端
	667m	1813m

备注

201

二次脉冲测距（十一）

附表 24

电缆型号	XLPE	电压等级	10kV	测试时间	2011.3.28
所属线路		中间头数量	无	测量人	
起点		档案全长	131m	现象	短路接地
终点		测试全长	131m	故障性质	高阻
所用设备	FH-8636				

阻值测量（2500V）（MΩ）		万用表测量（MΩ）	
A 对 BC 铠	400	A 对铠	∞
B 对 AC 铠	360	B 对铠	∞
C 对 AB 铠	0	C 对铠	3

故障性质判断分析及确定测试方法	
波形速度：172m/μs	
采用方法：二次脉冲法	
长度选择：短距离	
采样频率：24MHz	
故障性质判断：单相高阻接地	

故障点距始端	故障点距终端
131m	2m

二次脉冲法实测波形

667m

——开路波形
——二次波形

备注

附表 25

二次脉冲测距 (十二)

二次脉冲法实测波形

电缆型号	XLPE	电压等级	10kV	测试时间	2010.12.8	二次脉冲法实测波形
所属线路		中间头数量	无	测量人		
起点		档案全长	2480m	现象	短路接地	
终点		测试全长	2522m	故障性质	高阻	
所用设备		FH-8636				

阻值测量 (2500V) (MΩ)		万用表测量 (MΩ)		
A 对 BC 铠	400	A 对铠	∞	
B 对 AC 铠	0	B 对铠	2	
C 对 AB 铠	0	C 对铠	3	

故障性质判断分析及确 定测试方法	波形速度：172m/μs 采用方法：二次脉冲法 长度选择：短距离 采样频率：24MHz 故障性质判断：高阻接地

故障点距始端	故障点距终端
2522m	5m

备注

203

附表 26

二次脉冲测距（十三）

电缆型号	XLPE	电压等级	10kV	测试时间	2010.6.23
所属线路		中间头数量	7	测量人	
起点		档案全长	3255m	现象	短路接地
终点		测试全长	3255m	故障性质	高阻
所用设备		FH-8636			

阻值测量（2500V）(MΩ)		万用表测量（MΩ）	
A 对 BC 铠	700	A 对铠	∞
B 对 AC 铠	0	B 对铠	4
C 对 AB 铠	650	C 对铠	∞

故障性质判断分析及确定测试方法：

波形速度：172m/μs
采用方法：二次脉冲法
长度选择：中距离
采样频率：24MHz
故障性质判断：高阻接地

故障点距始端	故障点距终端
3000m	230m

备注

二次脉冲实测波形

电缆全长3255m　故障点3000m　3000m

开路波形　二次波形

附表 27

二次脉冲测距（十四）

电缆型号	XLPE	电压等级	10kV	测试时间	2010.9.24	二次脉冲实测波形
所属线路		中间头数量	4	测量人		
起点		档案全长	2360m	现象	短路接地	
终点		测试全长	2360m	故障性质	高阻	
所用设备	FH-8636					

阻值测量（2500V）（MΩ）		万用表测量（MΩ）		
A 对 BC 铠	1000	A 对铠	∞	
B 对 AC 铠	0	B 对铠	4	
C 对 AB 铠	0	C 对铠	3	

故障性质判断分析及确定测试方法

波形速度：168m/μs
采用方法：二次脉冲法
长度选择：中距离
采样频率：24MHz
故障性质判断：高阻接地

故障点距始端	故障点距终端
711m	1549m

备注

205

附表 28　　　　二次脉冲测距（十五）

二次脉冲法实测波形

电缆型号	XLPE	电压等级	10kV	测试时间	2010.8.13
所属线路		中间头数量	1	测量人	
起点		档案全长	947m	现象	短路接地
终点		测试全长	947m	故障性质	高阻
所用设备	FH-8636				

阻值测量（2500V）(MΩ)		万用表测量（MΩ）	
A 对 BC 铠	0	A 对铠	2
B 对 AC 铠	800	B 对铠	8
C 对 AB 铠	0	C 对铠	3

故障性质判断分析及确定测试方法	波形速度：172m/μs　采用方法：二次脉冲法　长度选择：二次脉冲法　采样频率：24MHz　故障性质判断：高阻接地

故障点距始端	故障点距终端
766m	181m

备注	

二次脉冲测距（十六）

附表29

电缆型号	PVC	电压等级	0.38kV	测试时间	2010.7.25	二次脉冲法实测波形
所属线路		中间头数量		测量人		
起点		档案全长	825m	现象	短路接地	
终点		测试全长	820m	故障性质	高阻	
所用设备		FH-8636				
阻值测量 (2500V)（MΩ）				万用表测量（MΩ）		
A对BC铠		1000		A对铠	∞	
B对AC铠		800		B对铠	∞	
C对AB铠		0		C对铠	3	
零线对铠		0		零线对铠	1	
故障性质判断分析及确定测试方法		波形速度：184m/μs 采用方法：二次脉冲法 长度选择：中距离 采样频率：24MHz 故障性质判断：高阻接断；高阻接地				
故障点阻始端		故障点阻终端				
520m		300m				
备注						

520m

开路波形
二次波形

附表30

二次脉冲测距 (十七)

电缆型号	PVC	电压等级	0.38kV	测试时间	2010. 7. 20
所属线路		中间头数量		测量人	
起点		档案全长	160m	现象	短路接地
终点		测试全长	160m	故障性质	高阻
所用设备		FH-8636			
阻值测量 (2500V)(MΩ)			万用表测量 (MΩ)		
A 对 BC 铠	0		A 对铠		1
B 对 AC 铠	0		B 对铠		2
C 对 AB 铠	0		C 对铠		3
零线对铠	20		零线对铠		∞
故障性质判断分析及确定测试方法		波形速度：184m/μs 采用方法：二次脉冲法 长度选择：短距离 采样频率：24MHz 故障性质判断：高阻接地			
故障点距始端				故障点距终端	
136m				25m	
备注					

二次脉冲法实测波形

（开路波形、二次波形，136m）

附表 31　二次脉冲测距（十八）

电缆型号	XLPE	电压等级	10kV	测试时间	2009.7.30	二次脉冲法实测波形
所属线路		中间头数量	8	测量人		
起点		档案全长	4750m	现象	短路接地	
终点		测试全长	4750m	故障性质	高阻	
所用设备			FH-8636			

二次脉冲法实测波形

阻值测量 (2500V) (MΩ)			万用表测量 (MΩ)			
A 对 BC 铠	1000		A 对铠		∞	
B 对 AC 铠	800		B 对铠		∞	
C 对 AB 铠	0		C 对铠		3	

故障性质判断分析及确定测试方法	波形速度：172m/μs　采用方法：二次脉冲法　长度选择：中距离　采样频率：24MHz　故障性质判断：高阻接地

故障点距始端		故障点距终端	
1532m		3217m	

| 备注 | 用冲闪法测试时，因电缆接头太多，波形反射复杂多变，无法判断故障回波，测试三天无结果。后用二次脉冲法测试得故障点在距测试端 1532m 处。为验证测试结果，又在终端测试一次，故障点距终端 3217m 处，两次测的数据相加正好是电缆全长。定点无误 |

二次脉冲测距（十九）

附表 32

电缆型号	XLPE	电压等级	10kV	测试时间	2009.6.26
所属线路		中间头数量		测量人	
起点		档案全长	300m	现象	短路接地
终点		测试全长	300m	故障性质	高阻
所用设备	FH-8636				

阻值测量(2500V)(MΩ)		万用表测量(MΩ)	
A对BC铠	0	A对铠	4
B对AC铠	400	B对铠	8
C对AB铠	0	C对铠	3

故障性质判断分析及确定测试方法	波形速度：172m/μs 采用方法：二次脉冲法 长度选择：短距离 采样频率：24MHz 故障性质判断：高阻接地

故障点距始端	故障点距终端
277m	23m

二次脉冲法实测波形

二次脉冲法实测波形

277m

开路波形
二次波形

备注

3. 高压脉冲测距（见附表 33～附表 54）

附表 33

电缆型号	XLPE	电压等级	10kV	测试时间	2005. 7.5	高压冲闪实测波形
所属线路		中间头数量	无	测量人		
起点		档案全长	690m	现象	短路接地	
终点		测试全长	690m	故障性质	高阻	
所用设备		FH-8636				

阻值测量（2500V）(MΩ)		万用表测量 (MΩ)		
A 对 BC 铠	200		A 对铠	∞
B 对 AC 铠	0		B 对铠	0.6
C 对 AB 铠	0		C 对铠	0.5

故障性质判断分析及确定测试方法	波形速度：172m/μs 采用方法：脉冲电流取样法 长度选择：短距离 采样频率：24MHz 故障性质判断：两相短路接地

故障点距始端				故障点距终端
688m				3m

备注	故障点在电缆始端端叶，冲闪电流取样法测得的波形；此中波形的特点是没有密集的波形串。只有光滑圆滑的大振荡。故障点就在电缆的测试始端或非常接近始端头的位置。始端（近始端）波形如右图所示

高压冲闪实测波形 / 高压脉冲测距（一）

688m 故障点在始端的冲闪电流取样扩展波形

故障波形全貌

附表34

高压脉冲测距（二）

电缆型号	XLPE	电压等级	10kV	测试时间	2008.9.10	高压冲闪实测波形
所属线路		中间头数量	无	测量人		
起点		档案全长	100m	现象	短路接地	
终点		测试全长	100m	故障性质	高阻	
所用设备		FH-8636				
阻值测量(2500V)（MΩ）		万用表测量（MΩ）				
A 对 BC 铠	200	A 对铠	∞			
B 对 AC 铠	320	B 对铠	∞			
C 对 AB 铠	0	C 对铠	5			
故障性质判断分析及确定测试方法		波形速度：172m/μs 采用方法：脉冲电流取样法 长度选择：短距离 采样频率：24MHz 故障性质判断：单相短路接地				
故障点距始端				故障点距终端		
备注		有时由于电力电缆故障点的击穿电压较高，冲击电压加得较低时，故障点未发生击穿电弧放电现象。电流取样得到的波形也没有大振荡现象。只有周期性很强的一连串正负脉冲。而且两正负脉冲的前沿汽拐点用游标对齐后所显示的距离，一定是该电缆的全长度数。无法测得电缆故障距离。解决的办法是尽可能提高高压发生器的冲击高压，一边冲击一边监视录取的波形，直到出现较标准的故障回波为止。电缆未击穿波形如右图所示				

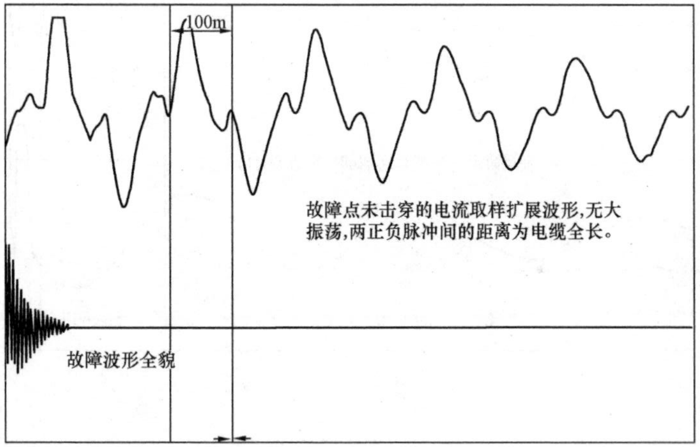

附表 35　　　　高压脉冲测距（三）

电缆型号	XLPE	电压等级	10kV	测试时间	2009. 8.15	高压冲闪实测波形
所属线路		中间头数量		测量人		
起点		档案全长	1600m	现象	短路接地	
终点		测试全长	1600m	故障性质	高阻	
所用设备		FH-8636				

阻值测量（2500V）（MΩ）			万用表测量（MΩ）		
A 对 BC 铠	0		A 对铠	0.5	
B 对 AC 铠	500		B 对铠	∞	
C 对 AB 铠	0		C 对铠	1	

故障性质判断分析及
确定测试方法

波形速度：172m/μs
采用方法：脉冲电流取样法
长度选择：短距离
采样频率：24MHz
故障性质判断：两相短路接地

故障点距始端		故障点距终端	
640m		960m	

备注

附表 36

高压脉冲测距（四）

电缆型号	XLPE	电压等级	10kV	测试时间	2010. 7.23
所属线路		中间头数量		测量人	
起点		档案全长	2850m	现象	短路接地
终点		测试全长	2850m	故障性质	高阻
所用设备	FH-8636				
阻值测量（2500V）（MΩ）			万用表测量（MΩ）		
A 对 BC 铠		0	A 对铠		0.9
B 对 AC 铠		500	B 对铠		∞
C 对 AB 铠		460	C 对铠		∞
故障性质判断分析及确定测试方法	波形速度：172m/μs 采用方法：脉冲电流取样法 长度选择：中距离 采样频率：24MHz 故障性质判断：单相短路接地				
故障点距始端			故障点距终端		
878m			1972m		
备注					

高压冲闪实测波形

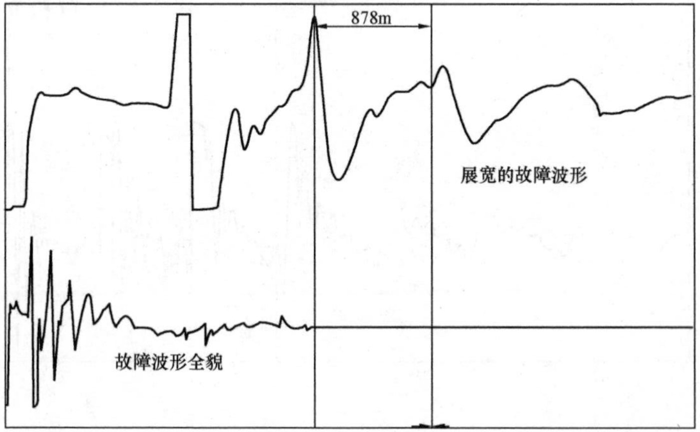

附表 37　　　　　高压脉冲测距（五）

电缆型号	XLPE	电压等级	10kV	测试时间	2010. 9. 13	高压冲闪实测波形
所属线路		中间头数量		测量人		
起点		档案全长	1290m	现象	短路接地	
终点		测试全长	1290m	故障性质	高阻	
所用设备		FH-8636				

阻值测量（2500V）(MΩ)		万用表测量 (MΩ)	
A 对 BC 铠	0	A 对铠	2
B 对 AC 铠	480	B 对铠	∞
C 对 AB 铠	0	C 对铠	3

故障性质判断分析及
确定测试方法

波形速度：172m/μs
采用方法：脉冲电流取样法
长度选择：中距离
采样频率：24MHz
故障性质判断：单相短路接地

	故障点距始端	故障点距终端
	644m	646m
备注		

644m

展宽的故障测试波形

故障波形全貌

附表 38　　　高压脉冲测距（六）

高压冲闪实测波形

电缆型号	XLPE	电压等级	10kV	测试时间	2010. 9. 13
所属线路		中间头数量		测量人	
起点		档案全长	1200m	现象	短路接地
终点		测试全长	1200m	故障性质	高阻
所用设备	FH-8636				

阻值测量（2500V）（MΩ）		万用表测量（MΩ）	
A 对 BC 铠	500	A 对铠	∞
B 对 AC 铠	300	B 对铠	∞
C 对 AB 铠	0	C 对铠	3

故障性质判断分析及确定测试方法：
波形速度：172m/μs
采用方法：脉冲电流取样法
长度选择：中距离
采样频率：24MHz
故障性质判断：两相短路接地

故障点距始端	故障点距终端
944m	256m

备注

附表 39　高压脉冲测距（七）

电缆型号	XLPE	电压等级	10kV	测试时间	2009. 8.18		高压冲闪实测波形
所属线路		中间头数量		测量人			
起点		档案全长	200m	现象	短路接地		
终点		测试全长	200m	故障性质	高阻		
所用设备	FH-8636						
阻值测量（2500V）（MΩ）		万用表测量（MΩ）					
A 对 BC 铠	0	A 对铠		0.3			
B 对 AC 铠	1000	B 对铠		∞			
C 对 AB 铠	800	C 对铠		∞			
故障性质判断分析及确定测试方法	波形速度：172m/μs 采用方法：脉冲电流取样法 长度选择：中距离 采样频率：24MHz 故障性质判断：单相短路接地						
故障点距始端			故障点距终端				
131m			69m				
备注							

故障测试展宽波形

131m

冲闪时故障波形全貌

217

附表 40

高压脉冲测距法（八）

电缆型号	XLPE	电压等级	10kV	测试时间	2009. 9. 20	高压冲闪实测波形
所属线路		中间头数量		测量人		
起点		档案全长	286m	现象	短路接地	
终点		测试全长	287m	故障性质	高阻	
所用设备		FH-8636				
阻值测量（2500V）(MΩ)	A 对 BC 铠	0	万用表测量（MΩ)	A 对铠	0.3	
	B 对 AC 铠	200		B 对铠	∞	
	C 对 AB 铠	0		C 对铠	2	
故障性质判断分析及确定测试方法		波形速度：172m/μs 采用方法：脉冲电流取样法 长度选择：中距离 采样频率：24MHz 故障性质判断：两相短路接地				
故障点距始端		故障点距终端				
89m		198m				
备注						

89m 展宽的故障测试波形

冲闪时故障测试波形全貌

附表 41　　　　　　高压脉冲测距（九）

电缆型号	PVC	电压等级	0.38kV	测试时间	2010. 7.25	高压冲闪实测波形
所属线路		中间头数量		测量人		
起点		档案全长	396m	现象	短路接地	
终点		测试全长	397m	故障性质	高阻	
所用设备			DMS			
阻值测量（500V）（MΩ）				万用表测量（MΩ）		
A 对 BC 铠		0		A 对铠	1	
B 对 AC 铠		50		B 对铠	∞	
C 对 AB 铠		0		C 对铠	2	
零线对铠		80		零线对铠	∞	
故障性质判断分析及确定测试方法		波形速度：184m/μs　采用方法：脉冲电压取样法　采样频率：40MHz　故障性质判断：两相短路接地				
故障点距始端				故障点距终端		
211. 6m				185. 4m		
备注		整体趋势为一余浓振荡，因振荡周期较长，仪器存储数据有限，所以只能看到振荡周期的一部分				

219

附表 42

高压脉冲测距（十）

电缆型号	PVC	电压等级	0.38kV	测试时间	2008. 6.19	高压冲闪实测波形
所属线路		中间头数量		测量人		
起点		档案全长	1260m	现象	短路接地	
终点		测试全长	1260m	故障性质	高阻	
所用设备		DMS				

阻值测量 (500V) (MΩ)		万用表测量 (MΩ)	
A 对 BC 铠	30	A 对铠	∞
B 对 AC 铠	40	B 对铠	∞
C 对 AB 铠	0	C 对铠	2
零线对铠	70	零线对铠	∞

故障性质判断分析及确定测试方法：波形速度：184m/μs；采用方法：脉冲电压取样法；采样频率：40MHz；故障性质判断：单相短路接地

故障点距始端	故障点距终端
806.4m	453.6m

备注	整体档势为一余张振荡

附表 43

高压脉冲测距（十一）

电缆型号	XLPE	电压等级	10kV	测试时间	2009. 8.18	高压冲闪实测波形
所属线路		中间头数量		测量人		
起点		档案全长	2300m	现象	短路接地	
终点		测试全长	2300m	故障性质	高阻	
所用设备		DMS				

阻值测量 (2500V) (MΩ)		万用表测量 (MΩ)		
A 对 BC 铠	0	A 对铠		5
B 对 AC 铠	500	B 对铠		8
C 对 AB 铠	700	C 对铠		8

故障性质判断分析及确定测试方法	波形速度：172m/μs 采用方法：脉冲电压取样法 采样频率：40MHz 故障性质判断：单相短路接地

故障点距始端		故障点距终端	
1589.3m		710.7m	

备注	整体趋势为一余波振荡，因振荡周期较长，仪器存储数据有限，所以只能看到振荡周期的一部分

高压脉冲测距（十二）

附表 44

电缆型号	XLPE	电压等级	10kV	测试时间	2009. 8.18	高压冲闪实测波形
所属线路		中间头数量		测量人		
起点		档案全长	400m	现象	短路接地	
终点		测试全长	400m	故障性质	高阻	
所用设备		DMS				

阻值测量（2500V）(MΩ)		万用表测量 (MΩ)	
A 对 BC 铠	450	A 对铠	∞
B 对 AC 铠	400	B 对铠	∞
C 对 AB 铠	0	C 对铠	0.8

故障性质判断分析及
确定测试方法

波形速度：172m/μs
采用方法：脉冲电压取样法
采样频率：40MHz
故障性质判断：单相短路接地

故障点距始端	故障点距终端
48m	352m

备注：因故障距离较大，所以读两个同波，读出距离后除以 2 即故障点距离，可用回路法或测试在另一端测试进行验证

附表 45　　　　　　　　　　　**高压脉冲测距（十三）**

电缆型号	XLPE	电压等级	10kV	测试时间	2008. 6. 24
所属线路		中间头数量		测量人	
起点		档案全长	320m	现象	短路接地
终点		测试全长	320m	故障性质	高阻
所用设备	DMS				

阻值测量（2500V）（MΩ）		万用表测量（MΩ）		
A 对 BC 铠	340	A 对铠		∞
B 对 AC 铠	0	B 对铠		3
C 对 AB 铠	240	C 对铠		∞

故障性质判断分析及确定测试方法	波形速度：172m/µs 采用方法：脉冲电压取样法 采样频率：40MHz 故障性质判断：单相短路接地

故障点距始端		故障点距终端	
42. 67m		277. 33m	

备注	因波形幅度较小，注意判别

高压冲闪实测波形

223

高压脉冲测距（十四）

附表 46

电缆型号	XLPE	电压等级	10kV	测试时间	2008. 8.19	高压冲闪实测波形
所属线路		中间头数量		测量人		
起点		档案全长	850m	现象	短路接地	
终点		测试全长	850m	故障性质	高阻	
所用设备			DMS			

阻值测量（2500V）（MΩ）		万用表测量（MΩ）		
A 对 BC 铠	0	A 对铠	0.7	
B 对 AC 铠	0	B 对铠	1	
C 对 AB 铠	400	C 对铠	∞	

故障性质判断分析及 确定测试方法	波形速度：172m/μs 采用方法：脉冲电压取样法 采样频率：40MHz 故障性质判断：单相短路接地

故障点距始端		故障点距终端
42.67m		807.33m

备注	因波形距离较近较小，注意判别

附表47　高压脉冲测距（十五）

电缆型号	XLPE	电压等级	10kV	测试时间	2008. 6.24	高压冲闪实测波形
所属线路		中间头数量		测量人		
起点		档案全长	100m	现象	短路接地	
终点		测试全长	100m	故障性质	高阻	
所用设备		DMS				
阻值测量（2500V）（MΩ）				万用表测量（MΩ）		
A对BC铠	0			A对铠	0.6	
B对AC铠	0			B对铠	0.2	
C对AB铠	200			C对铠	∞	
故障性质判断分析及确定测试方法		波形速度：172m/μs　采用方法：脉冲电压取样法　采样频率：40MHz　故障性质判断：两相短路接地				
故障点距始端				故障点距终端		
77.4m				22.6m		
备注		因波形较标准、较易判别				

225

附表 48　　　　　　　　　　　高压脉冲测距（十六）

电缆型号	XLPE	电压等级	10kV	测试时间	2009. 8.14	高压冲闪实测波形
所属线路		中间头数量		测量人		
起点		档案全长	230m	现象	短路接地	
终点		测试全长	230m	故障性质	高阻	
所用设备			DMS			

阻值测量 (2500V) (MΩ)		万用表测量 (MΩ)	
A 对 BC 铠	0	A 对铠	0.3
B 对 AC 铠	300	B 对铠	∞
C 对 AB 铠	0	C 对铠	0.5

故障性质判断分析及确定测试方法	波形速度：172m/μs　采用方法：脉冲电压取样法　采样频率：40MHz　故障性质判断：两相短路接地
故障点距始端	故障点距终端
93.33m	136.67m
备注	距离较近，下降拐点不易判断

附表 49　　高压脉冲测距（十七）

电缆型号	XLPE	电压等级	10kV	测试时间	2010. 7.23		高压冲闪实测波形
所属线路		中间头数量		测量人			
起点		档案全长	3250m	现象	短路接地		
终点		测试全长	3250m	故障性质	高阻		
所用设备		DMS					
阻值测量（2500V）（MΩ）				万用表测量（MΩ）			
A 对 BC 铠	270			A 对铠	∞		
B 对 AC 铠	0			B 对铠	4		
C 对 AB 铠	0			C 对铠	5		
故障性质判断分析及确定测试方法		波形速度：172m/μs 采用方法：脉冲电压取样法 采样频率：40MHz 故障性质判断：两相短路接地					
故障点距始端				故障点距终端			
214.7m				3035m			
备注		故障点在 100~1000m 以内的波形，波形较标准					

附表50　　　　　　　　　　　　　　　　　　　**高压脉冲测距（十八）**

高压冲闪实测波形

电缆型号	XLPE	电压等级	10kV	测试时间	2010. 9.2
所属线路		中间头数量		测量人	
起点		档案全长	1320m	现象	短路接地
终点		测试全长	1320m	故障性质	高阻
所用设备	DMS				

阻值测量（2500V）（MΩ）		万用表测量（MΩ）	
A 对 BC 铠	0	A 对铠	2
B 对 AC 铠	100	B 对铠	∞
C 对 AB 铠	80	C 对铠	∞

故障性质判断分析及确定测试方法	波形速度：172m/μs
	采用方法：脉冲电压取样法
	采样频率：40MHz
	故障性质判断：单相短路接地

故障点距始端	故障点距终端
573.33m	75m

备注	故障点在 100～1000m 以内的波形，波形较标准。但幅度有点小。

高压脉冲测距 (十九)

附表51

电缆型号	XLPE	电压等级	10kV	测试时间	2010. 9. 2	高压冲闪实测波形
所属线路		中间头数量		测量人		
起点		档案全长	1170m	现象	短路接地	
终点		测试全长	1170m	故障性质	高阻	
所用设备		DMS				

阻值测量（2500V）（MΩ）		万用表测量（MΩ）	
A对BC铠	0	A对铠	2
B对AC铠	0	B对铠	0.6
C对AB铠	800	C对铠	∞

故障性质判断分析及确定测试方法

波形速度：172m/μs
采用方法：脉冲电压取样法
采样频率：40MHz
故障性质判断：两相短路接地

故障点距始端	故障点距终端
806.4m	364m

备注：故障点在 100～1000m 以内的波形，波形较标准。起点、终点两拐点都较易判别

附表52　　　　　高压脉冲测距（二十）

电缆型号	XLPE	电压等级	10kV	测试时间	2010. 6.12	高压冲闪实测波形
所属线路		中间头数量		测量人		
起点		档案全长	2130m	现象	短路接地	
终点		测试全长	2130m	故障性质	高阻	
所用设备	DMS					

阻值测量 (2500V) (MΩ)		万用表测量 (MΩ)	
A对BC铠	0	A对铠	4
B对AC铠	0	B对铠	3
C对AB铠	500	C对铠	∞

故障性质判断分析及确定测试方法	波形速度：172m/μs 采用方法：脉冲电压取样法 采样频率：40MHz 故障性质判断：两相短路接地

故障点距始端	故障点距终端
1584m	546m

备注	故障点在1000m以上的波形，终点拐点有的较易判别，但有的因电缆损耗较大，所以终点拐点精确判断不易，只能大体判断

高压脉冲测距（二十一）

附表 53

电缆型号	XLPE	电压等级	10kV	测试时间	2010. 6. 12	高压冲闪实测波形
所属线路		中间头数量		测量人		
起点		档案全长	2130m	现象	短路接地	
终点		测试全长	2130m	故障性质	高阻	
所用设备			DMS			

阻值测量（2500V）(MΩ)		万用表测量 (MΩ)		
A 对 BC 铠	0	A 对铠	4	
B 对 AC 铠	0	B 对铠	3	
C 对 AB 铠	500	C 对铠	∞	

故障性质判断分析及确定测试方法：
波形速度：172m/μs
采用方法：脉冲电压取样法
采样频率：40MHz
故障性质判断：两相短路接地

故障点距始端	故障点距终端
1584m	546m

备注：故障点在 1000m 以上的波形，终点拐点有的较易判别，但有的因电缆频耗较大，所以终点拐点精确判断不易，只能大体判断

231

高压脉冲测距（二十二）

附表 54

电缆型号	XLPE	电压等级	10kV	测试时间	2009. 12. 2	高压冲闪实测波形
所属线路		中间头数量		测量人		
起点		档案全长	2380m	现象	短路接地	
终点		测试全长	2380m	故障性质	高阻	
所用设备	DMS					

阻值测量 (2500V) (MΩ)		万用表测量 (MΩ)		
A 对 BC 铠	0	A 对铠	4	
B 对 AC 铠	450	B 对铠	∞	
C 对 AB 铠	500	C 对铠	∞	

故障性质判断分析及确定测试方法

波形速度：172m/μs
采用方法：脉冲电压取样法
采样频率：40MHz
故障性质判断：单相短路接地

故障点距始端	故障点距终端
1856m	524m

备注：故障点在 1000m 以上的波形，距离较远，下降拐点不易判断。可调节取样水阻值增大幅度，或在另一端测试验证。

附表 55 和附表 56 分别为电力电缆第一种工作票和电力电缆第二种工作票。

附表 55   **电力电缆第一种工作票**

单位：   编号：

1	工作负责人（监护人）： 班组：					
2	工作班人员（不包括工作负责人）：_____ _____ _____ _____ _____ _____ 共 人					
3	电力电缆双重名称：					
4	**工　作　任　务**					
	工作地点或地段				工作内容	
5	计划工作时间：自_____年_____月_____日_____时_____分 　　　　　　　至_____年_____月_____日_____时_____分					
6	**安　全　措　施**					
	（1）应断开的设备名称					
	变配电站 或线路名称	应拉开的断路器、隔离开关、熔断器（注明设备双重名称）			执行人	
	（2）应合接地刀闸、应装接地线、应装设绝缘挡板					
	接地刀闸，接地线、绝缘挡板 装设地点	接地线 编号	执行人	接地刀闸，接地线、绝缘挡板 装设地点	接地线 编号	执行人
	（3）应设遮栏，应挂标示牌				执行人	
	（4）工作地点保留带电部分或注意事项 （由工作票签发人填写）：		现场施工简图：			
	（5）补充工作地点保留带电部分和安全措施 （由工作许可人填写）：					
	工作票签发人签名：_____ 签发日期：_____年_____月_____日_____时_____分					

续表

7	确认本工作票1～6项：　　工作负责人签名：＿＿＿＿＿＿＿＿
8	补充安全措施： 　　　　　　　　　　　　　　　　　工作负责人签名：＿＿＿＿＿＿
9	工作许可： （1）在线路上的电缆工作： 　　工作许可人＿＿＿＿用＿＿＿＿方式许可自＿＿＿＿年＿＿＿＿月＿＿＿＿日＿＿＿＿时＿＿＿＿分起开始工作。 　　工作负责人签名＿＿＿＿＿＿ （2）在变电站内的电缆工作： 　　安全措施项所列措施中＿＿＿＿变配电站部分已执行完毕。 　　工作许可时间＿＿＿＿年＿＿＿＿月＿＿＿＿日＿＿＿＿时＿＿＿＿分。 　　工作许可人签名＿＿＿＿　工作负责人签名＿＿＿＿
10	指定专责监护人： （1）指定专责监护人＿＿＿＿＿＿＿负责监护＿＿＿＿＿＿＿＿＿＿＿＿＿＿ ＿＿＿＿＿＿＿＿＿＿（地点及具体工作） （2）指定专责监护人＿＿＿＿＿＿＿负责监护＿＿＿＿＿＿＿＿＿＿＿＿＿＿ ＿＿＿＿＿＿＿＿＿＿（地点及具体工作） （3）指定专责监护人＿＿＿＿＿＿＿负责监护＿＿＿＿＿＿＿＿＿＿＿＿＿＿ ＿＿＿＿＿＿＿＿＿＿（地点及具体工作） 确认工作负责人布置的工作任务和安全措施： 工作班组人员签名＿＿＿＿＿＿＿＿＿＿＿＿＿＿＿＿＿＿＿＿＿＿＿＿＿ ＿＿＿＿＿＿＿＿＿＿＿＿＿＿＿＿＿＿＿＿＿＿
11	工作负责人变动： 原工作负责人＿＿＿＿＿＿＿＿离去，变更＿＿＿＿＿＿＿＿为工作负责人。 工作票签发人＿＿＿＿＿＿＿工作许可人＿＿＿＿＿＿＿年＿＿月＿＿日＿＿时＿＿分
12	工作人员变动情况（增添人员姓名、变动日期及时间）： ＿＿＿＿＿＿＿＿＿＿＿＿＿＿＿＿＿＿＿＿＿＿＿＿＿＿＿＿＿＿＿＿＿＿＿＿ 　　　　　　　　　　　　　　　工作负责人签名：＿＿＿＿＿＿
13	工作票延期： 有效期延长到＿＿＿＿年＿＿＿＿月＿＿＿＿日＿＿＿＿时＿＿＿＿分 　　工作负责人签名＿＿＿＿＿＿　　　　工作许可人签名＿＿＿＿＿＿ 　　　　　　＿＿＿＿年＿＿＿＿月＿＿＿＿日＿＿＿＿时＿＿＿＿分

	每日开工和收工时间（使用一天的工作票不必填写）												
	收工时间			工作负责人	工作许可人	办理方式	开工时间			工作许可人	工作负责人	办理方式
	月	日	时	分				月	日	时	分			
14														

15	工作终结： (1) 在线路上的电缆工作：工作人员已全部撤离，材料工具已清理完毕，工作终结；所装的工作接地线共_____组已全部拆除，于_____年_____月_____日_____时_____分工作负责人向工作许可人_____用_____方式汇报。 工作负责人签名_____ (2) 在变配电站内的电缆工作：在_____变配电站工作于___年___月___日___时___分结束，设备及安全措施已恢复至开工前状态，工作人员已全部撤离，材料工具已清理完毕。 工作许可人签名_____　工作负责人签名_____

16	工作票终结： 临时遮栏、标示牌已拆除，常设遮栏已恢复。未拆除或未拉开的接地线编号___ ___ ___ ___ ___ ___等共_____组、接地刀闸（小车）共_____组（台）、绝缘挡板（罩）共_____块，已汇报调度值班员_____。 工作许可人签名_____　年___月___日___时___分

17	备注：

附表 56　　　　　　　　　　　　　　电力电缆第二种工作票

单位：　　　　　　　　　　　　　　　　　　　　　　　　　　编号：

1	工作负责人（监护人）：　　　　　　　　班组：
2	工作班人员（不包括工作负责人）：＿＿＿＿＿　＿＿＿＿＿＿　＿＿＿＿＿　＿＿＿＿＿ ＿＿＿＿＿　＿＿＿＿＿　＿＿＿＿＿　＿＿＿＿＿　＿＿＿＿＿　共　人

3	工 作 任 务		
	电力电缆双重名称	工作地点或地段	工作内容

4	计划工作时间：自＿＿＿＿年＿＿＿＿月＿＿＿＿日＿＿＿＿时＿＿＿＿分 　　　　　　　至＿＿＿＿年＿＿＿＿月＿＿＿＿日＿＿＿＿时＿＿＿＿分
5	工作条件和安全措施：＿＿＿＿＿＿＿＿＿＿＿＿＿＿＿＿＿＿＿＿＿＿＿＿＿＿ ＿＿＿＿＿＿＿＿＿＿＿＿＿＿＿＿＿ 工作票签发人签名：＿＿＿＿＿＿　签发日期：＿＿年＿＿月＿＿日＿＿时＿＿分
6	确认本工作票1～5项　　　　　　　　工作负责人签名＿＿＿＿＿＿
7	补充安全措施（工作许可人填写）＿＿＿＿＿＿＿＿＿＿＿＿＿＿＿＿＿＿＿＿＿＿＿＿ ＿＿＿＿＿＿＿＿＿＿＿＿＿＿＿＿＿＿＿＿＿＿＿＿＿＿＿＿＿＿＿＿＿＿＿＿＿＿＿ ＿＿＿＿＿＿＿＿＿＿＿＿＿＿＿＿＿＿＿＿＿＿＿＿＿＿＿＿＿＿＿＿＿＿＿＿＿＿＿ ＿＿＿＿＿＿＿＿＿＿＿＿＿＿＿＿＿＿＿＿＿＿＿＿＿＿＿＿＿＿＿＿＿＿＿＿＿＿＿
8	工作许可： （1）在线路上的电缆工作：工作开始时间＿＿年＿＿月＿＿日＿＿时＿＿分。工作负责人签名＿＿＿＿＿＿＿ （2）在变配电站内的电缆工作：安全措施项所列措施中＿＿＿＿＿＿＿变配电站部分，已执行完毕。 许可自＿＿＿＿＿＿年＿＿＿＿月＿＿日＿＿时＿＿分起开始工作。 工作许可人签名＿＿＿＿＿＿　　　工作负责人签名＿＿＿＿＿＿
9	确认工作负责人布置的工作任务和安全措施： 工作班人员签名＿＿＿＿＿＿＿＿＿＿＿＿＿＿＿＿＿＿＿＿＿＿＿＿＿＿＿＿＿＿＿＿＿＿ ＿＿＿ ＿＿＿
10	工作票延期： 有效期延长到＿＿＿＿＿＿年＿＿＿月＿＿日＿＿时＿＿分 工作负责人签名＿＿＿＿＿＿工作许可人签名＿＿＿＿＿＿＿＿＿年＿＿＿月＿＿日＿＿时＿＿分
11	工作票终结： （1）在线路上的电缆工作： 工作结束时间＿＿＿＿＿年＿＿＿月＿＿＿日＿＿＿时＿＿分　工作负责人签名＿＿＿＿＿＿＿＿＿ （2）在变配电站内的电缆工作：在＿＿＿＿＿＿＿变配电站工作于＿＿＿＿＿＿年＿＿＿月＿＿＿日＿＿时＿＿分 结束，工作人员已全部退出，材料工具已清理完毕。 工作许可人签名＿＿＿＿＿＿　　　工作负责人签名＿＿＿＿＿＿
12	备注：

参 考 文 献

［1］ 史传卿．供用电工人技能手册　电力电缆．北京：中国电力出版社，2004．

［2］ 韩伯锋．电力电缆试验及检测技术．北京：中国电力出版社，2007．

［3］ 赵玉谦，等．电力行业高技能人才培训系列教材　电力电缆工．北京：中国电力出版社，2008．

［4］ （德）L. Heinhold，R. Stubbe(Hrsg)著，门汉文，崔国璋，王海译．电力电缆及电线．北京：中国电力出版社，2001．

［5］ 王润卿，吕庆荣．电力电缆的安装、运行与故障测寻．北京：化学工业出版社，2001．

［6］ 王伟，等．交联聚乙烯(XLPE)绝缘电力电缆技术基础．西安：西北工业大学出版社，2005．

［7］ 张栋国，等．电力电缆及其故障分析与测试．西安：陕西科学技术出版社，2005．

［8］ 河南省电力公司工作票操作票管理规定(2010 年 5 月)．

［9］ 信阳供电公司配网设备编号原则、信阳供电公司配网设备编号实施细则(信电调 2008 1 号)．

［10］ 朱启林．电力电缆故障测试方法与案例分析．北京：机械工业出版社，2008．